U0225300

古代纪历文献丛刊②

象吉通书

[清]魏明远　撰

闵兆才　编校

（第三册）

华龄出版社

第三册目录

新镌历法便览象吉备要通书卷之十二

新镌历法便览象吉备要通书卷之十三

新镌历法便览象吉备要通书卷之十四

新镌历法便览象吉备要通书日用吉凶卷之十五

新镌历法便览象吉备要通书卷之十二

潭阳书林 魏 鉴 汇述

详订二十四山,旺相分金秘旨,开门放水宜忌,造命补龙捷法,修方造葬神杀,三杀年月日时,逐山开明凡则。前贤著为论例,余特附述梓公海内,俾修方、造、葬择课无有错误,通同叶吉,用之大有造云。

正五行龙运定局

按正五行遁龙运,洪范五行遁山运,八卦五行遁向局,此三家五行克择之要领也,故录篇首。

坤(丑未阴土)　申庚酉辛(阴金)　癸亥(阴水)　卯乙巽(阴木)

艮辰乾(阳金)　丁巳(阴火)　壬子(阳水)　寅甲(阳水)

戌(阳土)　丙午(阳火)

洪范五行山运定局

酉丁乾亥(金)　甲寅辰巽戊子申辛(水)丑癸坤庚(未土)　艮卯巳(木)　午壬丙乙(火)

八卦五行向运定局

乾甲酉丁巳丑(金)　子癸申辰(水)　艮丙坤乙(土)　卯庚亥未巽辛(木)　午壬寅戌(火)

847

甲己年,乙丑金运忌火年月日时,戊辰土运忌金,辛未土运忌木,甲戌火运忌水。

乙庚年,丁丑水运忌土年月日时,庚辰金运忌火,癸未木运忌金,丙戌土运忌木。

丙辛年,己丑火运忌水年月日时,壬辰水运忌土,乙未金运忌火,戊戌木运忌金。

丁壬年,辛丑土运忌木年月日时,甲辰火运忌水,丁未水运忌土,庚戌金运忌火。

戊癸年,癸丑木运忌金年月日时,丙辰土运忌木,己未火运忌水,壬戌水运忌土。

二十四山

壬山丙向

克择,生申旺子,界亥子之中。喜亥堆禄,忌子值刃,怕巳午暗冲,甲福德,寅食禄,阳贵卯,阴贵巳,贵禄二宫最宜拱夹。丁正财,己正官,辛正印,禄元亥,马元寅,马丙子孤忌冲,冲则损财丁。

旺相分金秘旨

○坐壬向丙兼亥巳三分,宜坐丁亥向丁巳分金。透地龙丙子坐困氐,宿度宜坐癸二向翼三,七十二龙癸亥丁巳。课格宜用亥卯未局吉,巳酉丑局次,申子辰局次,寅午戌局坐三杀凶。

○坐壬向丙兼子午三分,宜坐辛亥向辛巳分金。透地龙戊子坐师箕,宿度宜坐危廿二向张十五,七十二龙甲子庚午。课格宜用申子辰局吉,亥卯未局吉,巳酉丑局次,寅午戌局坐三杀凶。

○真历数太阳,雨水到壬拱坤乙,处暑太阳到丙照壬吉。○天帝大雪到壬。○开门宜巳方金质库,丁方合横财,丙方天机木星吉。○放水大利丁方。

○宜左水倒右吉。●右水倒左凶。●黄泉杀在巽坤方,又辰午方,此四位不宜开门放水。凶。

壬山召诸吉神

○五运年月宜用庚丁壬己吉。　　○六气宜用五气六气月吉。

○通天窍宜巳酉丑亥卯未吉。　　○走马六壬宜申子辰吉。

○金精鳌极宜用壬午丑未巳亥年吉。○玉环斗首宜甲己丙辛吉。

壬山避诸凶神

●冲丁杀兼亥忌用丁巳日。　　●冲丁杀兼子忌用辛巳日。

●傍阴府忌丁壬全,单犯不忌。　●箭刃忌用子午全,单犯不忌。

●燥天火忌申寅全,单犯不忌。　●燥地火忌巳午全,单犯不忌。

●星曜忌戊辰、戊戌、己丑、己未。●山方杀忌用乙卯、丁巳。

●日流太岁忌用戊子旬。　　　●消灭无。

●壬山造葬吉课,若用寅午戌年月日时者,是三杀年月日时也,用之大凶,切宜避之。

○坐壬向丙考定竖造逐月吉日定局

正月:●坐三杀,不可用。

二月:戊申、甲申、乙亥、己亥、辛亥、癸未、己未、辛未、乙亥、乙丑、己丑、辛丑吉。

三月:甲子、戊子、丙子、庚子、甲申、丙申、己巳、乙巳、癸巳吉。

四月:甲子、庚子、戊子、丙子、己卯、乙卯、辛卯、癸卯、癸巳、癸丑吉。

五月:●坐三杀,凶不可用。

六月:庚申、甲申、丙申、丁亥、辛亥、乙亥吉。

七月:甲子、戊子、庚子、丙子、庚申、甲申、丙申、乙未、辛未吉。

八月:庚辰、丙辰、甲辰、乙丑、己丑、癸丑、己巳、癸巳吉。

九月:●坐三煞,凶不可用。

十月:甲子、庚子、丙子、戊子、辛未、乙未、癸酉、辛酉、乙酉、己酉吉。

十一月:庚辰、甲辰、戊辰、丙辰、甲申、丙申吉。

十二月:甲申、丙申、庚申、己巳、癸巳、乙巳吉。

○坐壬向丙考定安葬逐月吉日定局

正月:●坐三杀,凶不可用。

二月:甲申、庚申、壬申、丙申、癸未、己未、丁未、辛未吉。

三月:庚申、甲申、丙申、庚子、丙子、乙酉、辛酉、癸酉吉。

四月:●犯剑锋杀,安葬不利。

五月:●坐三杀,凶不可用。

六月:甲申、丙申、庚申、辛卯、乙酉、辛酉、癸酉、丁亥吉。

七月:丙子、丙申、戊申、乙酉、己酉、癸酉、辛酉吉。

八月:甲申、丙申、庚申、丙辰、己酉、癸酉、癸丑吉。

九月:●坐三杀,凶不可用。

十月:●犯剑锋杀,安葬不利。

十一月:甲申、戊申、庚申、丙申、戊辰、甲辰、丙辰吉。

十二月:甲申、丙申、戊申、乙酉、癸酉、辛酉吉。

考正时家吉凶定局

子吉	丑平	寅坐杀	卯吉	辰吉	巳平	午坐杀	未吉	申吉	酉平	戌坐杀	亥吉

子山午向

克择,生申旺子,界在壬癸亥子之中,四柱宜拱夹为妙,宜乙巳进贵,癸壬贡禄,马元寅忌冲之,丁庚辛金局生山为五气朝元。丙丁为财吉,忌壬值刃凶。

旺相分金秘旨

○坐子向午兼丙壬三分,宜坐丙子向丙午分金。透地龙壬子坐解鬼,宿度宜坐危二向张五,七十二龙丙子壬午。课格宜用申子辰局吉,亥卯未局次。

巳酉丑局平,寅午戌局坐三杀凶。

　　〇坐子向午兼丁癸三分,宜坐庚子向庚午分金。透地龙乙丑坐涣虚,宿度宜坐虚六向星六,七十二龙庚子丙午。课格宜用申子辰局吉,亥卯未局次,巳酉丑局平,寅午戌局坐三杀凶。

　　〇真历数太阳,立春到子拱申辰,立秋太阳到向照子吉。〇天帝冬至到子。〇开门宜巳方质库。〇放水利丁甲辛三方大吉。〇宜右水倒左吉。●左水倒右凶。●黄泉煞坤方不宜开门放水,凶。

子山召诸吉神

　　〇五运年月宜用庚丁壬己吉。　　　〇六气宜用五气六气叶吉。

　　〇通天窍宜巳酉丑亥卯未吉。　　　〇走马六壬宜申子辰。

　　〇金精鳌极宜用寅申卯酉辰戌年月日时吉。

　　〇玉环斗首宜甲己元辰,丙辛武木。

子山避诸凶神

　　●冲丁杀兼壬忌用丙午日。　　　●冲丁杀兼癸忌用庚午日。

　　●正阴府忌丙辛全,单犯不忌。　　●燥天火忌寅申全,单犯不忌。

　　●燥地火忌巳亥全,单犯不忌。　　●星曜忌戊□、戊戌、己丑、己未。

　　●山方杀忌乙卯、丁巳。　　　　　●日流太岁忌用戊子旬十日。

　　●箭刃无。　　　　　　　　　　　●消灭无。

　　●子山造葬吉课,若用寅午戌年月日时者,是三煞年月日时也,用之大凶,切宜避之。

〇坐子向午考定竖造逐月吉日定局

　　正月:●坐三杀,不可用。

　　二月:甲申、丁未、己未、癸未、丁亥、己亥、乙亥吉。

　　三月:甲子、戊子、壬子、庚子、甲申吉。

　　四月:甲子、戊子、庚子、丁卯、癸卯、己卯吉。

　　五月:●冲破,凶不可用。

　　六月:庚申、甲申、丁亥、乙亥吉。

七月:戊子、壬子、申子、庚子、甲申、庚申吉。

八月:庚辰、壬辰吉。

九月:●坐三杀,不可用。

十月:壬子、戊子、庚子、甲子、丁未、乙未吉。

十一月:甲辰、庚辰吉。

十二月:庚申、甲申吉。

○坐子向午考定安葬逐月吉日定局

正月:●坐三杀,凶不可用。

二月:甲申、庚申、壬申、丁未、己未、癸未吉。

三月:甲申、庚申、壬申、庚子、壬午吉,卯日吉。

四月:甲子、庚子吉。

五月:●冲破,凶不可用。

六月:甲申、庚申、壬申、丁卯、己卯、癸卯、庚子、壬子吉。

七月:壬申、戊申、壬子、壬辰、己未、丁巳、癸卯日吉。

八月:甲申、庚申、壬申、壬辰吉。

九月:●坐三杀,凶不可用。

十月:己未、丁未、乙未、癸未、己卯、丁卯、乙卯、癸卯吉。

十一月:壬申、甲申、戊申、庚申、甲辰、壬辰日吉。

十二月:庚申、壬申、甲申、丁巳、癸卯吉。

考正时家吉凶定局

子吉	丑凶	寅凶	卯吉	辰吉	巳凶	午破	未吉	申吉	酉凶	戌凶	亥吉

癸山丁向

克择,生卯旺亥,界在子丑之中,喜子堆禄,忌丑值刃,怕午未暗冲,乙福德,卯食禄,阳贵巳,阴贵卯,申辰遥禄,亥丑夹禄。马元兼子,马寅夹丑,马亥忌冲,冲则损财丁。

旺相分金秘旨

坐癸向丁兼子午三分,宜坐丙子向丙午分金。透地龙丁丑坐涣虚,宿度宜坐女九向柳十二,七十二龙壬子戊午。课格宜用巳酉丑局吉,申子辰局次吉,亥卯未局平,寅午戌局坐杀凶。

○坐癸向丁兼丑未三分,宜坐庚子向庚午分金。透地龙己丑坐未济女,宿度宜坐女二向柳四,七十二龙乙丑辛未。课格宜用巳酉丑局吉,亥卯未次申子辰局向杀,寅午戌局坐三杀凶。

○真历数太阳,大寒到癸会巽庚,大暑太阳到向照癸吉。○天帝小寒到癸。○开门宜丙丁方。○放水利丙丁甲二方吉。○宜右水倒左吉。●左水倒右凶。●黄泉煞神未方,未坤上不宜开门放水,凶。

癸山召诸吉神

○五运年月宜用丁壬庚己年。　　○六气宜用五气六气月吉。
○通天窍宜巳酉丑亥卯未年月。　　○走马六壬宜亥卯未巳酉丑。
○金精鳌极宜子午辰戌巳亥年月日时吉。
○玉环斗首宜用乙庚戊癸年月。

癸山避诸凶神

●冲午杀兼子忌用丙午日。　　●冲午杀兼丑忌用庚午日。
●傍阴府忌丙辛全,单犯不忌。　　●燥天火忌巳亥全,单犯不忌。
●燥地火忌寅申全,单犯不忌。　　●箭刃忌丑未全,单犯不忌。
●星曜忌戊辰、戊戌、己丑、己未。　　●山方煞忌用乙卯、丁巳。
●日流太岁忌戊子旬十日。　　●消灭无。
●癸山丁向造葬吉课,若用寅午戌年月日时者,是三煞年月日时也,用之大凶,切宜避之。

○坐癸向丁考定竖造逐月吉日定局

正月:●坐三杀,凶不可用。

二月:丁丑、己丑、癸丑、乙丑吉,己未、丁未、癸未、亥日次吉。

三月:己巳、癸巳、乙巳吉。

四月:丁丑、癸丑、己丑吉,丁卯、癸卯、己卯平。

五月:●坐三杀,不可用。

六月:丁亥、乙亥、辛亥次吉。

七月:辛未、己未次吉。

八月:己丑、丁丑、癸丑、乙丑、丁巳、己未次吉。

九月:●坐三杀,凶不可用。

十月:丁酉、癸酉、己酉、乙酉吉,丁未、乙未次吉。

十一月:●无吉日。

十二月:己巳、癸巳、乙巳吉。

○坐癸向丁考定安葬逐月吉日定局

正月:●坐三杀,凶不可用。

二月:丁丑、癸丑、明日、乙卯、丁卯、癸卯次吉。

三月:乙酉、丁酉、癸酉、开日、乙卯、丁卯、癸卯次吉。

四月:丁酉、癸酉、己酉、乙酉、癸丑、丁丑、乙丑、己丑吉。

五月:●剑锋杀,安葬不利。

六月:丁酉、乙酉、癸酉吉。

七月:乙酉、丁酉、己酉、癸酉吉,卯日次吉。

八月:丁酉、己酉、癸酉、丁丑、癸丑吉。

九月:●坐三杀,凶不可用。

十月:乙酉、丁酉、开日、乙未、丁未、癸未、卯日次吉。

十一月:●剑锋煞,安葬不利。

十二月:乙酉、丁酉吉。

考正时家吉凶定局

子凶	丑吉	寅凶	卯平	辰凶	巳吉	午凶	未平	申凶	酉吉	戌凶	亥平

丑山未向

克择,生酉旺巳,居在四库之位,喜子寅癸拱夹,巳酉丑三合,甲戊庚三奇进贵,忌癸值刃未戌冲,刑丙丁戊癸及纳音火日为五气朝元,马元亥忌冲寅午戌全,大凶。

旺相分金秘旨

○坐丑向未兼丁癸三分,宜坐丁丑向丁未分金。透地龙癸丑坐艮翼,宿度宜坐斗卯三向井廿八,七十二龙丁丑癸未。课格宜用巳酉丑局吉,亥卯未局次,申子辰局向杀,寅午戌局坐三杀凶。

○坐丑向未兼艮坤三分,宜坐辛丑向辛未分金。透地龙丙寅坐过毕,宿度宜坐斗十七向井廿,七十二龙辛丑丁未。课格宜用巳酉丑局吉,亥卯未局次,申子辰向杀,寅午戌局坐三杀凶。

○真历数太阳,小寒到丑拱巳酉,小暑太阳到向照丑。○天帝大寒到丑。○开门宜午酉方。○放水宜庚丙方吉。○宜左水倒右吉。●右水倒左凶。●黄泉煞坤方,坤申上不宜开门放水,凶。

丑山召诸吉神

○五运年月宜用庚丁戊乙吉。　　○六气宜用二气三气四气月。
○通天窍宜巳酉丑亥卯未年月。　　○走马六壬宜巳酉丑亥卯未。
○金精鳌极年月宜用寅申卯酉辰戌年。
○玉环斗首宜用甲己乙庚戊癸。

丑山避诸凶神

●冲丁杀兼癸忌用丁未日。　　●冲丁杀兼艮忌用辛未日。
●傍阴府忌乙庚全,单犯不忌。　　●燥天火忌卯酉全,单犯不忌。
●燥地火忌子午全,单犯不忌。　　●星曜忌用甲寅、乙卯日。
●山方煞忌用丙午、庚申。　　●日流太岁忌戊寅旬十日。

●消灭兼癸无兼艮忌乙卯、乙酉日。 ●箭刃无。

●丑山造葬吉课,若用寅午戌年月日时者,是三煞年月日时也,用之大凶,切宜避之。

○坐丑向未考定竖造逐月吉日定局

正月:●坐三杀凶,不可用。

二月:丁丑、己丑、癸丑、乙丑吉,丁亥、己亥、乙亥、辛亥平。

三月:癸巳、己巳吉。

四月:丁丑、癸丑、己丑吉,丁卯、辛卯、癸卯、己卯平。

五月:●坐三杀,凶不可用。

六月:●冲杀凶。

七月:●无吉日。

八月:癸巳、丁巳、己巳、癸丑、丁丑、己丑吉。

九月:坐三杀,凶不可用。

十月:丁酉、癸酉、辛酉、乙酉吉。

十一月:●无吉。

十二月:己巳、乙巳、癸巳吉。

○坐丑向未考定安葬逐月吉日定局

正月:●坐三煞,凶不可用。

二月:丁丑、癸丑、开日上吉。

三月:辛酉、癸酉、丁酉吉,丁卯、辛卯、癸卯平。

四月:丁酉、己酉、辛酉、癸酉、乙丑、丁丑、己丑、癸丑吉。

五月:●坐三杀,凶不可用。

六月:●冲破空。

七月:丁酉、癸酉、辛酉、己酉吉。

八月:丁酉、己酉、癸酉、丁丑、癸丑吉。

九月:●坐三杀,凶不可用。

十月:●无吉日。

十一月:●无吉日。

十二月：辛酉、癸酉、丁酉吉。

考定时家吉凶定局

子凶	丑吉	寅凶	卯平	辰凶	巳吉	午凶	未破	申凶	酉吉	戌凶	亥平

艮山坤向

克择，生寅旺午，居在四维之方，喜丑寅夹拱，忌未申暗冲。乙正官，壬癸为财食，庚福德门，癸亥为聚财，丙为纳气，丁为配偶，壬乃趋艮，戊癸丙丁及纳音火日为五气朝元。禄元巳，马元申忌冲。

旺相分金秘旨

○坐艮向坤兼丑未三分，宜坐丁丑向丁未分金。透地龙戊寅坐兼虚，宿度宜坐井十九向井十三，七十二龙癸丑己未。课格宜用巳酉丑局吉，亥卯未次，申子辰局向杀，寅午戌局坐三杀凶。

○坐艮向坤兼寅申三分，宜坐辛丑向辛未分金。透地龙庚寅坐旅虚，宿度宜坐斗三向井六，七十二龙丙寅壬申。课格宜用寅午局吉，申子辰局次，亥卯未局向杀，巳酉丑局坐三杀凶。

○真历数太阳，冬至到艮会丙辛，夏至到向照艮吉。○天帝立春到艮吉。○开门宜申方合质库，午上饭箩。○放水宜用丙方吉。○宜右水倒左吉。●左水倒右凶。●黄泉煞庚丁坤方，庚丁坤上不宜开门放水，凶。

艮山召诸吉神

○五运年月宜用戊乙庚丁年。　　○六气宜用二气三气四气月。
○通天窍宜用寅午戌申子辰。　　○走马六壬宜寅午戌申子辰。
○金精鳌极宜巳亥子午丑未年月。○玉环斗首宜用己丁壬戊癸。

艮山避诸凶神

●冲丁杀兼丑忌丁未日。　　●冲丁杀兼寅忌辛未日。

●正阴府忌甲巳全。　　　　●单犯不忌。

●燥天火忌卯酉全,单犯不忌。　●燥地火忌子午全。

●单犯不忌。　　　　　　　●星曜忌用甲寅、乙卯日。

●山方煞忌用丙午、庚申日。　●日流太岁忌戊寅旬十日。

●消灭忌乙卯、乙酉日。　　　●箭刃无。

●艮山坤向兼丑未三分,若用寅午戌年月日时者,是三杀年月日时也,用之大凶,切宜避之。

○艮山兼丑未三分考定竖造逐月吉日定局

正月:●坐三杀,凶不可用。

二月:丁丑、癸丑吉,丁未、辛未、癸未、乙亥、丁亥、辛亥平。

三月:乙巳、癸巳吉。

四月:癸丑、丁丑吉,丁卯、辛卯、癸卯平。

五月:●坐三杀,凶不可用。

六月:无上吉日,乙亥、丁亥、辛亥平。

七月:辛未、乙未次吉。

八月:乙丑、丁丑、癸丑、癸巳、丁巳吉。

九月:●坐三杀,凶不可用。

十月:辛酉、丁酉、癸酉吉,辛未、丁未、乙未平。

十一月:无上吉日。

十二月:乙巳、癸巳日吉。

○艮山坤向兼丑未考定安葬逐月吉日定局

正月:●坐三杀,凶不可用。

二月:丁丑、癸丑、开日、丁未、癸未平。

三月:辛酉、丁酉、癸酉吉,卯日平。

四月:丁酉、辛酉、癸酉、乙丑、丁丑、辛丑、癸丑吉。

五月:●坐三杀,凶不可用。

六月:●剑锋杀,安葬不利。

七月:丁酉、辛酉、癸酉吉,己未平。

八月：丁酉、癸酉、丁丑、癸丑吉。

九月：●坐三杀，凶不可用。

十月：癸酉、辛酉、丁酉、开日历忌，乙未、丁未、辛未、癸未平。

十一月：戊辰、丙辰、壬辰、丙申、庚申、壬申、戊申，向煞平。

十二月：●犯剑锋杀，安葬不利。

考正时家吉凶定局

子凶	丑吉	寅凶	卯平	辰凶	巳吉	午凶	未平	申凶	酉吉	戌凶	亥平

●坐艮向坤兼寅申三分，若用巳酉丑年月日时者，是三煞年月日时也，用之大凶，切宜避之。

○艮山坤向兼寅申三分考定竖造逐月吉日定局

正月：寅日、建日不用，丙午、戊午、庚午、壬午吉。

二月：丙寅、庚寅、戊寅、壬寅吉。

三月：丙寅、丙子、戊子、庚子、壬子吉。

四月：●坐三杀，凶不可用。

五月：戊戌、庚戌、壬戌吉，丙辰、壬辰次吉。

六月：丙寅、戊寅、壬寅吉，丙申、庚申次吉。

七月：丙子、壬子、庚子、戊子、丙申、壬申、庚申次吉。

八月：●坐三杀，凶不可用。

九月：庚午、丙午、壬午、戊午吉，庚戌、壬戌、戊戌次吉。

十月：庚午、壬午吉，丙子、壬子、戊了、庚子次吉。

十一月：戊戌、丙戌、庚戌、壬戌、壬寅、丙寅、戊寅、庚寅吉。

十二月：●坐三杀，凶不可用。

○艮山坤向兼寅申三分考定安葬逐月吉日定局

正月：丙午、壬午吉。

二月：丙寅、壬寅、庚寅吉，丙申、庚申、壬申次吉。

三月：甲午、丙午、庚午、壬午吉，丙申、庚申、壬申、庚子、壬子、丙子。

四月：●坐三煞，凶不可用。

五月：庚寅、戊寅、丙寅、壬寅吉，丙申、庚申、壬申次吉。

六月：●犯剑锋杀，安葬不利。

七月：丙午、壬午、开日、丙申、戊申、壬申、丙子、壬子、壬辰次吉。

八月：●坐三杀，凶不可用。

九月：丙午、庚午、壬午、丙寅、壬寅、庚寅吉。

十月：庚午、戊午吉。

十一月：丙寅、庚寅、壬寅、戊寅、庚申、壬申、戊申、丙申、壬辰、丙辰、戊辰次吉。

十二月：●犯剑锋杀，安葬不利。

考定时家吉凶定局

子平	丑凶	寅吉	卯凶	辰平	巳凶	午吉	未凶	申平	酉凶	戌吉	亥凶

寅山申向

克择，生亥旺卯，界于艮甲丑卯之中，四柱宜配合为妙，喜甲进禄，辛进贵，午戌遥会，忌巳申会局为冲刑克害，怕酉未暗冲辅弼，马元申忌冲，冲则破财损丁。

旺相分金秘旨

〇坐寅向申兼艮三分，宜坐丙寅向丙申分金。透地龙甲寅坐艮翼，宿度宜坐箕一向参七，七十二龙戊寅戊申。课格宜用寅午戌局吉，申子辰局地曜杀，亥卯未局向杀，巳酉丑局坐杀凶。

〇坐寅向申兼申庚三分，宜坐庚寅向庚申分金。透地龙丁卯坐妄鬼，宿度宜坐尾十四向觜半度，七十二龙壬寅戊申。课格宜用寅午戌局吉，申子辰局地曜杀，亥卯未局向杀，巳酉丑局坐三杀。

○真历数太阳,大雪到寅拱午戌,芒种太阳到向照寅吉。○天帝雨水到寅吉。○开门宜申方合质库,午上合饭笮吉。○放水宜乾上大吉。○宜右水倒左吉。●左水倒右凶。●黄泉煞坤辛方,坤辛申上不宜开门放水,凶。

寅山召诸吉神

○五运年月宜用戊乙丙癸吉。　　○通天窍宜用寅午戌申子辰。
○走马六壬宜用寅午戌申子辰。　○金精鳌极年月宜用卯酉辰戌巳亥年。
○六气宜用初气六气月。　　　　○玉环斗首宜甲丁壬戊癸。

寅山避诸凶神

●冲丁杀兼艮忌丙申日。　　　　●冲丁杀兼甲忌庚申日。
●傍阴府忌丁壬全,单犯不忌。　●燥天火忌辰戌全,单犯不忌。
●燥地火忌丑未全,单犯不忌。　●星曜忌用甲寅、乙卯日。
●山方煞忌甲丙午庚申。　　　　●日流太岁忌戊寅旬十日。
●消灭兼艮忌乙卯、乙酉。　　　●消灭兼甲忌辛丑辛未。
　●寅山申向吉课,若用己丑酉年月日时者,是三煞年月日时也,用之大凶,切宜避之。

○寅山申向考定竖造逐月吉日定局

正月:甲午、丙午、戊午、庚午吉。

二月:甲寅、丙寅、戊寅、庚寅吉。

三月:甲子、戊子、庚子、丙子次吉。

四月:●坐三杀,凶不可用。

五月:甲戌、戊戌、庚戌吉,辰日次吉。

六月:丙寅、戊寅、甲寅吉,乙亥、辛亥平。

七月:●犯冲破凶。

八月:●坐三煞,凶不可用。

九月:甲午、丙午、戊午、庚午、甲戌、戊戌、壬戌、庚戌吉。

十月:甲午、庚午吉,丙子、戊子、甲子、庚子次吉。

十一月:甲戌、丙戌、庚戌、戊戌、甲辰、丙辰、戊辰、丙寅、戊寅、庚辰日、庚寅日吉。

　　十二月：●坐三煞，凶不可用。

○寅山申向考定安葬吉日定局

　　正月：丙午吉，辛卯、癸卯平。

　　二月：丙寅、甲寅、庚寅吉。

　　三月：壬午、甲午、丙午、庚午吉，子日次吉。

　　四月：●坐三杀，凶不可用。

　　五月：甲寅、戊寅、庚寅吉。

　　六月：甲寅、丙戌吉。

　　七月：●冲破凶。

　　八月：●坐三煞，凶不可用。

　　九月：丙寅、庚寅、丙午、甲午、庚午吉。

　　十月：甲午、庚午、戊午吉，庚子次。

　　十一月：丙寅、庚寅、戊寅、甲寅吉，辰日次吉。

　　十二月：●坐三煞，凶不可用。

考正时家吉凶定局

子平	丑凶	寅吉	卯凶	辰平	巳凶	午吉	未凶	申破	酉凶	戌吉	亥凶

甲山庚向

　　克择，生亥旺卯，界于寅卯之中，喜寅堆禄，忌卯值刃，怕申酉暗冲，丙为福德，巳食禄，己正财，辛正官，癸正印，丑未贵人。丙辛壬癸及纳音水日为五气朝元局。全亥卯未为根苗奋发，马元巳忌冲。

旺相分金秘旨

　　○坐甲向庚兼寅申三分，宜坐丙寅向丙申分金。透地龙辛卯坐随翼，宿度宜坐尾四向毕十二,七十二龙甲寅庚申。课格宜用寅午戌局吉,申子辰局次,亥卯未局次,巳酉丑局坐三杀凶。

　　○坐甲向庚兼卯酉三分,宜坐庚寅向庚申分金。透地龙辛卯坐随翼,宿度宜坐心五向毕三,七十二龙丁卯癸酉。课格宜用寅午戌局吉,亥卯未吉,申子辰局次,巳酉丑局坐三杀凶。

　　○真历数太阳,小雪到甲会乾丁,小满太阳到向照甲吉。○天帝惊蛰到甲吉。○开门宜庚上合赭衣,午上饭箩,戌上横财吉。○放水宜庚丁方,右水倒左吉,左水倒右凶。

　　●黄泉煞坤申方,坤申二方不宜开门放水,凶。

甲山召诸吉神

　　○五运年月宜用戊乙丙癸年。○六气宜用初气六气月吉。
　　○通天窍宜寅午戌申子辰吉。○走马六壬宜巳酉丑亥卯未。
　　○金精鳌极年月宜用卯酉辰戌巳亥年。
　　○玉环斗首宜丙辛丁戊癸。

甲山避诸凶神

　　●冲丁杀兼寅忌用丙申日。　　●冲丁杀兼卯忌用庚申日。
　　●傍阴忌用乙庚全,单犯不忌。　　●燥天火忌寅申全,单犯不忌。
　　●燥地火忌巳亥全,单犯不忌。　　●箭刃忌用卯酉全,单犯不忌。
　　●山方煞忌用癸亥、甲寅日。　　●星曜忌用庚申、辛酉日。
　　●日流太岁忌己卯旬十日。　　●消灭忌辛丑、辛未日。

　　●甲山庚向吉课,若用巳酉丑年月日时者,是三煞年月日时也,用之大凶,切宜避之。

○坐甲向庚考定竖造逐月吉日定局

正月:壬午、戊午、甲午、丙午吉,丁卯次吉。
二月:辛未、丁未、己未、癸未、己亥、辛亥、丁亥、寅日吉。
三月:甲子、丙子、戊子、壬子、甲申、丙申平。
四月:●坐三杀,凶不可用。

五月：丁未、癸未、己未吉，戊戌、壬戌、甲戌、壬辰、丙辰平。

六月：丙寅、壬寅、甲寅、丁亥、辛亥吉，丙申、甲申平。

七月：乙未吉，戊子、壬子、甲子、丙子、甲申、丙申平。

八月：●坐三杀，凶不可用。

九月：辛亥、丁亥、丙午、甲午、戊午、壬午吉，甲戌、壬戌平。

十月：丁未、壬午、甲午吉，丙子、壬子、戊子、甲子平。

十一月：壬寅、丙戌、甲戌、壬戌、丙寅、戊寅吉，戊辰、丙辰、壬辰、甲辰。

十二月：●坐三煞，凶不可用。

○坐甲向庚考定安葬逐月吉日定局

正月：●犯剑锋杀，安葬不利。

二月：丁未、甲未、癸未、丙寅、壬寅、甲寅吉，甲申、丙申、壬申平。

三月：丙午、甲午、壬午吉，甲申、丙申、壬子、丙子平。

四月：●坐三煞，凶不可用。

五月：甲寅、戊寅、丙寅、壬寅、丙申、甲申、壬申吉。

六月：乙卯、甲寅、壬寅、丙午吉，丙申、甲申、壬申平。

七月：●犯剑锋杀，安葬不利。

八月：●坐三煞，凶不可用。

九月：丙午、甲午、壬午、丙寅、甲寅、壬寅吉。

十月：丁未、甲子、戊午、癸未、己未吉，卯日、庚子日次吉。

十一月：甲寅、戊寅、丙寅、壬寅吉，丙申、甲申、壬申、戊申、丙辰、壬辰、壬子。

十二月：●坐三杀，凶不可用。

考正时家吉凶定局

子平	丑凶	寅吉	卯吉	辰平	巳凶	午吉	未吉	申平	酉凶	戌吉	亥吉

卯山酉向

克择,生午旺寅,居四正之位,界于甲乙寅辰之中。喜乙贡禄,忌甲值刃,辛壬癸三奇,进贵,亥未三合,四贵申明贵子,禄元卯,马元巳忌冲,丙辛化水局,全寅卯辰东方夺秀吉。

旺相分金秘旨

○坐卯向酉兼甲庚三分,宜坐丁卯向丁酉分金。透地龙乙卯坐□箕,宿度宜坐房一向昴四,七十二龙己卯乙卯。课格宜用亥卯未局吉,寅午戌局次,申子辰局坐退,巳酉丑坐三杀凶。

○坐卯向酉兼乙辛三分,宜坐辛卯向辛酉分金。透地龙戊辰坐嗑毕,宿度宜坐氐八向胃十三,七十二龙癸卯己酉。课格宜用亥卯未局吉,寅午戌局次,申子辰局坐退,巳酉丑局坐三杀凶。

○真历数太阳,立冬到卯拱亥未,立夏到向照卯吉。○天帝春分到卯吉。○开门宜戌上合质库,申土饭笋吉。○放水宜辛方。○用左水倒右吉,右水倒左凶。●黄泉煞在坤乾,坤乾二方不宜开门放水,凶。

卯山召诸吉神

○五运年月宜用戊乙丙癸年。○六气宜用初气六气月。
○通天窍宜用申子辰寅午戌。○走马六壬宜亥卯未巳酉丑。
○金精鳌极年月宜用子午丑未寅申年。
○玉环斗首宜丙辛丁壬戊癸。

卯山避诸凶神

●冲丁杀兼甲忌用丁酉日。　●冲丁杀兼乙忌用辛酉日。
●正阴府忌戊癸全,单犯亦忌。　●燥天火忌辰戌全,单犯不忌。
●燥地火忌丑未全,单犯不忌。　●星曜忌用庚申、辛酉日。
●山方煞忌用癸亥、甲寅日。　●日流太岁忌己卯旬十日。

865

●消灭丁卯丁酉兼甲忌辛丑。　●箭刃无。

●卯山酉向吉课,若用巳酉丑年月日时者,是三煞年月日时也,用之大凶,切宜避之。

○坐卯向酉考定竖造逐月吉日定局

正月:甲午、庚午、丙午、壬午吉,丁卯次。

二月:丁未、己未、辛未、己亥、辛亥、乙亥、丁亥、寅日吉。

三月:无上吉日,甲子、庚子、壬子、丙子、甲申、丙申平。

四月:●坐三杀,凶不可用。

五月:辛未、丁未、己未、己亥、戌日吉。

六月:辛亥、乙亥、丁亥、丙寅、壬寅、甲寅吉。

七月:辛未、乙未、丁未吉,甲子、壬子、庚子、丙子平。

八月:●冲破凶。

九月:乙亥、辛亥、丁亥、丙午、甲午、庚午、壬午、壬戌、甲戌、庚戌。

十月:辛未、乙未、丁未吉,甲午、庚午、壬午次吉。

十一月:丙寅、壬寅、庚戌、丙戌、壬戌、甲戌吉。

十二月:●坐三杀,凶不可用。

○坐卯向酉考定安葬逐月吉日定局

正月:辛卯、丁卯吉,丙午、壬午次吉。

二月:丙午、丁未、己未、丙寅、壬寅、庚寅吉。

三月:丙午、庚午、壬午、甲午、辛卯、己卯、乙卯吉。

四月:●坐三杀,凶不可用。

五月:甲寅、壬寅、丙寅、庚寅吉。

六月:甲寅、庚寅、壬寅、甲午、庚午、壬午、卯日吉。

七月:己未吉,壬申、丙申、壬子、丙子、壬辰平。

八月:●冲破凶。

九月:甲午、丙午、壬午、庚午、丙寅、庚寅、壬寅吉。

十月:乙未、己未、辛未、丁未、甲午、庚午吉。

十一月:壬寅、甲寅、丙寅、庚寅吉,甲申、丙申、壬申平。

十二月：●坐三杀，凶不可用。

考正时家吉凶定局

子凶	丑凶	寅吉	卯吉	辰凶	巳凶	午吉	未吉	申凶	酉破	戌吉	亥吉

乙山辛向

克择，生午旺寅，界于卯辰之中。喜卯辰拱夹，忌酉辰暗冲，丁为福德，午为食禄，申子堆贵，戊正财，庚正官，壬正卯，禄元卯，马元兼卯，马巳兼辰，马寅忌冲，冲则损丁。

旺相分金秘旨

○坐乙向辛兼卯酉三分，宜坐丁卯向丁酉分金。透地龙庚辰坐震鬼，宿度宜坐氐二向胃五，七十二龙乙卯辛酉。课格宜用亥卯未局吉，申子辰局吉，寅午戌局次，巳酉丑局坐三煞凶。

○坐乙向辛兼辰戌三分，宿度宜坐亢六向娄十九。透地龙壬辰坐复奎，宜坐辛卯向辛酉分金，七十二龙戊辰甲戌。课格宜用申子辰局吉，寅午戌局次，亥卯未局向杀，巳酉丑局坐三杀凶。

○真历数太阳，霜降到乙会坤壬，谷雨太阳到向照乙吉。○天帝谷雨到乙吉。○开门宜申上，饭箩辛上，天机正门吉。○放水宜庚辛方。○宜右水倒左吉。●左水倒右凶。●黄泉煞戌乾方，乾坤壬上不宜开门放水，凶。

乙山召诸吉神

○五运年月宜用戊乙丙癸年。○六气宜用初气六气月。

○通天窍宜用申子辰寅午戌。○走马六壬宜申子辰寅午戌。

○金精鳌极年月宜用寅申卯酉戌年。

○玉环斗首宜乙庚丙辛丁壬。

乙山避诸凶神

● 冲丁杀兼卯忌丁酉日。　　　　● 冲丁杀兼辰忌辛酉日。

● 燥天火忌丑未全,单犯不忌。　● 燥地火忌辰戌全,单犯不忌。

● 傍阴府忌丙辛全,单犯不忌。　● 星曜忌用庚申、辛酉日。

● 箭刃忌用辰戌全,单犯不忌。　● 日流太岁忌用己卯旬十日。

● 山方煞忌用癸亥、甲寅。　　　● 消灭庚子、庚午日兼卯忌丁酉、丁卯。

● 乙山辛向吉课,若用巳酉丑年月日时者,是三煞年月日时也,用之大凶,切宜避之。

○坐乙向辛考定竖造逐月吉日定局

正月:甲午、戊午、壬午平。

二月:甲申、戊申吉,甲寅、庚寅、戊寅、壬寅平。

三月:甲子、戊子、壬子、甲申吉。

四月:● 坐三煞,凶不可用。

五月:壬辰吉,戊戌、庚戌、甲戌、壬戌平。

六月:庚申、甲申吉,戊寅、壬寅、甲寅次。

七月:戊子、壬子、甲子吉,庚申、甲申次。

八月:● 坐三煞,凶不可用。

九月:甲午、丙午、壬午、戊午平,庚戌、戊戌、壬戌、甲戌次吉。

十月:壬子、甲子、戊子吉,甲午、壬午次吉。

十一月:壬辰、甲辰、戊辰、庚辰吉,戊戌、甲壬、戊庚、戊寅日次吉。

十二月:● 坐三杀,凶不可用。

○坐乙向辛考定安葬逐月吉日定局

正月:戊午、壬午平。

二月:● 剑锋杀,安葬不利。

三月:甲申、庚申、壬申、壬子、甲子吉,壬午、甲午、庚午次。

四月:● 坐三煞,凶不可用。

五月:甲申、壬申、庚申吉,壬寅、甲寅、戊寅、庚寅平。

六月：甲申、庚申、壬申吉，甲寅、壬寅、庚寅平。

七月：戊申、壬申、丙子、壬子、壬辰吉。

八月：●犯剑锋杀，安葬不利。

九月：壬午、甲午、壬寅、甲寅、庚寅平。

十月：甲午、戊午平，卯日向杀。

十一月：甲申、壬申、戊申、庚申、戊辰、甲辰、壬辰吉，寅日平。

十二月：●坐三杀，凶不可用。

考正时家吉凶定局

子吉	丑凶	寅平	卯凶	辰吉	巳凶	午平	未凶	申吉	酉凶	戌平	亥凶

辰山戌向

克择，生寅旺午，居于四库之位，界在乙巽卯巳之中，喜寅卯巳午拱夹，辛壬癸三奇包拱，甲子遥合，戊癸化火，及丙丁纳音火日为五气朝元。辛为天帑，寅为马元，巳为禄元，忌冲。

旺相分金秘旨

○坐辰向戌兼乙辛三分，宜坐丙辰向丙戌分金。透地龙丙辰坐升氏，宿度宜坐角十向娄一，七十二龙庚辰丙戌。课格宜用申子辰局吉，寅午戌局次，亥卯未局向杀，巳酉丑局坐三煞凶。

○坐辰向戌兼巽乾三分，宜坐庚辰向庚戌分金。透地龙己巳坐鼎箕，宿度宜坐角四向奎十四，七十二龙甲辰庚戌。课格宜用申子辰局吉，寅午戌局次，亥卯未局向杀，巳酉丑局坐三杀凶。

○真历数太阳，寒露到辰拱申子，清明到向照辰吉。○天帝谷雨到辰吉。○开门宜申上合饭箩，戌子合质库吉。○放水宜辛上吉。○宜右水倒左吉。●左水倒右凶。●黄泉煞乾方，不宜乾坤壬上开门放水，凶。

辰山召诸吉神

○五运年月宜用庚丁戊乙年。○六气宜用二气三气四气月。

○通天窍宜用甲子辰寅午戌。○走马六壬宜申子辰寅午戌。

○金鳌精极年月宜用卯酉辰戌巳亥年。

○玉环斗首宜庚丙辛丁壬乙。

辰山避诸凶神

●冲丁杀兼乙忌丙戌日。 ●冲丁杀兼巽忌庚戌日。

●燥天火忌巳亥全，单犯不忌。 ●燥地火忌寅申全，单犯不忌。

●傍阴府忌丙辛，一字亦可犯。 ●星曜忌用乙卯、甲寅。

●日流太岁忌用戊寅旬十日。 ●山方煞忌用乙卯、丁巳。

●消灭兼庚忌用丙午日。 ●箭刃无。

●辰山戌向吉课，若用巳酉丑年月日时者，是三煞年月日时也，用之大凶，切宜避之。

○坐辰向戌考定竖造逐月吉日定局

正月：戊午、甲午、壬午、庚午次吉。

二月：甲申、戊申吉，戊寅、甲寅、壬寅、庚寅次吉。

三月：甲子、戊子、庚子、壬子、甲申吉。

四月：●坐三杀，凶不可用。

五月：甲辰、丙辰吉，亥日、未日平。

六月：庚申、甲申吉，壬寅、甲寅次。

七月：壬申、庚申、甲申、戊子、壬子、甲子、庚子吉。

八月：●坐三煞，凶不可用。

九月：●犯冲破凶。

十月：壬子、戊子、甲子、庚子吉，甲午、壬午、庚午次吉。

十一月：甲辰、庚辰、戊辰吉。

十二月：●坐三煞，凶不可用。

○坐辰向戌考定安葬逐月吉日定局

正月:壬午次吉,卯日平。

二月:甲申、庚申、壬申吉,庚寅、壬寅次。

三月:甲申、庚申、壬申、庚子、壬子吉,庚午、壬午次吉。

四月:●坐三杀,凶不可用。

五月:甲申、壬申、庚申吉,壬寅、甲寅、戊寅、庚寅次吉。

六月:壬申、甲申、庚申吉,甲寅、壬寅、庚寅、丙午次吉。

七月:壬申、戊申、壬子、壬辰吉,辛未、丁未平。

八月:●坐三煞,凶不可用。

九月:●冲破凶。

十月:甲午、戊午、庚午次吉。

十一月:壬申、甲申、戊申、庚申、甲辰、壬辰、戊辰、庚辰吉,四寅日次。

十二月:●坐三煞,凶不可用。

考正时家吉凶定局

子吉	丑凶	寅平	卯凶	辰吉	巳凶	午平	未凶	申吉	酉凶	戌破	亥凶

巽山乾向

克择,生午旺寅,居于四维之方,喜辰巳夹拱,怕戌亥暗冲,甲乙丁壬为元气互旺。阳贵申,阴贵子,禄元卯,马元兼辰,马寅兼巳,马亥纳辛禄,酉为曜杀,忌冲。

旺相分金秘旨

○坐巽向乾兼辰戌三分,宜坐丙辰向丙戌分金。透地龙辛巳坐过翼,宿度宜坐轸十五向奎六。七十二龙丙辰壬戌,课格宜用申子辰局吉,寅午戌地曜,亥卯未局向杀,巳酉丑局坐三杀凶。

871

○坐巽向乾兼巳亥三分,宜坐庚辰向庚戌分金。透地龙癸巳坐巽毕,宿度宜坐轸七向壁八。七十二龙己巳乙亥,课格宜用巳酉丑局吉,亥卯未局次,寅午戌局地曜,申子辰局坐三杀凶。

○真历数太阳,秋分到巽会庚癸,春分太阳到向照巽吉。天帝,立夏到巽吉。○开门宜戌上合质库。子上横财,乾上正门,吉。○放水宜癸上,吉。左右水来吉,左右水去凶。●黄泉杀乾壬方上,不宜壬上开门、放水,凶。

巽山召诸吉神

○五运年月宜用戊乙丙癸年。○六气宜用初气六气月。

○通天窍宜用巳酉丑亥卯未。○走马六壬宜巳酉丑亥卯未。

○金精鳌极宜用子午丑未寅申年月。

○玉环斗首宜用甲己丙辛年月。

巽山避诸凶神

●冲丁煞兼辰忌用丙戌日。　　　●冲丁煞兼巳忌用庚戌日。

●燥天火忌巳亥全,单犯不忌。　　●燥地火忌寅申全,单凶不忌。

●正阴府忌甲己,一字不可犯。　　●不可犯。

●箭刃忌用巳亥全。　　　　　　●单犯不忌。

●星曜忌用辛酉、庚申日。　　　●山方杀忌用丁巳、乙卯日。

●日流太岁忌用戊辰旬十日。　　●消灭忌用丙子、丙午日。

●巽山乾向兼辰戌三分吉课,若用巳酉丑年月日时者,是三煞年月日时也,用之大凶,切宜避之。

○巽山乾向兼辰戌考定竖造逐月吉日定局

正月:戊午、庚午、壬午次吉。

二月:戊申吉,丙寅、戊寅、壬寅、庚寅次,未日向杀。

三月:戊子、庚子、壬子、丙申吉。

四月:●坐三煞,凶不可用。

五月:丙辰、壬辰吉,戊戌、庚戌、壬戌次吉。

六月:丙申、庚申吉,丙寅、壬寅次吉。

七月:戊子、庚子、壬子吉,丙申、庚申次。

八月:●坐三杀,凶不可用。

九月:戊午、庚午、壬午、庚戌、壬戌次。

十月:戊子、庚子、壬子吉,庚午、壬午次。

十一月:丙辰、戊辰、庚辰吉,壬寅、丙戌、戊戌、庚戌、壬戌次吉。

十二月:●坐三杀,凶不可用。

○坐巽向乾兼辰戌考定逐月吉日安葬定局

正月:壬午平,丁卯、癸卯,外向杀。

二月:壬申、庚申、丙申吉,丙寅、壬寅、庚寅次吉。

三月:●犯剑锋杀,安葬不利。

四月:●坐三煞,凶不可用。

五月:丙申、庚申、壬申吉,丙寅、戊寅、庚寅、壬寅次吉。

六月:丙申、壬申、庚申、丙寅、壬寅、庚寅吉。

七月:壬子、戊申、丙申、壬申吉。

八月:●坐三杀,凶不可用。

九月:●犯剑锋煞,安葬不利。

十月:戊午、庚午次,乙未、丁未、辛未、癸未、卯日向杀。

十一月:戊辰、丙辰、壬辰、丙申、戊申、壬申、庚申吉,戊寅、丙寅、庚寅、壬寅次吉。

十二月:●坐三杀,凶不可用。

考正时家吉凶定局

子吉	丑凶	寅平	卯凶	辰吉	巳凶	午平	未凶	申吉	酉凶	戌平	亥凶

●巽山乾向兼巳亥三分吉课,若用申子辰年月日时者,是三煞年月日时也,用之大凶,切宜避之。

○坐巽向乾兼巳亥考定竖造逐月吉日定局

正月:癸酉吉,丁酉平,戊午、壬午、庚午向杀。

二月:乙丑、丁丑、辛丑、癸丑吉,丁未、癸亥、癸未、辛亥、辛未。

三月:●坐三杀,凶不可用。

四月:丁丑、癸丑吉,丁卯、辛卯、癸卯、乙卯平。

五月:无上吉日,丁未、癸未、辛未、乙未平。

六月:乙亥、丁亥、辛亥平。

七月:●坐三杀,凶不可用。

八月:癸巳、丁巳、乙丑、丁丑、癸丑吉。

九月:无上吉日,乙亥、辛亥、丁亥平。

十月:丁酉、癸酉、乙酉、辛酉吉,辛未、乙未、丁未平。

十一月:●坐三煞,凶不可用。

十二月:乙巳、癸巳吉,丙寅、戊寅、壬寅吉。

○坐巽向乾兼巳亥三分考定安葬逐月吉日定局

正月:乙酉、丁酉、辛酉、癸酉吉,癸卯、辛卯、乙卯、丁卯平。

二月:癸未、丁未平,庚寅、壬寅、丙寅向杀。

三月:●剑锋杀,安葬不利。

四月:乙酉、丁酉、辛酉、癸酉、乙丑、丁丑、癸丑吉。

五月:无吉日,庚寅、戊寅、丙寅平。

六月:乙酉、丁酉、辛酉、癸酉吉,乙卯、丁卯、辛卯平。

七月:●坐三杀,凶不可用。

八月:丁丑、癸丑、丁酉、癸酉。

九月:●剑锋杀,安葬不利。

十月:丁未、乙未、癸未、辛未、卯日平。

十一月:●坐三杀,凶不可用。

十二月:辛酉、丁酉、癸酉、乙酉吉,辛卯、丁卯、癸卯、乙卯。

考正时家吉凶定局

子凶	丑吉	寅凶	卯平	辰凶	巳吉	午凶	未平	申凶	酉吉	戌凶	亥平

巳山亥向

克择,生酉旺巳,喜辰午暗拱,丙戌进禄,壬癸进贵,酉丑三合,亥卯未进马,丙丁戊癸寅午戌并张宿值日,为九紫登垣。甲乙丁壬及纳音木日为五气朝元。

旺相分金秘旨

○坐巳向亥兼巽乾三分,宜坐丁巳向丁亥分金。透地龙乙巳坐蛊奎,宿度宜坐翼十九向室十七,七十二龙辛巳辛亥。课格宜用巳酉丑局吉,亥卯未局次,寅午戌局向杀,申子辰局坐三煞凶。

○坐巳向亥兼丙壬三分,宜坐辛巳向辛亥分金。透地龙丁巳坐恒奎,宿度宜坐翼十三向室十二,七十二龙乙巳乙亥。课格宜用巳酉丑局吉,亥卯未局次,寅午戌局向煞,申子辰局坐三杀凶。

○真历数太阳,白露到巳会酉丑,惊蛰太阳到向照巳吉。○天帝小满到巳吉。○开门宜亥上合质库,酉上饭箩吉。○放水宜癸方吉。○左水倒右吉。○右水倒左凶。●黄泉煞乾壬方,不宜乾壬二方开门放水,凶。

巳山召诸吉神

○五运年月宜用甲辛壬己年。○六气宜用初气二气三气月。
○通天窍宜用巳酉丑亥卯未。○走马六壬宜巳酉丑亥卯未。
○金精鳌极年月宜用子午辰戌巳亥年。
○玉环斗首宜用甲己丙辛年月。

巳山避诸凶神

●冲丁杀兼巽忌用丁亥日。　　●冲丁杀兼丙忌用辛亥日。
●傍阴府忌乙庚全,单犯不忌。　●燥天火忌巳亥全,单犯不忌。
●燥地火忌寅申全,单犯不忌。　●山方杀忌用乙卯、丁巳日。
●星曜忌用壬子、癸亥日。　　●日流太岁用戊辰旬十日。

●消灭兼巽丙忌用丙子、丙午、乙卯、乙酉日。●箭刃无。

●巳山亥向吉课,若用申子辰年月日时者,是三煞年月日时也,用之大凶,切宜避之。

○坐巳向亥考定竖造逐月吉日定局

正月:己酉、癸酉吉,丁卯次,午日平。

二月:丁丑、己丑、癸丑、辛丑吉,丁未、癸未、己未、辛未次吉。

三月:●坐三煞,凶不可用。

四月:丁丑、癸丑、己丑吉,丁卯、辛卯、癸卯、己卯次吉。

五月:丁未、辛未、癸未、己未次吉。

六月:无上吉日,寅日向杀。

七月:●坐三杀,凶不可用。

八月:己丑、丁丑、癸丑、癸巳、丁巳、己巳吉,寅日向杀。

九月:无上吉日,丑午日,戌日向杀。

十月:●冲破凶。

十一月:●坐三杀,凶不可用。

十二月:己巳、癸巳吉,甲寅、丙寅、戊寅、壬寅向杀。

○坐巳向亥考定安葬逐月吉日定局

正月:辛酉、己酉、丁酉、癸酉吉,丁卯、己卯、辛卯次吉。

二月:丁卯、癸卯、辛卯、己卯次,未日次吉。

三月:●坐三杀,凶不可用。

四月:丁酉、己酉、辛酉、癸酉、丁丑、己丑、癸丑吉。

五月:无上吉日,甲寅、丙寅、戊寅、壬寅向杀。

六月:丁酉、辛酉、癸酉吉,丁卯、辛卯、癸卯次吉。

七月:●坐三煞,凶不可用。

八月:丁酉、己酉、癸酉、丁丑、癸丑吉。

九月:丁酉、辛酉、癸酉吉,寅日、午日向杀。

十月:●冲破凶。

十一月:●坐三杀,凶不可用。

十二月：辛酉、癸酉、丁酉吉，寅日、午日向杀。

考正时家吉凶定局

子凶	丑吉	寅凶	卯平	辰凶	巳吉	午凶	未平	申凶	酉吉	戌凶	亥破

丙山壬向

克择，生寅旺午，界于巳午之中，喜巳堆禄，忌午值刃，怕亥子暗冲。申合禄，辰午夹禄，酉丑遥禄，阳贵酉，阴贵亥，申戌子拱贵。丙山用甲乙丁壬及纳音木日为五气朝元。

旺相分金秘旨

○坐丙向壬兼巳亥三分，宜坐丁巳向丁亥分金。透地龙壬午坐家人鬼，宿度宜坐翼三向室二，七十二龙丁巳癸亥。课格宜用巳酉丑局吉，亥卯未局次，寅午戌局次，申子辰坐三杀凶。

○坐丙向壬兼子午三分，宜坐辛巳向辛亥分金。透地龙甲午坐离箕，宿度宜坐张十五向危十一，七十二龙庚午甲子。课格宜用寅午戌局吉，巳酉丑局吉，亥卯未局次，申子辰坐三杀凶。

○真历数太阳，处暑到丙会艮辛，雨水太阳到壬照丙吉。○天帝芒种到丙吉。○开门宜亥上合质库，壬上赭衣吉。○放水宜辛戌方吉。○右水倒左吉。●左水倒右凶。●黄泉煞乾方，不宜乾癸子上开门放水，凶。

丙山避诸吉神

○五运年月宜用甲辛壬己年。○六气宜用初气二气三气月。
○通天窍宜用巳酉丑亥卯未。○走马六壬宜寅午戌申子辰。
○金精鳌极年月宜用子午辰戌巳亥年。
○玉环斗首宜乙庚、戊癸年月。

丙山避诸凶神

● 冲丁杀兼巳忌用丁亥日。　　● 冲丁杀兼子忌用辛亥日。

● 傍阴府忌甲子全,单犯不忌。　● 燥天火忌子午全,单犯不忌。

● 燥地火忌卯酉全,单犯不忌。　● 星曜杀忌用壬子、癸亥日。

● 山方杀忌用壬午、庚申日。　　● 箭刃忌用子午全,单犯不忌。

● 日流太岁忌用戊午旬十日。　　● 消灭忌用乙卯、乙酉日。

● 丙山壬向吉课,若用申子辰年月日时者,是三煞年月日时也,用之大凶,切宜避之。

○坐丙向壬考定竖造逐月吉日定局

正月:丙午、戊午、庚午、壬午、癸酉吉,丁卯次吉。

二月:丙寅、戊寅、庚寅、壬寅吉,丁丑、癸丑、乙丑、辛丑、辛未、丁未、乙亥、丁亥。

三月:● 坐三杀,凶不可用。

四月:壬午、丙午、庚午、丁丑、癸丑吉,丁卯、辛卯、癸卯平。

五月:戊戌、庚戌、壬戌吉,丁未、辛未、癸未平。

六月:戊寅、壬寅、丙寅吉,乙亥、丁亥、辛亥平。

七月:● 坐三煞,凶不可用。

八月:戊寅、壬寅、庚寅、乙丑、丁丑、癸丑、癸巳、丁巳吉。

九月:庚午、丙午、壬午、戊午吉,庚戌、壬戌、乙亥、丁亥、辛亥次。

十月:庚午、壬午、丁酉、癸酉、辛酉吉,乙未、辛未、丁未。

十一月:● 坐三杀,凶不可用。

十二月:丙寅、戊寅、壬寅吉,乙巳、癸巳次吉。

○坐丙向壬考定安葬逐月吉日定局

正月:壬午、丙午、丁酉、辛酉、癸酉吉,卯日平。

二月:丙寅、庚寅、壬寅吉,癸未、丁未日平。

三月:● 坐三杀,凶不可用。

四月:● 剑锋杀,安葬不利。

五月：庚寅、壬寅、戊寅吉,丙申、庚申、壬申、辰日向杀。

六月：丙寅、庚寅、壬寅及午日吉,丁卯、癸卯、丁酉、癸酉、辛卯、辛酉。

七月：●坐三杀,凶不可用。

八月：丙寅、庚寅、壬寅、戊寅、癸酉、丁酉、丁丑、癸丑吉。

九月：丙午、庚午、壬午、庚寅、丙寅、壬寅、丁酉、辛酉、癸酉吉,卯日平。

十月：●犯剑锋杀,安葬不利。

十一月：●坐三杀,凶不可用。

十二月：丙寅、庚寅、壬寅、丙午、庚午、壬午、辛酉、丁酉、癸酉吉。

考正时家吉凶定局

子凶	丑吉	寅吉	卯平	辰凶	巳吉	午吉	未平	申凶	酉吉	戌吉	亥平

午山子向

克择,生寅旺午,居于正南之中,喜丁贡禄,辛进贵,未六合,寅戌三合,禄元巳,马元申,忌冲丁壬甲乙及纳音木日为五气朝元。戊癸丙丁并星宿值日为宿归本垣,吉。

旺相分金秘旨

●坐子向午兼丙壬三分,宜坐丙午向丙子分金。透地龙戊午坐既氐,宿度宜坐张六向危三,七十二龙壬子丙子。课格宜用寅午戌局害,巳酉丑局次,亥卯未局平,申子辰局坐三杀凶。

○坐子向午兼丁癸三分,宜坐庚午向庚子分金。透地龙辛未坐革翼,宿度宜坐星六向虚六,七十二龙丙午庚子。课格宜用寅午戌局吉,巳酉丑局吉,亥卯未局坐退,申子辰局坐三煞凶。

○真历数太阳,立秋到午拱寅戌,立春太阳到向照午吉。○天帝夏至到午吉。○开门宜亥上合质库,丑上横财,子上天机木星吉。○放水宜癸方吉。○右水倒左吉。●左水倒右凶。●黄泉煞乾艮方,不宜乾艮二方开门放水,凶。

午山召诸吉神

○五运年月宜用甲辛壬己年。○六气宜用初气二气三气月。

○通天窍宜用巳酉丑亥卯未。○走马六壬宜申子辰寅午戌。

○金精鳌极年月宜用丑未寅申卯酉年。

○玉环斗首宜乙庚癸戊年月。

午山避诸凶神

●冲丁杀兼丙忌用丙子日。　　●冲丁杀兼丁忌庚子日。

●正阴府忌丁壬,一字不可犯。　●燥天火忌子午全,单犯不忌。

●燥地火忌卯酉全,单犯不忌。　●星曜杀忌壬子、癸亥日。

●山方煞忌用壬午、庚申日。　　●箭刃忌用丙壬全,单犯不忌。

●日流太岁忌用戊午旬十日。　●消灭兼丙丁忌用乙卯、乙酉、甲辰、甲

戌日。

　●午山子向吉课,若用申子辰年月日时者,是三煞年月日时也,用之大

凶,切宜避之。

○坐午向子考定竖造逐月吉日定局

正月:庚午、戊午、甲午、丙午吉,癸酉、己酉次吉。

二月:丙寅、甲寅、戊寅、庚寅、癸丑、乙丑、辛丑、己丑吉。

三月:●坐三杀,凶不可用。

四月:甲午、庚午、戊午、丙午吉,癸丑、己丑次吉。

五月:戊戌、甲戌、庚戌吉,未日、亥日平。

六月:丙寅、戊寅、甲寅吉,辛亥、乙亥、辛未平。

七月:●坐三杀,凶不可用。

八月:戊寅、庚寅、己丑、癸丑、乙丑、癸巳、己巳吉。

九月:甲午、丙午、戊午、庚午吉,庚戌、甲戌次,亥申日平。

十月:甲午、庚午吉,辛酉、癸酉、己酉、乙酉次吉。

十一月:●冲破凶。

十二月:甲寅、戊寅、丙寅吉,己巳、癸巳、乙酉次。

○坐午向子考定安葬逐月吉日定局

正月:甲午、丙午、戊午、庚午、癸酉、己酉吉。

二月:丙寅、庚寅、甲寅吉,未日平。

三月:●坐三杀,凶不可用。

四月:甲午、戊午、庚午、辛酉、乙酉、己酉、癸酉、丑日吉。

五月:甲寅、戊寅、丙寅、庚寅吉。

六月:甲寅、丙寅、庚寅、辛酉、癸酉、乙酉、午日吉。

七月:●坐三杀,凶不可用。

八月:戊寅、丙寅、甲寅、庚寅、癸酉、己酉、癸丑吉。

九月:丙午、甲午、庚午、丙寅、甲寅、庚寅、辛酉、乙酉、癸酉吉。

十月:甲午、戊午、庚午吉。

十一月:●冲破凶。

十二月:甲寅、庚寅、丙寅、甲午、庚午、丙午、乙酉、辛酉、癸酉吉。

考正时家吉凶定局

子破	丑吉	寅吉	卯凶	辰凶	巳吉	午吉	未凶	申凶	酉吉	戌吉	亥凶

丁山癸向

克择,生酉旺巳,界在未申之中,怕子丑暗冲,喜午堆禄,巳未拱禄,亥酉堆贵,申戌子夹贵,庚正财,壬正官,□正印,甲乙丁壬及纳音木日为之五气朝元吉课。

旺相分金秘旨

○坐丁向癸兼子午三分,宜坐丙午向丙子分金。透地龙癸未坐离箕,宿度宜坐柳十一向女,七十二龙戊午壬子。课格宜用寅午戌局吉,亥卯未局吉,巳酉丑局次,申子辰局坐三杀凶。

　　○坐丁向癸兼丑未三分,宜坐庚午向庚子分金。透地龙乙未坐革翼,宿度宜坐柳四向女口。七十二龙辛未乙丑。课格宜用亥卯未局吉,巳酉丑局次,寅午戌局向杀次,申子辰局坐三杀,凶。

　　○真历数太阳,大暑到丁拱乾甲,大寒太阳到向照丁吉。○天帝小暑到丁吉。○开门宜癸上合温饱,又合木星,子上进隆吉。○放水宜辛上吉。●左水倒右凶。○右水倒左吉。●黄泉煞乾艮方,乾丑艮上不宜开门放水,凶。

丁山召诸吉神

　　○五运年月宜用甲辛壬己年。○六气宜用初气二气三气月。
　　○通天窍宜用亥卯未巳酉丑。○走马六壬宜亥卯未巳酉丑。
　　○金精鳌极年月宜用卯酉辰戌巳亥年。
　　○玉环斗首宜用甲巳丁壬年。

丁山避诸凶神

　　●冲丁杀兼子忌用丙子日。　　●冲丁杀兼丑忌用庚子日。
　　●傍阴府忌乙庚全,单犯不忌。　　●燥天火忌卯酉全,单犯不忌。
　　●燥地火忌子午全,单犯不忌。　　●星曜忌杀用壬子、癸亥日。
　　●山方杀忌用壬午、庚申日。　　●箭刃忌用丑未全,单犯不忌。
　　●消灭忌用甲戌、甲辰日。　　●日流太岁无。
　　●丁山癸向吉课,若用申子辰年月日时者,是三煞年月日时也,用之大凶,切宜避之。

○坐丁向癸考定竖造逐月吉日定局

　　正月:丁卯次吉,癸酉、己酉平,丙午、壬午、戊午向杀。
　　二月:己未、丁未、癸未、辛未、己亥、丁亥、辛亥吉,己丑、丁丑、辛丑、癸丑。
　　三月:●坐三杀,凶不可用。
　　四月:丁卯、辛卯、癸卯、己卯吉,己丑、丁丑、癸丑次吉。
　　五月:己未、丁未、辛未、癸未、己亥吉,戊戌、壬戌向杀。

六月：丁亥、辛亥吉，戊寅、丙寅、壬寅、甲寅向杀。

七月：●坐三杀，凶不可用。

八月：己丑、丁丑、癸丑、己巳、癸巳、丁巳次吉。

九月：丁亥、辛亥吉，甲戌、丙戌、壬戌、甲午、戊午、壬午。

十月：辛未、丁未吉，丁酉、己酉、癸酉次吉。

十一月：●坐三杀，凶不可用。

十二月：己巳、癸巳吉，丙寅、壬寅、甲寅、戊寅向杀。

○坐丁向癸考定安葬逐月吉日定局

正月：丁卯、辛卯、癸卯吉，癸酉、己酉、丁酉、辛酉次吉。

二月：己未、丁未、癸未日大吉。

三月：●坐三杀，凶不可用。

四月：丁丑、己丑、癸丑、己酉、丁酉、癸酉、辛酉次吉。

五月：●剑锋杀，不利安葬。

六月：丁卯、辛卯、癸卯、己卯吉，丁酉、辛酉、癸酉次吉。

七月：●坐三杀，凶不可用。

八月：丁丑、癸丑、己酉、丁酉、癸酉次吉。

九月：丁酉、辛酉、癸酉次吉。

十月：丁未、辛未、己未、癸未吉，甲午、戊午向杀。

十一月：●剑锋杀，不利。

十二月：丁酉、辛酉、癸酉次吉，甲寅、丙寅、壬寅、甲午、丙午、壬午向杀。

考正时家吉凶定局

子凶	丑次	寅凶	卯吉	辰凶	巳次	午凶	未吉	申凶	酉次	戌凶	亥吉

未山丑向

克择，生酉旺巳，居四库之位，忌子害、戌刑、丑冲，午六合，亥卯三合，甲戊庚进贵,马元巳忌冲。戊癸丙丁及纳音火日为五气朝元。夏至后八日日行,用未时列宿归垣是日与天会,天与地合得天运之正耳。

旺相分金秘旨

○坐未向丑兼丁癸三分,宜坐丁未向丁丑分金。透地龙丁未坐豫虚,宿度宜坐井廿八向斗廿三,七十二龙癸未丁丑。课格宜用亥卯未局吉、巳酉丑局地曜杀,寅午戌局向杀,申子辰局坐三杀,凶。

○坐未向丑兼艮坤三分,宜坐辛未向辛丑分金。透地龙己未坐晋虚,宿度宜坐井廿四向斗廿七,七十二龙丁未辛丑。课格宜用亥卯未局吉,巳酉丑地曜杀,寅午戌局向杀,申子辰局坐三杀,凶。

○真历数太阳,小暑到未拱亥卯,小雪太阳到向照未吉。○天帝大暑到未吉。○开门宜寅上合饭笭,壬方温饱吉。○放水宜甲方吉。○左水倒右吉。●右水倒左凶。●黄泉煞艮方,癸丑艮乾方不宜开门放水,凶。

未山召诸吉神

○五运年月宜用庚丁戊乙年。○六气宜用二气三气四气月。

○通天窍宜用亥卯未巳酉丑。○走马六壬宜亥卯未巳酉丑。

○金精鳌极年月宜用卯酉巳亥辰戌年。

○玉环斗首宜用甲己丁壬年。

未山避诸凶神

●冲丁杀兼丁忌用辛丑日。　　●冲丁杀兼艮忌用丁丑日。

●傍阴府忌戊癸全,单犯不忌。　●燥天火忌巳亥全,单犯不忌。

●燥地火忌寅申全,单犯不忌。　●箭刃无。

●山方煞忌用辛酉、戊辰日。　　●星曜杀忌用甲寅、乙卯日。

●消灭兼丁坤忌甲辰、甲戌、甲子、甲午日。

●日流太岁忌用己未旬十日。

●未山丑向吉课,若用申子辰年月日时者,是三杀年月日时也,用之大凶,切宜避之。

○坐未向丑考定逐月竖造日定局

正月：丁卯、癸酉、己酉次吉,甲午、丙午、庚午、壬午向杀。

二月：丁未、己未、辛未、己亥、辛亥、乙亥、丁亥吉。

三月：●坐三杀,凶不可用。

四月：丁卯、己卯、乙卯、辛卯吉。

五月：辛未、丁未、己未日及己亥吉。

六月：辛亥、乙亥、丁亥吉。

七月：●坐三杀,凶不可用。

八月：丁巳、己巳。

九月：乙亥、辛亥、丁亥吉,甲午、丙午、壬午、庚午向杀。

十月：辛未、乙未、丁未吉,辛酉、己酉、乙酉、丁酉次吉。

十一月：●坐三杀,凶不可用。

十二月：●冲破凶。

○坐未向丑考定安葬逐月吉日定局

正月：丁卯、辛卯吉,乙酉、丁酉、辛酉、己酉次吉。

二月：丁未、己未吉。

三月：●坐三杀,凶不可用。

四月：辛酉、乙酉、己酉、丁酉次吉。

五月：无吉日,甲寅、壬寅、丙寅、庚寅向杀。

六月：辛卯吉,辛酉、乙酉、丁酉次吉。

七月：●坐三杀,凶不可用。

八月：丁酉、己酉次吉,寅日向杀。

九月：辛酉、乙酉、丁酉次吉寅日、午日向杀。

十月：乙未、己未、辛未、丁未、丁卯、己卯、辛卯、乙卯吉。

十一月：●坐三杀,凶不可用。

十二月：●冲破凶。

考正时家吉凶定局

子凶	丑破	寅凶	卯吉	辰凶	巳平	午凶	未吉	申凶	酉平	戌凶	亥吉

坤山艮向

克择,生酉旺巳,居于四维之方,喜未申夹之,乃西南得朋,怕丑寅暗冲,宜甲戊庚三奇,进禄贵包拱,马元兼□马巳兼申,马寅忌冲,丙午戊癸及纳音火日为五气朝元。用甲己辰戌丑未为众子护母,吉。

旺相分金秘旨

○坐坤向艮兼丑未三分,宜坐丁未向丁丑分金。透地龙甲申坐否翼,宿度宜坐井六向斗一,七十二龙壬申丙寅。课格宜用申子辰局吉,寅午戌局次,巳酉丑局向杀,亥卯未局坐三煞,凶。

○坐坤向艮兼寅申三分,宜坐辛未向辛丑分金。透地龙甲申坐坤翼,宿度宜坐井十三向斗九,七十二龙己未癸丑。课格宜用亥卯未局吉,寅午戌局次巳酉丑局向杀,亥卯未局坐三煞,凶。

○真历数太阳,夏至到坤会乙壬,冬至太阳到向照坤吉。○天帝立秋到坤吉。○开门宜寅上质库,子上饭箩吉。○放水宜艮上吉。○右水倒左吉。●左水倒右凶。●黄泉煞甲癸方及丑艮寅不宜开门,宜卯乙子癸方。

坤山召诸吉神

○五运年月宜用庚丁戊乙年。　　○六气宜用二气三气四气月。
○通天窍宜用申子辰寅午戌。○走马六壬宜申子辰寅午戌。
○金精鳌极年月宜用子午丑未寅申年。
○玉环斗首宜丙辛戊癸年月。

坤山避诸凶神

●冲丁杀兼未忌用丁丑日。　　●冲丁杀兼申忌用辛丑日。
●燥天火忌用巳亥全,单犯不忌。　　●燥地火忌用巳亥全,单犯不忌。

●正阴府忌丙辛,一字不可犯。　　●箭刃忌用寅申全,单犯不忌。

●山方煞忌用辛酉、戊辰日。　　●星曜忌用甲寅、乙卯日。

●消灭忌用庚午、庚子日。　　●日流太岁忌己未旬十日。

●坤山艮向兼丑未三分吉课,若用申子辰年月日时者,是三煞年月日时也,用之大凶,切宜避之。

○坐坤向艮兼丑未考定竖造逐月吉日定局

正月:丁卯次吉,己酉、癸酉平。

二月:丁未、己未、癸未、丁亥、乙亥、己亥吉,丁丑、乙丑、癸丑。

三月:●坐三杀,凶不可用。

四月:乙卯、丁卯、己卯、癸卯吉,乙丑、丁丑、己丑、癸丑次吉。

五月:丁未、己未、癸未及己亥日吉。

六月:乙亥、丁亥吉,甲寅、壬寅次吉。

七月:●坐三杀,凶不可用。

八月:丁丑、己丑、乙丑、癸丑、丁巳、己巳、癸巳。

九月:无上吉日,乙亥、丁亥日次吉。

十月:乙未、丁未吉,乙酉、丁酉、己酉、癸酉次吉。

十一月:●坐三杀,凶不可用。

十二月:乙巳、己巳、癸巳次吉,甲寅、戊寅、壬寅向杀。

○坐坤向艮兼丑未考定安葬逐月吉日定局

正月:丁卯、乙卯、癸卯吉,丁酉、乙酉、癸酉次吉。

二月:丁未、己未、癸未吉,庚寅、甲寅、壬寅,向杀。

三月:●坐三杀,凶不可用。

四月:乙丑、丁丑、己丑、癸丑、乙酉、丁酉、己酉、癸酉次吉。

五月:无上吉日,庚寅、甲寅、戊寅、壬寅,向杀。

六月:●剑锋杀,安葬不利。

七月:●坐三杀,凶不可用。

八月:丁丑、癸丑、丁酉、己酉、癸酉次吉。

九月:乙酉、丁酉、癸酉次吉,寅日、午日,向杀。

十月:丁未、乙未、己未、癸未、丁卯、乙卯、己卯、癸卯吉。

十一月:●坐三杀,凶不可用。

十二月:●犯剑锋杀,安葬不利。

考正时家吉凶定局

子凶	丑平	寅凶	卯吉	辰凶	巳平	午凶	未吉	申凶	酉平	戌凶	亥吉

●坤山艮向兼寅申三分吉课,若用亥卯未年月日时者,是三煞年月日时也,用之大凶,切宜避之。

○坐坤向艮兼寅申考定竖造逐月吉日定局

正月:甲午、戊午、壬午。

二月:●坐三杀,凶不可用。

三月:甲子、戊子、壬子、甲申吉,己巳、癸巳、乙巳,向杀。

四月:甲子、戊子吉,午日次吉。

五月:壬辰吉,戊戌、壬戌、庚戌、甲戌次吉。

六月:●坐三杀,凶不可用。

七月:甲子、戊子、壬子、甲申、庚申吉。

八月:庚辰、壬辰吉,戊寅、庚寅、壬寅次吉,丑、巳日向杀。

九月:壬午、甲午、甲辰、戊午、丙午、庚戌、壬戌、甲戌次吉。

十月:●坐三杀,凶不可用。

十一月:甲辰、戊辰、庚辰吉,壬寅、戊戌、庚戌、庚寅。

十二月:甲申、庚申吉,甲寅、戊寅、壬寅次吉。

○坐坤向艮兼寅申考定安葬逐月吉日定局

正月:无上日吉,壬午、甲午次吉。

二月:●坐三杀,凶不可用。

三月:壬子、甲申、庚申、壬寅吉。

四月:甲午、戊午、甲子吉,癸丑、己丑、丁丑、乙丑、酉日,向杀。

五月：甲申、庚申、壬申吉，壬寅、甲寅、戊寅、庚寅次吉。

六月：●剑锋杀，安葬不利。

七月：戊申、壬申、壬辰吉。

八月：甲申、庚申、壬申、壬辰吉，甲寅、庚寅、戊寅、壬寅。

九月：壬寅、甲寅、庚寅、壬午、甲午次吉。

十月：●坐三杀，凶不可用。

十一月：甲申、戊申、庚申、壬申、壬子、甲辰、壬辰、戊寅、庚寅、壬寅、甲寅。

十二月：●犯剑锋杀，安葬不利。

考正时家吉凶定局

子吉	丑凶	寅次	卯凶	辰吉	巳凶	午次	未凶	申吉	酉凶	戌次	亥凶

申山寅向

克择，生巳旺酉，界未酉坤庚之中，忌丑卯暗冲，喜庚贡禄，乙巳进贵，巳六合，子辰三合，马元寅。甲己及纳音土日为五气朝元。上三山坤老母宜配乾老父，六爻日辰采先天真气补山宜用巽爻。

旺相分金秘旨

○坐申向寅兼坤艮三分，宜坐丙申向丙寅分金。透地龙庚申坐坤翼，宿度宜坐参七向箕二，七十二龙甲申戊寅。课格宜用甲子辰局吉。寅午戌次巳酉丑局向杀，亥卯未局坐三杀，凶。

○坐申向寅兼庚申三分，宜坐庚申向庚寅分金。透地龙癸酉坐兑奎，宿度宜坐觜平向尾十三，七十二龙戊申壬寅。课格宜用申子辰局吉。寅午戌局次巳酉丑局向杀，亥卯未局坐三杀，凶。

○真历数太阳，芒种到申拱子辰，大雪太阳到寅照申吉。○天帝处暑到申吉。○开门宜寅上质库，申上赭衣，申子辰方亦吉。○放水宜甲癸方吉，左水倒右吉。●右水倒左凶。●黄泉煞艮方,忌艮乙巽丑方,不宜开门放水,凶。

申山召诸吉神

○五运年月宜用丙癸甲辛年。○六气宜用四气五气月。

○通天窍宜用申子辰寅午戌。○走马六壬宜申子辰寅午戌。

○金精鳌极年月宜用辰戌巳亥子午年。

○玉环斗首宜丙辛戊癸年月。

申山避诸凶神

●冲丁杀兼坤忌用丙寅日。　　●冲丁杀兼庚忌用庚寅日。

●傍阴府忌用丙辛,单犯不忌。●燥天火忌寅申全,单犯不忌。

●燥地火忌巳亥全,单犯不忌。●星曜杀忌用丙午丁巳日。

●山方杀忌用辛酉、戊辰日。　　●日流太岁忌用己未旬十日。

●消灭兼坤忌庚子、庚午兼庚,忌丁卯、丁酉。箭刃无。

●申山寅向吉课,用亥卯未年月日时者,是三煞年月日时也,用之大凶,切宜避之。

○坐申向寅考定竖造逐月吉日定局

正月:●冲破凶

二月:●坐三杀,凶不可用。

三月:甲子、戊子、壬子、庚子、甲申,吉;乙巳、癸巳,次吉。

四月:甲子、戊子、庚子,吉;甲午、庚午、戊午,次吉。

五月:壬辰上吉;戊戌、壬戌、庚戌、甲戌,次吉。

六月:●坐三煞,凶不可用。

七月:戊子、壬子、甲子、庚子、甲申、庚申,吉。

八月:庚辰、壬辰,吉;己巳、丁己、癸巳,平。

九月:甲午、戊午、壬午、庚午、庚戌、壬戌、甲戌,次吉。

十月:●坐三杀,凶不可用。

十一月:甲辰、戊辰、庚辰,吉;甲戌、庚戌、戊戌,次吉。

十二月：庚申、甲申，吉；己巳、乙巳、癸巳，次吉。

坐申向寅考定安葬逐月吉日定局

正月：●冲破凶。

二月：●坐三杀，凶不可用。

三月：甲申、庚申、壬申、庚子、壬子，吉；壬午、庚午，次吉。

四月：甲午、戊午、庚午，次吉。

五月：甲申、壬申、庚申，吉。

六月：●坐三杀，凶不可用。

七月：戊申、壬申、壬子、壬辰，吉；癸酉、己酉、丁酉，次吉。

八月：甲申、庚申、壬申、壬辰，吉；酉日、丑日，平。

九月：壬午、庚午、甲午，次吉；丁酉、癸酉、乙酉，平。

十月：●坐三杀，凶不可用。

十一月：壬申、甲申、戊申、庚申、甲辰、壬辰，吉。

十二月：庚申、壬申、甲申，吉；甲午、庚午、壬午，次吉。

考正时家吉凶定局

子吉	丑凶	寅破	卯凶	辰吉	巳凶	午平	未凶	申吉	酉凶	戌平	亥平

庚山甲向

克择，生巳旺酉，界于申酉之中，怕寅卯暗冲，喜申堆禄，巳合禄，亥食禄，未酉夹禄，丑未堆贵，子寅午申夹贵，巳酉亥卯遥贵。乙正财，丁正官，己正印，甲己及纳音土日为五气朝元。

旺相分金秘旨

○坐庚向甲兼寅申三分，宜坐丙申向丙寅分金。透地龙乙酉坐妹毕，宿度宜用毕十一向尾五，七十二龙庚申甲寅。课格宜用申子辰局吉。巳酉丑局次,寅午戌局凶,亥卯未坐三杀,凶。

○坐庚向甲兼卯酉三分,宜坐庚申向庚寅分金。透地龙丁酉坐孚氏,宿度宜坐毕三向心五,七十二龙癸酉丁卯。课格宜用巳酉丑局吉,申子辰局次,寅午戌局凶,亥卯未局坐三杀,凶。

○真历数太阳,小满到庚拱巽癸,小雪太阳到甲照庚吉,天帝白露到庚吉,开门宜寅上合质库,甲上赭衣又庚方吉。○放水宜甲壬方利,右水倒左吉。●左水倒右凶。●黄泉煞艮巽方,忌艮巽,乙辰丑方上不宜开门放水,凶。

庚山召诸吉神

○五运年月宜用丙癸甲辛年。○六气宜用四气五气月。

○通天窍宜用申子辰寅午戌。○走马六壬宜巳酉丑亥卯未。

○金精鳌极年月宜用子午丑未寅申年。

○玉环斗首宜乙庚壬丁年月。

庚山避诸凶神

●冲丁杀兼申忌用丙寅日。　　●冲丁杀兼酉忌用庚寅日。

●傍阴府忌戊癸全,单犯不忌。　●燥天火忌辰戌全,单犯不忌。

●燥地火忌丑未全,单犯不忌。　●星曜杀忌用丙午丁巳日。

●山方杀忌用辛酉、戊辰日。　　●箭刃忌用卯酉全,单犯不忌。

●消灭兼寅忌丁卯、丁酉兼酉申辰戌。

●日流大岁忌用己酉旬十日。

●庚山甲向吉课,若用亥卯未年月日时者,是三煞年月日时也,用之大凶,切宜避之。

坐庚向甲考定竖造逐月吉日定局

正月:癸酉、己酉,吉;甲午、丙午、庚午、壬午,平。

二月:●坐三杀,凶不可用。

三月:己巳、乙巳,吉;甲子、庚子、壬子、丙子、甲申、丙申,次吉。

四月:丁丑、己丑、甲子、庚子、丙子,吉;甲午、庚午、壬午、丙午,平。

五月：甲辰、壬辰、丙辰，吉；甲戌、壬戌、庚戌，平。

六月：●坐三杀，凶不可用。

七月：壬子、甲子、丙子、庚子，吉；丙申、庚申、甲申，次吉。

八月：己丑、丁丑、乙丑、丁巳、己巳，吉；庚辰、丙辰、壬辰，吉；寅日平。

九月：甲午、丙午、壬午、庚午、庚戌、壬戌日及甲戌平。

十月：●坐三杀，凶不可用。

十一月：甲辰、丙辰、庚辰，吉；壬寅、丙寅、庚寅、丙戌、庚戌、甲戌、壬戌，次吉。

十二月：己巳、乙巳、甲申、庚申、丙申，吉；丙寅、壬寅、甲寅，次吉。

坐庚向甲考定安葬逐月吉日定局

正月：●剑锋杀，安葬不利。

二月：●坐三杀，凶不可用。

三月：乙酉、辛酉，吉；甲申、庚申、丙申、壬申、丙子、庚子，次吉；甲午、庚午、丙午、壬午，平。

四月：辛酉、己酉、乙酉、丁丑、己丑、乙丑，吉；庚午、甲午，平。

五月：甲申、丙申、庚申、壬申，吉；丙寅、庚寅、壬寅、甲寅，平。

六月：●坐三杀，凶不可用。

七月：●剑锋杀，安葬不利。

八月：己酉、丁丑、丙申、甲申、庚申、壬申、丙辰、壬辰、丙寅、庚寅、甲寅、壬寅。

九月：辛酉、乙酉，吉；甲午、壬午、丙午、庚午、壬寅、丙寅、甲寅、庚寅，平。

十月：●坐三杀，凶不可用。

十一月：甲申、壬申、丙申、庚申、甲辰、丙寅、壬辰，吉；丙寅、庚寅、甲寅，次吉。

十二月：乙酉、辛酉、甲申、庚申、丙申、壬申，吉；甲午、庚午、壬午、丙午、甲寅、庚寅、壬寅、丙寅。

考正时家吉凶定局

子吉	丑吉	寅平	卯凶	辰吉	巳吉	午平	未凶	申吉	酉吉	戌平	亥凶

酉山卯向

克择,生子旺申,居四正之位,界于庚申辛戌之中,忌庚值刃,怕寅辰暗冲,喜辛贡禄,丙丁进口,寅辰六合,巳丑三合,禄元酉,马元亥忌冲。宜戊己庚辛及纳音金日为五气朝元。

旺相分金秘旨

○坐酉向卯兼庚甲三分,宜坐丁酉向丁卯分金。透地龙辛酉坐复奎,宿度宜坐昴四向房一,七十二龙乙酉己卯。课格宜用巳酉丑局吉,申子辰局次吉,寅午戌局坐退,亥卯未局坐三杀。

○坐酉向卯兼辛乙三分,宜坐辛酉向辛卯分金。透地龙甲戌坐兑危,宿度宜坐昴十三向氐十二,七十二龙己酉癸卯。课格宜用巳酉丑局吉,申子辰局次吉,寅午戌局坐退,亥卯未局坐三煞。

○真历数太阳,立夏到酉拱己丑,立冬太阳到向照酉吉。○天帝秋分到酉吉。○开门宜寅方质库,甲方赭衣吉。○放水宜乙方吉。○左水倒右吉。●右水倒左凶。●黄泉煞巽巳方,不宜艮巽辰巳上开门放水,凶。

酉山召诸吉神

○五运年月宜用甲辛丙癸年。○六气宜用四气五气月吉。

○通天窍宜用寅午戌申子辰。○走马六壬宜巳酉丑亥卯未。

○金精鳌极年月宜用卯酉辰戌巳亥年。

○玉环斗首宜乙庚丁壬年月。

酉山避诸凶神

●冲丁杀兼庚忌用丁卯日。　　●冲丁杀兼辛忌用辛卯日。

●正阴府忌乙庚全,单犯亦忌。　●燥天火忌寅申全,单犯不忌。

●燥地火忌己亥全,单犯不忌。　　●箭刃忌用卯酉全,单犯不忌。

●星曜杀忌用丙午、丁巳日。　　●山方杀忌用辛酉、戊辰日。

●日流太岁忌用己酉旬十日。　　●消灭兼辛忌丙子、丙午兼庚忌丁卯、丁酉。

●酉山卯向吉课,若用亥卯未年月日时者,是三煞年月日时也,用之大凶,切宜避之。

坐酉向卯放定逐月竖造吉日定局

正月:癸酉、己酉,吉;丙午、甲午、戊午、壬午,平。

二月:●冲破凶。

三月:己巳、癸巳、甲子、戊子、丙子、壬子、丙申、甲申,吉。

四月:丁丑、癸丑、己丑,吉;甲子、戊子、丙子,次吉。

五月:丙辰、壬辰,吉;戊寅、丙寅、甲寅、壬戌、甲戌、戊戌。

六月:●坐三煞,凶不可用。

七月:戊子、壬子、甲子、丙子、丙申、甲申,吉。

八月:己丑、丁丑、癸丑、癸巳、丁巳、己巳、丙辰、壬辰,吉。

九月:无上吉日;甲午、丙午、壬午、戊午、丙戌、壬戌、戊戌,平。

十月:●坐三杀,凶不可用。

十一月:甲辰、丙辰、戊辰、壬辰日,大吉;寅戌日,平。

十二月:己巳、癸巳、丙申、甲申,吉。

坐酉向卯考定安葬逐月吉日定局

正月:丁酉、辛酉、癸酉、己酉,吉。

二月:●冲破凶。

三月:辛酉、癸酉、丁酉,吉;甲申、丙申、壬申、甲子、丙子、壬子,次吉。

四月:丁酉、己酉、辛酉、癸酉、丁丑、己丑、癸丑、辛丑,吉。

五月:丙申、甲申、壬申,吉。

六月:●坐三杀,凶不可用。

七月:丁酉、癸酉、辛酉、己酉、戊申、丙申、壬申、壬子、丙子、戊子,吉。

八月:癸丑、丁丑、丁酉、己酉、癸酉、甲申、丙申、壬申、丙辰、壬辰,吉。

九月:丁酉、辛酉、癸酉,吉。四午日、四寅日,平。

十月:●坐三煞,凶不可用。

十一月:丙申、甲申、壬申、戊申、甲辰、壬辰、丙辰、戊辰,吉。

十二月:辛酉、癸酉、丁酉、甲申、壬申、丙申,吉;寅午日,平。

考正时家吉凶定局

子吉	丑吉	寅凶	卯破	辰吉	巳吉	午凶	未凶	申吉	酉吉	戌凶	亥凶

辛山乙向

克择,生子旺申,界于酉戌之中,忌卯辰暗冲,忌酉堆禄,巳丑遥禄,寅午堆贵,丑卯巳午夹贵。子为长生至宝,又为食禄。乙庚巳酉丑及纳音金日为元辰护旺。

旺相分金秘旨

○坐辛向乙兼酉卯三分,宜坐丁酉向丁卯分金。透地龙丙戌坐履奎,宿度宜坐胃五向氐三,七十二龙辛酉乙卯。课格宜用巳酉丑局,寅午戌局吉,申子辰局吉曜,亥卯未局三杀,凶。

○坐辛向乙兼辰戌三分,宜坐辛酉兼辛卯分金。透地龙戊戌坐履奎,宿度宜坐娄九向亢六,七十二龙甲戌戊辰。课格宜用寅午戌局吉,巳酉丑局次,申子辰局地曜,亥卯未局坐三煞,凶。

○真历数太阳,谷雨到辛会艮丙,霜降太阳到向照辛吉。○天帝寒露到辛吉。○天门宜寅上饭箩,乙上天机木星吉。○放水宜乙丙方吉。○左水倒右吉。●右水倒左凶。●黄泉煞巳巽方,不宜艮巽辰巳方开门放水,凶。

辛山召诸吉神

○五运年月宜用丙癸甲辛年。○六气宜用四气五气月吉。

○通天窍宜用寅午戌申子辰。○走马六壬宜寅午戌申子辰。

○金精鳌极年月宜用子午丑未巳亥年。

○玉环斗首宜用甲己丙辛年。

辛山避诸凶神

●冲丁杀兼酉忌用丁卯日。　　●冲丁杀兼戌忌用辛卯日。

●傍阴府忌甲己全,单犯不忌。　●燥天火忌巳亥全,单犯不忌。

●燥地火忌寅申全,单犯不忌。　●箭刃忌用辰戌全,单犯不忌。

●星曜杀忌用丙午、丁巳日。　　●山方煞忌用辛酉、戊辰日。

●消灭兼辰忌丙子、丙午兼酉忌甲辰戌。

●日流太岁忌用己酉旬十日。

●辛山乙向吉课,若用亥卯未年月日时,是三煞年月日时也,用之大凶,切宜避之。

坐辛向乙考定竖造逐月吉日定局

正月:壬午、庚午、戊午,吉;酉日,平。

二月:●坐三杀,凶不可用。

三月:丙申、戊子、庚子、壬子,平;乙巳、癸巳,次。

四月:戊午、庚午,吉;戊子、庚子,平;丁丑、癸丑,次。

五月:戊戌、庚戌、壬戌,吉;壬辰、丙辰、戊辰,平。

六月:●坐三杀,凶不可用。

七月:戊子、壬子、庚子、庚申,吉。

八月:戊寅、壬寅、庚寅,吉;丙辰、庚辰、壬辰,平。

九月:庚午、甲午、壬午、戊午日及庚戌、壬戌,吉。

十月:●坐三杀,凶不可用。

十一月:壬寅、丙戌、庚戌、壬戌、戊戌,吉;丙寅、戊寅,次吉;丙辰、戊辰、庚辰,平。

十二月:丙寅、戊寅、壬寅、庚寅,吉;丙申、寅申、戊申,平。

坐辛向乙考定安葬逐月吉日定局

正月:壬午,吉;己酉、辛酉、丁酉、乙酉、癸酉,平。

二月：●剑锋杀，安葬不利。

三月：庚午、壬午，吉；丙申、庚申、壬申、庚子、壬子日，平。

四月：戊午、庚午，吉；乙酉、丁酉、辛酉、癸酉、癸丑、乙丑、丁丑、庚子，平。

五月：庚寅、戊寅、丙寅、壬寅，吉；丙申、庚申、壬申，次吉。

六月：●坐三杀，凶不可用。

七月：壬子、壬辰、戊申、丙申、壬申，次吉；辛酉、丁酉、乙酉、癸酉，平。

八月：●剑锋杀，安葬不利。

九月：庚午、壬午、丙寅、壬寅、庚寅，吉；癸酉、乙酉、辛酉、丁酉，平。

十月：●坐三杀，凶不可用。

十一月：丙寅、庚寅、壬寅、戊寅，吉；丙申、庚申、壬申、戊申、丙辰、壬辰、戊辰，次吉。

十二月：丙寅、庚寅、壬寅、庚午、壬午，吉；丙申、庚申、壬申，次吉。

考正时家吉凶定局

子平	丑凶	寅吉	卯凶	辰平	巳凶	午吉	未凶	申平	酉凶	戌吉	亥凶

戌山辰向

克择，生寅旺午，居娄金库墓之地，贵人不履之乡，忌辛堆刃，酉丑穿刑，喜卯六合，寅午三合，酉亥夹拱，辅弼巩固，禄元巳，马元申冲，辰戌丑未打劫龙神。丙丁戊癸及纳音火日为五气朝元。

旺相分金秘旨

○坐戌向辰兼辛乙三分，宜向丙戌向丙辰分金。透地龙庚戌坐□箕，宿度宜坐娄八向角十，七十二龙丙戌庚辰。课格宜用寅午戌局吉，申子辰局地曜杀，巳酉丑局向杀，亥卯未坐三杀。

○坐戌向辰兼乾巽三分，宜坐庚戌向庚戌分金。透地龙壬戌坐需翼，宿度宜坐奎十四向角四，七十二龙庚戌甲辰。课格宜用寅午戌局吉，申子辰局地曜杀,巳酉丑局向杀,亥卯未坐三杀。

　　○真历数太阳,清明到戌拱寅午,寒露太阳到向照戌吉。○天帝霜降到戌吉。○开门宜辰上质库,寅上饭箩吉。○放水宜甲乙方吉。○右水倒左吉。●左水倒右凶。●黄泉煞巽巳方,不宜艮巽巳丙上开门放水,凶。

戌山召诸吉神

　　○五运年月宜用庚丁戊乙年。○六气宜用二气三气四气月。
　　○通天窍宜用寅午戌申子辰。○走马六壬宜寅午戌申子辰。
　　○金精鳌极年月宜用子午辰戌巳亥年。
　　○玉环斗首宜甲己丙辛年月。

戌山避诸凶神

　　●冲丁杀兼乾忌用丙辰日。　　●冲丁杀兼辛忌用庚辰日。
　　●傍阴府忌丁壬全,单犯不忌。　　●燥天火忌丑未全,单犯不忌。
　　●燥地火忌辰戌全,单犯不忌。　　●星曜杀忌用甲寅、乙卯日。
　　●山方杀忌用甲寅、癸亥日。　　●日流太岁忌用戊戌旬十日。
　　●消灭兼辛忌丙子、丙午兼乾忌辛丑、辛未。箭刃无。
　　●戌山辰向吉课,若用亥卯未年月日时者,是三煞年月日时也,用之大凶,切宜避之。

○坐戌向辰考定竖造逐月吉日定局

　　正月:庚午、戊午、甲午、丙午,吉;癸酉、己酉,向杀。
　　二月:●坐三杀,凶不可用。
　　三月:●冲破凶。
　　四月:甲午、庚午、戊午、丙午,吉;戊子、丙子、甲子、庚子,次吉。
　　五月:戊戌、庚戌、甲戌,吉。
　　六月:●坐三杀,凶不可用。
　　七月:戊子、甲子、庚子、丙子、甲申、丙申、庚申,次吉。
　　八月:戊寅、庚寅,吉;癸丑、己丑、乙丑、己巳、癸巳,向杀。
　　九月:庚午、丙午、戊午、甲午、甲戌、庚戌、丙戌、戊戌,吉。

十月：●坐三煞,凶不可用。

十一月：丙戌、庚戌、甲戌、丙寅、庚寅、甲寅,吉。

十二月：甲寅、戊寅、丙寅,吉;甲申、庚申、丙申,次吉。

○坐戌向辰考定安葬逐月日定局

正月：丙午,吉;丁酉、癸酉、乙酉、辛酉、己酉,向杀。

二月：●坐三杀,凶不可用。

三月：●冲破凶,亦不可用。

四月：戊午、甲午、庚午,吉;癸丑、己丑、乙丑、乙巳、辛酉、癸酉。

五月：甲寅、戊寅、丙寅、庚寅,吉;甲申、丙申、庚申,次吉。

六月：●坐三杀,凶不可用。

七月：无上吉日;丙子、戊申、丙申,次吉;乙巳、辛酉、癸酉,向杀。

八月：戊寅、庚寅、甲寅,吉;甲申、庚申、丙申日,次吉。

九月：丙寅、庚寅、丙午、庚午,吉;甲午、甲寅,吉。

十月：●坐三杀,凶不可用。

十一月：庚寅、甲寅、戊寅、丙寅,吉;甲申、庚申、丙戌日,次吉。

十二月：庚寅、甲寅、丙寅、庚午、甲午、丙午,吉;甲申、丙申、庚申,次吉。

考正时家吉凶定局

子平	丑凶	寅吉	卯凶	辰破	巳凶	午吉	未凶	申平	酉凶	戌吉	亥凶

乾山巽向

克择,生巳旺酉,居四维之方,喜戌亥夹之,忌辰巳暗冲,禄元寅,宜甲戌、甲午拱禄。阳贵丑,阴贵未,宜乙丙丁奇贵拱,甲申己庚及纳音土日为五气朝元。用庚辛巳酉丑为众子朝父,吉。

旺相分金秘旨

○坐乾向巽兼戌辰三分,宜坐丙戌向丙辰分金。透地龙丁亥坐壮毕,宿度宜坐奎六向轸十二,七十二龙壬戌丙辰。课格宜用寅午戌局吉,申子辰次己酉丑向杀,亥卯未局坐三煞,凶。

○坐乾向巽兼亥巳三分,宜坐庚戌向庚辰分金。透地龙己亥坐央箕,宿度宜坐壁八向轸七,七十二龙乙亥己巳。课格宜用亥卯未局吉,巳酉丑局次申子辰局向杀,寅午戌局坐三杀,凶。

○真历数太阳,春分到乾拱甲丁,秋分太阳到向照乾吉。○天帝立冬到乾宫。○开门宜卯上饭箩,巳上质库吉,放水宜巽甲方吉。●右水倒左凶。○左水倒右吉。●黄泉煞辰丙方,忌巳丙辰方不宜开门放水,凶。

乾山召诸吉神

○五运年月宜用甲辛丙癸年。○六气月宜四气五气月吉。
○通天窍宜用亥卯未巳酉丑。○走马六壬宜亥卯未巳酉丑。
○金精鳌极年月宜用丑未寅申卯酉年。
○玉环斗首宜乙庚戊癸年月。

乾山避诸凶神

●冲丁杀兼戌忌用丙辰日。　　●冲丁杀兼亥忌用庚辰日。
●正阴府忌用乙庚全,单犯亦忌。　●燥天火忌丑未全,单犯不忌。
●燥地火忌辰戌全,单犯不忌。　●箭刃忌用巳亥全,单犯不忌。
●星曜忌用丙午、丁巳日。　　●山方杀忌甲寅、癸亥日。
●日流太岁忌用戊戌旬十日。　●消灭忌用辛丑、辛未日。
●乾山巽向兼辰戌三分吉课,若用亥卯未年月日时者,是三煞年月日时也,用之大凶,切宜避之。

○坐乾向巽兼辰戌考定竖造逐月吉日定局

正月:甲午、丙午、戊午、壬午,吉。

二月:●坐三杀,凶不可用。

三月:甲子、丙子、戊子、壬子、甲申、丙申,次吉。

四月:甲午、丙午,吉;甲子、丙子、戊子,次吉。

五月:戊戌、甲戌、壬戌,吉;丙辰、壬辰,次吉。

六月：●坐三杀，凶不可用。

七月：甲子、丙子、戊子、壬子、丙申、甲申，次吉。

八月：戊寅、壬寅，吉；丙辰、壬辰，次吉；己巳、丁巳、丁丑。

九月：甲午、丙午、戊午、壬午日，大吉；甲戌、壬戌，次吉。

十月：●坐三杀，凶不可用。

十一月：丙寅、丙戌、丙寅、甲戌、壬戌、壬寅，吉；丙辰、甲辰、戊辰，次吉。

十二月：甲寅、丙寅、戊寅、壬寅，吉；甲申、丙申，次吉。

○坐乾向巽兼辰戌考定安葬逐月吉日定局

正月：丙午、壬午，吉；己酉、丁酉、辛酉、癸酉，向杀。

二月：●坐三杀，凶不可用。

三月：●犯剑锋杀，安葬不利。

四月：甲午、戊午，吉；丁酉、己酉、辛酉、癸酉、丁丑，向杀。

五月：甲寅、戊寅、壬寅、丙寅，吉；甲申、丙申、壬申，次吉。

六月：●坐三杀，凶不可用。

七月：壬子、丙子、戊申、丙午、壬申、壬辰，次吉。

八月：戊寅、壬寅，吉；甲申、丙申、壬申、壬辰、丙辰，次吉。

九月：●剑锋杀，安葬不利。

十月：●坐三煞，凶不可用。

十一月：甲寅、戊寅、丙寅、壬寅，吉；甲辰、戊辰、壬辰、丙辰、甲申、丙申、戊申、壬申，次吉。

十二月：甲寅、丙寅、壬寅、甲午、壬午、丙申，吉；甲申、壬申，次吉。

考正时家吉凶定局

子平	丑凶	寅吉	卯凶	辰平	巳凶	午吉	未凶	申平	酉凶	戌吉	亥凶

○坐乾向巽兼辰戌考定竖造逐月吉日定局

正月：●坐三杀，凶不可用。

二月：丁未、己未、癸未、丁亥、己亥、辛亥，大吉；丁丑、己丑、癸丑。

三月：己巳、癸巳，次吉；甲子、丙子、戊子、壬子、申日，向杀。

四月：丁卯、己卯、辛卯、癸卯，吉；己丑、丁丑、癸丑，次吉。

五月：●坐三杀，凶不可用。

六月：内惟、丁亥、辛亥，吉；甲申、丙申、向杀。

七月：无上吉日，未日、次吉；辰日、申日、子日，向杀。

八月：己丑、丁丑、癸丑、己巳、丁巳、癸巳，次吉。

九月：●坐三杀，凶不可用。

十月：丁未、辛未，吉；丁酉、己酉、辛酉、癸酉，次吉。

十一月：无吉日，甲辰、戊辰、丙辰，向杀。

十二月：己巳、癸巳，次吉；甲申、丙申，向杀。

○坐乾向巽兼辰戌考定安葬逐月吉日定局

正月：●坐三煞，凶不可用。

二月：丁未、己未、癸未，吉；甲申、丙申、壬申，向杀。

三月：●犯剑锋杀，安葬不利。

四月：丁酉、己酉、辛酉、癸酉、己丑、丁丑、癸丑，次吉。

五月：●丁酉坐三杀，凶不可用。

六月：丁卯、辛卯、癸卯，吉；丁酉、辛酉、癸酉，次吉。

七月：己未，吉；乙酉、丁酉、辛酉、癸酉，次吉。

八月：丁丑、癸丑、己酉、丁丑、癸酉，次吉。

九月：●剑锋杀，安葬不利。

十月：己未、丁未、癸未、辛未，吉。

十一月：戊辰、甲辰、丙辰、壬辰、甲申、丙申、壬申、戊申，向杀。

十二月：辛酉、丁酉、癸酉，次吉。

考正时家吉凶定局

子凶	丑平	寅凶	卯吉	辰凶	巳平	午凶	未吉	申凶	酉平	戌凶	亥吉

亥山巳向

克择,生卯旺亥,界乾壬戌子之中,怕辰午暗冲,喜壬贡禄,乙丙丁三奇进贵,寅六合,卯未三合,马元巳。乙庚辛巳酉丑为太白登天,壬癸申子辰为本气归垣,吉。

旺相分金秘旨

○坐亥向巳兼乾巽三分,宜坐丁亥向丁巳分金。透地龙辛亥坐泰箕,宿度宜坐室十七向翼十九,七十二龙丁亥辛巳。课格宜用亥卯未局吉,巳酉丑地曜杀,申子辰局向杀,寅午戌局坐三杀。

○坐亥向巳兼壬丙三分,宜坐辛亥向辛巳分金。透地龙癸亥坐乾翼,宿度宜坐室十二向翼十三,七十二龙辛亥乙巳。课格宜用亥卯未局吉,巳酉丑局地曜杀,申子辰局向杀,寅午戌局坐三杀。

○真历数太阳,惊蛰到亥拱卯未,白露太阳到向照亥吉。○天帝小雪到亥吉。○开门宜巳方合质库,丙上赭衣,卯上饭箩吉。○放水宜丁方吉。○左水倒右吉。●右水倒左凶。●黄泉煞巽方,忌坤巽方上,不宜开门放水,凶。

亥山召诸吉神

○五运年月宜用庚丁壬己年。○六气宜用五气六气月吉。
○通天窍宜用亥卯未巳酉丑,走马六壬宜亥卯未巳酉丑。
○金精鳌极年月宜用子午丑未巳亥年。
○玉环斗首宜乙庚戊癸年月。

亥山避诸凶神

●冲丁杀兼乾忌用丁巳日。　●冲丁杀兼壬忌用辛巳日。
●傍阴府忌戊癸全,单犯不忌。●燥天火忌子午全,单犯不忌。
●燥地火忌卯酉全,单犯不忌。●星曜忌戊辰、戊戌、己丑、己未。

●山刃杀忌用甲寅、癸亥日。　　●消灭兼乾忌辛丑、辛未;兼壬无。

●日流太岁忌用戊戌旬十日。　　●箭刃无。

●亥山巳向吉课,若用寅午戌年月日者,是三煞年月日时也,用之大凶,切宜避之。

○坐亥向巳考定竖造逐月吉日定局

正月:●坐三杀,凶不可用。

二月:己未、丁未、辛未、丁亥、辛亥、己亥吉,乙丑、丁丑、辛丑、己丑。

三月:丙申、甲申、丙子、甲子、壬子、庚子,向杀。

四月:●冲破山头,凶。

五月:●坐三煞,凶不可用。

六月:乙亥、丁亥、辛亥吉,甲申、庚申、丙申,向杀。

七月:无上吉日,丙子、甲子、壬子、庚子及申日,向杀。

八月:乙丑、丁丑、己丑次吉,壬辰、丙辰、庚辰,向杀平。

九月:●坐三杀,凶不可用。

十月:乙未、丁未、辛未吉,乙酉、己酉、辛酉次吉。

十一月:丙辰、甲辰、庚辰,向杀平。

十二月:丙申、庚申、甲申、向杀平。

○坐亥向巳考定安葬逐月吉日定局

正月:●坐三煞,凶不可用。

二月:己未、丁未吉,丙申、甲申、壬申、庚申,向杀平。

三月:乙酉、辛酉、丁酉吉,丙申、甲申、壬申、丙申、甲子、壬子、庚子。

四月:●冲破山头,凶。

五月:●坐三杀,凶不可用。

六月:乙卯、辛卯、丁卯吉,乙酉、辛酉、丁酉次吉。

七月:己未吉,乙酉、辛酉、丁酉、己酉次吉。

八月:己酉、丁酉、丁丑次吉,壬辰、丙辰、甲申、丙申平。

九月:●坐三煞,凶不可用。

十月:乙未、丁未、己未、辛未吉,乙卯、丁卯、己卯、辛卯。

905

十一月:无上吉日,丙子、甲申、壬申、庚申、丙辰、壬辰。

十二月:乙酉、丁酉、辛酉、乙卯、丁卯、辛卯次吉,甲日平。

考正时家吉凶定局

子凶	丑平	寅凶	卯吉	辰凶	巳破	午凶	未吉	申凶	酉平	戌凶	亥吉

(新镌历法便览象吉备要通书卷之十二终)

新镌历法便览象吉备要通书卷之十三

潭阳后学　魏　鉴　汇述

造葬总览

（谓山向方隅、诸家吉凶年月局例等事）

最吉四大利星

二十四山利方向定局

年支	子	丑	寅	卯	辰	巳	午	未	申	酉	戌	亥
	乾坤	寅申	子午	乾坤	寅申	子午	乾坤	寅申	子午	乾坤	寅申	子午
	艮巽	巳亥	卯酉	艮巽	巳亥	卯酉	艮巽	巳亥	卯酉	艮巽	巳亥	卯酉
	辰戌	甲庚	乙辛	辰戌	甲庚	乙辛	辰戌	甲庚	乙辛	辰戌	甲庚	乙辛
	丑未	丙壬	丁癸	丑未	丙壬	丁癸	丑未	丙壬	丁癸	丑未	丙壬	丁癸

上四大利星乃诸家之总要。

假如子、午、卯、酉、乙、辛、丁、癸八山,利在寅、申、巳、亥四年月;甲、庚、丙、壬、寅、申、巳、亥八山,利在丑、未、辰、戌四年月;乾、坤、艮、巽、丑、未、辰、戌八山,利在子、午、卯、酉四年月。

凡造、葬、修方合此最吉,四大利年不犯诸家紧煞所占,为上吉之年月矣。

907

历数真太阳正到分金,超神接气躔度到山定局

	戊寅山	丙寅山	正艮山
冬至	一日箕四	六日斗一	十一日斗六
	二日箕五	七日斗二	十二日斗七
	三日箕六	八日斗三	十三日斗八
	四日箕七	九日斗四	十四日斗九
	五日箕八	十日斗五	十五日斗十

	癸丑山	辛丑山	己丑山
小寒	一日斗十一	六日斗十六	十一日斗廿一
	二日斗十二	七日斗十七	十二日斗廿二
	三日斗十三	八日斗十八	十三日牛一
	四日斗十四	九日斗十九	十四日牛二
	五日斗十五	十日斗二十	十五日牛三

	丁丑山	乙丑山	正癸山
大寒	一日牛四	六日女三	十一日女八
	二日牛五	七日女四	十二日女九
	三日牛六	八日女五	十三日虚一
	四日女一	九日女六	十四日虚二
	五日女二	十日女七	十五日虚三

	壬子山	庚子山	戊子山
立春	一日虚四	六日虚九	十一日危四
	二日虚五	七日危初	十二日危五
	三日虚六	八日危一	十三日危六
	四日虚七	九日危二	十四日危七
	五日虚八	十日危三	十五日危八

雨水	丙子山	甲子山	正壬山
	一日危九	六日危十四	十一日室四
	二日危十	七日室初	十二日室四
	三日危十一	八日室一	十三日室五
	四日危十二	九日室二	十四日室六
	五日危十三	十日室三	十五日室七

惊蛰	癸亥山	辛亥山	己亥山
	一日室九	六日室十四	十一日壁初
	二日室十	七日室十五	十二日壁一
	三日室十一	八日室十六	十三日壁二
	四日室十二	九日室十七	十四日壁三
	五日室十三	十日室十八	十五日壁四

春分	丁亥山	乙亥山	正乾山
	一日壁五	六日奎一	十一日奎六
	二日壁六	七日奎二	十二日奎七
	三日壁七	八日奎三	十三日奎八
	四日壁八	九日奎四	十四日奎九
	五日奎初	十日奎五	十五日奎十

清明	壬戌山	庚戌山	戊戌山
	一日奎十一	六日奎十六	十一日娄四
	二日奎十二	七日奎十七	十二日娄五
	三日奎十三	八日娄一	十三日娄六
	四日奎十四	九日娄二	十四日娄七
	五日奎十五	十日娄三	十五日娄八

	丙戌山	甲戌山	正辛山
谷雨	一日娄九	六日胃一	十一日胃六
	二日娄十	七日胃二	十二日胃七
	三日娄十一	八日胃三	十三日胃八
	四日娄十二	九日胃四	十四日胃九
	五日胃初	十日胃五	十五日胃十

	辛酉山	己酉山	丁酉山
立夏	一日胃十一	六日昴初	十一日昴五
	二日胃十二	七日昴一	十二日昴六
	三日胃十三	八日昴二	十三日昴七
	四日胃十四	九日昴三	十四日昴八
	五日胃十五	十日昴四	十五日昴九

	乙酉山	癸酉山	正庚山
小满	一日昴十	六日毕三	十一日毕八
	二日昴十一	七日毕四	十二日毕九
	三日毕初	八日毕五	十三日毕十
	四日毕一	九日毕六	十四日毕十一
	五日毕二	十日毕七	十五日毕十二

	庚申山	戊申山	丙申山
芒种	一日毕十三	六日参一	十一日参六
	二日毕十四	七日参二	十二日参七
	三日毕十五	八日参三	十三日参八
	四日毕十六	九日参四	十四日参九
	五日参初	十日参五	十五日井一

夏至	己未山	丁未山	乙未山
	一日井二	六日井七	十一日井十二
	二日井三	七日井八	十二日井十三
	三日井四	八日井九	十三日井十四
	四日井五	九日井十	十四日井十五
	五日井六	十日井十一	十五日井十六

小暑	己未山	丁未山	乙未山
	一日井十七	六日井廿二	十一日井廿七
	二日井十八	七日井廿三	十二日井廿八
	三日井十九	八日井廿四	十三日井廿九
	四日井二十	九日井廿五	十四日井三十
	五日井廿一	十日井廿六	十五鬼初

大暑	癸未山	辛未山	正丁山
	一日鬼一	六日柳二	十一日柳八
	二日鬼二	七日柳四	十二日柳九
	三日柳初	八日柳五	十三日柳十
	四日柳一	九日柳六	十四日柳十一
	五日柳二	十日柳七	十五日柳十二

立秋	戊午山	丙午山	甲午山
	一日柳十三	六日星四	十一日张三
	二日星初	七日星五	十二日张三
	三日星一	八日张初	十三日张五
	四日星二	九日张一	十四日张六
	五日星三	十日张二	十五日张七

处暑	壬午山	庚午山	正丙山
	一是张八	六日张十三	十一日翼一
	二日张九	七日张十四	十二日翼二
	三日张十	八日张十五	十三日翼三
	四日张十一	九日张十六	十四日翼四
	五日张十二	十日张十七	十五日翼五

白露	丁巳山	乙巳山	癸巳山
	一日翼六	六日翼十一	十一日翼十六
	二日翼七	七日翼十二	十二日翼十七
	三日翼八	八日翼十三	十三日翼十八
	四日翼九	九日翼十四	十四日翼十九
	五日翼十	十日翼十五	十五日轸初十

秋分	辛巳山	己巳山	正巽山
	一日轸一	六日轸六	十一日轸十一
	二日轸二	七日轸七	十二日轸十二
	三日轸三	乙日轸八	十三日轸十三
	四日轸四	九日轸九	十四日轸十四
	五日轸五	十日轸十	十五日轸十五

寒露	丙辰山	甲辰山	壬辰山
	一日轸十六	六日角四	十一日角九
	二日轸十七	七日角五	十二日角十
	三日角一	八日角六	十三日角十一
	四日角二	九日角七	十四日角十二
	五日角三	十日角八	十五日角十三

霜降	庚辰山	戊辰山	正乙山
	一日亢初	六日亢五	十一日氐初
	二日亢一	七日亢六	十二日氐一
	三日亢二	八日亢七	十三日氐二
	四日亢三	九日亢八	十四日氐三
	五日亢四	十日亢九	十五日氐四

立冬	乙卯山	癸卯山	辛卯山
	一日氐五	六日氐十	十一日氐十五
	二日氐六	七日氐十一	十二日房初
	三日氐七	八日氐十二	十三日房一
	四日氐八	九日氐十三	十四日房二
	五日氐九	十日氐十四	十五日房三

小雪	己卯山	丁卯山	正甲山
	一日房四	六日心二	十一日尾初
	二日房五	七日心三	十二日尾一
	三日房六	八日心四	十三日尾二
	四日心初	九日心五	十四日尾三
	五日心一	十日心六	十五日尾四

大雪	甲寅山	壬寅山	庚寅山
	一日尾五	六日尾十	十一日尾十五
	二日尾六	七日尾十一	十二日箕初
	三日尾七	八日尾十二	十三日箕一
	四日尾八	九日尾十三	十四日箕二
	五日尾九	十日尾十四	十五日箕三

木星掩太阳光。如子年酉山卯向,忌角木蛟、斗木獬、奎木狼、井木犴,此木星掩太阳之光,与太阳同宫,不宜用也。

土星掩太阳光。如亥年申山寅向不可取用,忌氐土貉、女土蝠、胃土雉、柳土獐同临太阳同宫,不可取用,为土星掩太阳之光,返凶,所以四土四木遇与同度同宫,切不可用。须得太阳在位,返凶,所以太阳在数度中,二星躔度之宜忌也。人但知太阳临照日吉,而不知太阳亦有阻滞不吉之处,亦有年分作山向不宜之处,如子年亥年甲、寅年己、卯年辰、辰年卯、巳年寅、寅年丑、丑年未、未年子、申年亥、酉年戌、戌年酉,于此年分山向不可动作,大凶,用日却当细推之。

历数真太阳论

太阳者,星中之天子也。历数炎光者,天上日也,为万宿之祖,诸吉之宗。天而无日则万古长夜,月星诸宿无日,其体何光?

杨公云:

> 当将历数考诸天,天上星辰万万千。
>
> 才到五更星尽落,惟有阳马亘古今。

又云:

> 请君专把太阳照,茅屋光辉亿万年。

是太阳至尊极贵,万德齐全,故吉曜逢之愈增辉,凶星遇之拱手敛伏,不问宫方,到处皆吉,能压诸凶。所躔之分,其光所照之方,大可造、葬,三合四正之用亦可叨光。是名山家帝驾或遇房、虚、星、昴四躔者,名为太阳升殿,用之尤吉。若值日蚀为天交方,不可用,宜避之。

太阳召吉论

《神龙经》曰:太阳乃诸吉之首,旺田产,生贵子,论坐山、照向、坐方、照方、三合方位亦为有力召吉之星,如到子午卯酉齐照,寅申巳亥所对宫三合福力坚是也。凡竖造、安葬、修方、动土,百事无不吉也。但宜查避罗睺、计都二星不可与太阳同度,为难星也。或云:土木星与太阳同度能掩蔽日之光,列宿本无光,借日而有光,安能掩也?

用太阳之诀为至吉之首,人君之象,不忌一切,三煞、灸退、李广箭、阴府、浮天空、罗睺、都天雷霆诸煞,九十位凶神,一百二十四家凶煞,俱不能为害,此是众星之主,用最有准。当以七政历数真太阳逐日躔度,次以考其时刻过到位者为天符,太阳能制诸煞为权,大旺人财,发官禄,旺田蚕,万事皆吉也。

日月合朔到山

凡太阳与太阴会合以为合朔,临到本山则大明大空。五音修造安葬动土诸杀尽皆潜拱伏,主添进人口,加官进职。若修寿山主福寿延长,实天机之局,护身之宝。又云:合朔到山最吉,临照之宫大可扦立,若遇危、毕、心、张四宿,乃太阴升殿入庙之时,尤吉。

歌曰:

> 动明天星临,修造鬼神惊。
> 有缘方遇此,千金莫示人。

正月: 析木在寅,日月合朔在壬亥山。

二月: 大火在卯,日月合朔在乾戌山。

三月: 寿星在辰,日月合朔在辛酉山。

四月: 鹑尾在巳,日月合朔在庚申山。

五月: 鹑火在午,日月合朔在坤未山。

六月: 鹑首在未,日月合朔在丁午山。

七月: 实沈在申,日月合朔在丙巳山。

八月: 大梁在酉,日月合朔在巽辰山。

九月: 降娄在戌,日月合朔在乙卯山。

十月: 娵訾在亥,日月合朔在甲寅山。

十一月:玄枵在子,日月合朔在艮丑山。

十二月:星纪在丑,日月合朔在子癸山。

太阴召吉论

天星真太阴者,乃中后妃也。玄掌素曜曰:天上月也,万宿之母,诸吉之尊,善慈柔同仁懿德,不问官方,尽降福泽,镇制凶神恶杀,普化吉祥,一得照临,吉云志也。

《千金歌》曰:更得玉兔照旺处,能使生人沾恩泽。言太阳大明合朔到山最吉,照临之宫大可扦立,至吉也。

但日月所照临之位,亦如君居所至,莫不福泽于民,是为诸星之主,众吉之首。若犯罗、计二星同度,则为天变日蚀,用之大凶,则宜避也。但喜与金、水二星同度则更吉,深降福泽也。

通天窍吉凶诗断

通天年月生三元九宫。诸家经书《通书》通利即《天符经》。诗例:

青龙大吉及迎财,修之金宝入门来。

若遇青龙家荣贵,进口添财职库开。

修方下向二、七、六、十日进角、羽音田地,富贵,子孙昌盛,大旺丝蚕,广收五谷丰登。诗例:

进田进宅库珠星,修方下向百福生。

人口牛羊田地进,蚕丝大旺更兴丁。

修造、安葬、修方六十日、百二十日,进人口,徵、羽音田地,申子辰年百事大吉,大旺兴发。诗例:

州牢县狱大重丧,犯者瘟灾百祸当。

田地退财牛马死,横祸公事手搥胸。

修方下向百二十日,损畜官事,三年杀三人,失火,因女人退财,田土败业,申子辰年凶。诗例:

大小火血小重丧,三个星辰不可修。

遭官瘟火年年至,退败死丁哭不休。

三年内杀三人,忧家,三六月大吉利。

太岁在申子辰水星之位,正煞在南方巳午未。修作、埋葬忌下丙壬丁癸四向,名坐杀向杀,主退财损人口、官灾。宜下甲庚乙辛坤艮向首,宜三、五、七、十一月大利吉。

太岁在巳酉丑金星之位,正杀在东方寅卯辰。修作、埋葬忌下甲庚乙辛四向,名坐杀向杀,犯主损宅母、人口,官非、产亡、退财,宜下丙壬丁癸乾巽向,四、六、八、十二月大吉。

太岁在寅午戌火星之位,正煞在北方亥子丑。修作、埋葬忌下丙壬丁癸四向,名坐杀向杀,犯主伤宅长、宅母、人口,损六畜、口舌、田蚕不收,宜下甲庚乙辛坤艮向首,宜用正、三、五、七、九月大吉。

太岁在亥卯未木星之位,正杀在西方申酉戌。修作、埋葬忌下甲庚乙辛巳向,名坐杀向杀,犯主疾病、伤人、损畜,宜下丙壬丁癸乾巽向首,宜二、四、六、八、十二月大利吉。

上通天窍年月坐三元九宫利,宜修造,丁向安门放水,用之上吉。

艮、寅、甲、卯、乙、辰、坤、申、庚、酉、辛、戌,十二吉山,宜用申、子、辰、寅、午、戌,阳年月日时。

乾、壬、亥、子、癸、丑、巽、巳、丙、午、丁、未,十二吉山,宜用巳、酉、丑、亥、卯、未,阴年月日时。

真太阴斗母正到分金定局

	正	二	三	四	五	六	七	八	九	十	十一	十二
	初一	廿六	廿四	廿二	十九	十七	十五	十二	初十	初八	初五	初三
壬子山	初二	廿七	廿五	廿三	二十	十八	十六	十三	十一	初九	初六	初四
	初三	廿八	廿六	廿四	廿一	十九	十七	十四	十二	初十	初七	初五

（续表）

	正	二	三	四	五	六	七	八	九	十	十一	十二
乾亥山	初四	初一	廿七	廿五	廿二	二十	十八	十五	十三	十一	初八	初六
	初五	初二	廿八	廿六	廿三	廿一	十九	十六	十四	十二	初九	初七
辛戌山	初六	初三	初一	廿七	廿四	廿二	二十	十七	十五	十三	初十	初八
	初七	初四	初二	廿八	廿五	廿三	廿一	十八	十六	十四	十一	初九
庚酉山	初八	初五	初三	初一	廿六	廿四	廿二	十九	十七	十五	十二	初十
	初九	初六	初四	初二	廿七	廿五	廿三	二十	十八	十六	十三	十一
	初十	初七	初五	初三	廿八	廿六	廿四	廿一	十九	十七	十四	十二
坤申山	十一	初八	初六	初四	初一	廿七	廿五	廿二	二十	十八	十五	十三
	十二	初九	初七	初五	初二	廿八	廿六	廿三	廿一	十九	十六	十四
丁未山	十三	初十	初八	初六	初三	初一	廿七	廿四	廿二	二十	十七	十五
	十四	十一	初九	初七	初四	初二	廿八	廿五	廿三	廿一	十八	十六
丙午山	十五	十二	初十	初八	初五	初三	初一	廿六	廿四	廿二	十九	十七
	十六	十三	十一	十九	初六	初四	初二	廿七	廿五	廿三	二十	十八
	十七	十四	十二	初十	初七	初五	初三	廿八	廿六	廿四	廿一	十九
巽巳山	十八	十五	十三	十一	初八	初六	初四	初一	廿七	廿五	廿二	二十
	十九	十六	十四	十二	初九	初七	初五	初二	廿八	廿六	廿三	廿一
乙辰山	二十	十七	十五	十三	初十	初八	初六	初三	初一	廿七	廿四	廿二
	廿一	十八	十六	十四	十一	初九	初七	初四	初二	廿八	廿五	廿三
甲卯山	廿二	十九	十七	十五	十二	初十	初八	初五	初三	初一	廿六	廿四
	廿三	二十	十八	十六	十三	十一	初九	初六	初四	初二	廿七	廿五
	廿四	廿一	十九	十七	十四	十二	初十	初七	初五	初三	廿八	廿六
艮寅山	廿五	廿二	二十	十八	十五	十三	十一	初八	初六	初四	初一	廿七
	廿六	廿三	廿一	十九	十六	十四	十二	初九	初七	初五	初二	廿八
癸丑山	廿七	廿四	廿二	二十	十七	十五	十三	初十	初八	初六	初三	初一
	廿八	廿五	廿三	廿一	十八	十六	十四	十一	初九	初七	初四	初二

上太阴例,每于太阳所到之宫,再起初一,逆行十二宫,寻所用之日。每一宫管一日,惟子午卯酉每一宫管三日。如用之日位,是太阴照临之方,乃后妃之象。凡天曜地煞,悉能制伏,大可迁葬、建造,百事并吉,却能制伏九良星、小儿煞也。

陈抟记曰:月者,阳中之阴也,其德至柔,其体至顺,其行天所以佐理太阳,验之夜影以为消息。月本无光,丽日而有明,以不明之体言之则纯阴。其行天之度,一月一周天,而与日会辰次之所。一年十二会得三百五十四日三百四十八分,而与天会是为一岁也。日月会合之辰,三合所照之方,是为天德月德之星,故三月建辰,其三合申子辰,日月会于酉,出于庚,入垣于壬,天德月德在壬。六月建未,三合亥卯未,日月会于午,出于丙,入垣于甲,天月二德在甲。九月建戌,日月会于卯,三合寅午戌,出于申,入垣于丙,天月二德在丙。十二月建丑,三合巳酉丑,日月会于子,出于壬,入垣于庚,天月二德在庚。盖子午日月之终始,卯酉日月之门户,其分度多,故日月出没也。

通天窍年月定局

(佐玄仙人造,杨救贫显用于世)

年月日时	申子辰	巳酉丑	寅午戌	亥卯未
迎财星○	坤申	巽巳	艮寅	乾亥
进宝星○	庚酉	丙午	甲卯	壬子
库珠星○	辛戌	丁未	乙辰	癸丑
大州牢●	乾亥	坤申	巽巳	艮寅
小县狱●	壬子	庚酉	丙午	甲卯
小重丧●	癸丑	辛戌	丁未	乙辰
大吉星○	艮寅	乾亥	坤申	丙巳
进田星○	甲卯	壬子	庚酉	丙午

（续表）

年月日时	申子辰	巳酉丑	寅午戌	亥卯未
寿龙星○	乙辰	癸丑	辛戌	丁未
大火血●	巽巳	艮寅	乾亥	坤申
小火血●	丙午	甲卯	壬子	庚酉
大重丧●	丁未	乙辰	癸丑	辛戌

上通天窍年月，修造、安门、放水、埋葬，妙用大吉。

走马六壬年月定局

（李淳风、九天玄女造，杨救贫显用于世）

年月日时	子	丑	寅	卯	辰	巳	午	未	申	酉	戌	亥
天罡	乙辰	甲卯	艮寅	癸丑	壬子	乾亥	辛戌	庚酉	坤申	丁未	丙午	巽巳
太乙	巽巳	乙辰	甲卯	艮寅	癸丑	壬子	乾亥	辛戌	庚酉	坤申	丁未	丙午
胜光	丙午	巽巳	乙辰	甲卯	艮寅	癸丑	壬子	乾亥	辛戌	庚酉	坤申	丁未
小吉	丁未	丙午	巽巳	乙辰	甲卯	艮寅	癸丑	壬子	乾亥	辛戌	庚酉	坤申
传送	坤申	丁未	丙午	巽巳	乙辰	甲卯	艮寅	癸丑	壬子	乾亥	辛戌	庚酉
从魁	庚酉	坤申	丁未	丙午	巽巳	乙辰	甲卯	艮寅	癸丑	壬子	乾亥	辛戌
河魁	辛戌	庚酉	坤申	丁未	丙午	巽巳	乙辰	甲卯	艮寅	癸丑	壬子	乾亥
登明	乾亥	辛戌	庚酉	坤申	丁未	丙午	巽巳	乙辰	甲卯	艮寅	癸丑	壬子
神后	壬子	乾亥	辛戌	庚酉	坤申	丁未	丙午	巽巳	乙辰	甲卯	艮寅	癸丑
大吉	癸丑	壬子	乾亥	辛戌	庚酉	坤申	丁未	丙午	巽巳	乙辰	甲卯	艮寅
功曹	艮寅	癸丑	壬子	乾亥	辛戌	庚酉	坤申	丁未	丙午	巽巳	乙辰	甲卯
太冲	甲卯	艮寅	癸丑	壬子	乾亥	辛戌	庚酉	坤申	丁未	丙午	巽巳	乙辰

上走马六壬,佐玄真人云:

　　　第一莫负天罡诀,第二符经莫违第,
　　　第三六壬生死运,三经总成其同推。

走马六壬诗断

诗例:

　　　天罡星位好安排,须凭吉地作良媒。
　　　修方下向居其位,进入金银及横财。

注云:顺阳之神土德之主,作之进横财及庄田,周年生贵子,进南方财物,巳酉丑年发。诗例:

　　　太乙星辰极是凶,修逢退败见贫穷。
　　　官灾枷锁无依歇,庚星岁岁定遭逢。

注云:顺阴之神火德之主,修造杀宅长、退血财,加在四孟官杀,男在阴宫杀女,百四二十日应。诗例:

　　　胜光星下好田庄,横财岁岁好修装。
　　　连年进入终须入,人口安宁大吉昌。

注云:顺阳之神火德之主,逢者先进血财,后进银帛,寅午戌年生贵,亥卯未年发财福。诗例:

　　　小吉星位不堪闻,犯者须臾便杀人。
　　　三十一载终须见,百万资财化作尘。

注云:犯之主损宅母、女人、小口、血财,巳酉丑年应,申子辰年败。诗例:

　　　传送金星富贵昌,连年长见进田庄。
　　　人丁大旺资财盛,加官进爵喜非常。

注云:顺阳之神金德之主,先进田产,后进横财、蚕丝、血财,一纪荣昌,巳酉丑年生贵子,申子辰年应发财。诗例:

　　　丛魁星位退田畴,官事牢狱实堪忧。
　　　年年争讼无休息,退败资财不得休。

犯之忧女人,起官灾,巳酉丑年见少亡、长病。

河魁星下好修装,进入田园岁岁昌。

金银横财多盛旺,儿孙从此富豪强。

遇之周年生贵子孙,进财物,申子辰年应发福。

登明星官莫愿逢,犯者宅母命先倾。

修方下向君须避,少亡宅长定遭凶。

犯之损母命,后损血财,申子辰年退败。诗例:

神后星官号吉媒,金银进入女家财。

坐向修方居其位,儿孙绯紫入门来。

注云:顺阳之神水德之主,遇此先进横财,后进寡妇产土。若大作逢三合加官富贵,申子辰年生贵子。

大吉星位主灾伤,犯之妇女定先亡。

官灾牢狱无休歇,更忧小口入黄泉。

犯之百日后损血财,杀新妇,周年内官灾至。诗例:

功曹星下好修营,资财进入足丰隆。

修方丁向逢三合,子孙绯紫换门阑。

遇者家生贵子,人财兴旺,申子辰年兴发,亥卯未年生贵子。诗例:

太冲星官不堪迁,连年见祸退田园。

血光横祸年年起,少年定主入黄泉。

犯损宅母、伤六畜、公事,周年退产损女人。

六壬课,取阳年月日时下阳山,阴年月日时下阴山,修方、造作一同。

三奇帝星年月定局

帝星诗曰

飞天宝宿号三奇, 立向安坟切要知。修方若得奇临位,
山头坐向一同推。若遇三奇到坐向, 兴工起造任意为。
不避流财诸恶煞, 官得太岁尽皈依。更得奇星临对照,
令人富贵足丰衣。此是丘公真口诀, 千金不可与人知。

三奇年月　　子午卯酉年

	正	二	三	四	五	六	七	八	九	十	十一	十二
乙奇	艮	艮	午	坎	坤	震	巽	中	乾	兑	艮	午
丙奇	震	巽	中	乾	兑	艮	离	坎	坤	震	巽	中
丁奇	中	乾	兑	艮	离	坎	坤	震	巽	中	乾	兑

寅申巳亥年

	正	二	三	四	五	六	七	八	九	十	十一	十二
乙奇	巽	中	乾	兑	艮	离	坎	坤	震	巽	中	乾
丙奇	离	坎	坤	震	巽	中	乾	兑	艮	离	坎	坤
丁奇	坤	震	巽	中	乾	兑	艮	午	坎	坤	震	巽

辰戌丑未年

	正	二	三	四	五	六	七	八	九	十	十一	十二
乙奇	坎	坤	震	巽	中	乾	兑	艮	离	坎	坤	震
丙奇	乾	兑	艮	离	坎	坤	震	巽	中	乾	兑	艮
丁奇	艮	离	坎	坤	震	巽	中	乾	兑	艮	离	坎

六十年八节三奇帝星定局

甲子年、己酉年

八节	冬至	立春	春分	立夏	夏至	立秋	秋分	立冬
乙	坎	艮	震	巽	离	坤	兑	乾
丙	坎	艮	震	巽	离	坤	兑	乾
丁	坤	离	巽	中	艮	坎	乾	中

乙丑、丙子、丁亥、戊戌、庚戌、辛酉年

八节	冬至	立春	春分	立夏	夏至	立秋	秋分	立冬
乙	离	兑	坤	震	坎	震	艮	兑
丙	坎	艮	震	巽	离	坤	兑	乾
丁	坤	离	巽	中	艮	坎	乾	中

己亥年

八节	冬至	立春	春分	立夏	夏至	立秋	秋分	立冬
乙	离	兑	坤	震	坎	震	艮	兑
丙	离	兑	坤	震	坎	震	艮	兑
丁	坎	畏	震	巽	离	坤	兑	乾

丙寅、丁丑、戊子、庚子、辛亥、壬戌年

八节	冬至	立春	春分	立夏	夏至	立秋	秋分	立冬
乙	艮	乾	坎	坤	坤	巽	离	艮
丙	离	兑	坤	震	坎	震	艮	兑
丁	坎	艮	震	巽	离	坤	兑	乾

己丑年

八节	冬至	立春	春分	立夏	夏至	立秋	秋分	立冬
乙	艮	乾	坎	坤	坤	巽	离	艮
丙	艮	乾	坎	坤	坤	巽	离	艮
丁	离	兑	坤	震	坎	震	艮	兑

丁卯、戊寅、庚寅、辛丑、壬子、癸亥年

八节	冬至	立春	春分	立夏	夏至	立秋	秋分	立冬
乙	兑	中	离	坎	震	中	坎	离
丙	艮	乾	坎	坤	坤	巽	离	艮
丁	离	兑	坤	震	坎	震	艮	兑

己卯年

八节	冬至	立春	春分	立夏	夏至	立秋	秋分	立冬
乙	兑	中	离	坎	震	中	坎	离
丙	兑	中	离	坎	震	中	坎	离
丁	艮	乾	坎	坤	坤	巽	离	艮

辛卯、壬寅、戊辰、庚辰、癸丑年

八节	冬至	立春	春分	立夏	夏至	立秋	秋分	立冬
乙	乾	巽	艮	离	巽	乾	坤	坎
丙	兑	中	离	坎	震	中	坎	离
丁	艮	乾	坎	坤	坤	巽	离	艮

己巳、甲寅年

八节	冬至	立春	春分	立夏	夏至	立秋	秋分	立冬
乙	乾	巽	艮	离	巽	乾	坤	坎
丙	乾	巽	艮	离	巽	乾	坤	坎
丁	兑	中	离	坎	震	中	坎	离

庚午、辛巳、壬辰、癸卯、乙卯年

八节	冬至	立春	春分	立夏	夏至	立秋	秋分	立冬
乙	中	震	兑	艮	中	震	兑	坤
丙	乾	巽	艮	离	巽	乾	坤	坎
丁	兑	中	离	坎	震	中	坎	离

甲辰年

八节	冬至	立春	春分	立夏	夏至	立秋	秋分	立冬
乙	中	震	兑	艮	中	兑	震	坤
丙	中	震	兑	艮	中	兑	震	坤
丁	乾	巽	艮	离	巽	乾	坤	坎

辛未、壬午、癸巳、乙巳、丙辰年

八节	冬至	立春	春分	立夏	夏至	立秋	秋分	立冬
乙	巽	坤	乾	兑	乾	艮	巽	震
丙	中	震	兑	艮	中	兑	震	坤
丁	乾	巽	艮	离	巽	乾	坤	坎

甲午年

八节	冬至	立春	春分	立夏	夏至	立秋	秋分	立冬
乙	巽	坤	乾	兑	乾	艮	巽	震
丙	巽	坤	乾	兑	乾	艮	巽	震
丁	中	震	兑	艮	中	兑	震	坤

壬申、癸未、乙未、丙午、丁巳年

八节	冬至	立春	春分	立夏	夏至	立秋	秋分	立冬
乙	震	坎	中	乾	兑	离	中	巽
丙	巽	坤	乾	兑	乾	艮	巽	震
丁	中	震	兑	艮	中	兑	震	坤

甲申年

八节	冬至	立春	春分	立夏	夏至	立秋	秋分	立冬
乙	震	坎	中	乾	兑	离	中	巽
丙	震	坎	中	乾	兑	离	中	巽
丁	巽	坤	乾	兑	乾	艮	巽	震

癸酉、乙酉、丙申、丁未、戊午年

八节	冬至	立春	春分	立夏	夏至	立秋	秋分	立冬
乙	坤	离	巽	中	艮	坎	乾	中
丙	震	坎	中	乾	兑	离	中	巽
丁	巽	坤	乾	兑	乾	艮	巽	震

甲戌、己未年

八节	冬至	立春	春分	立夏	夏至	立秋	秋分	立冬
乙	坤	离	巽	中	艮	坎	乾	中
丙	坤	离	巽	中	艮	坎	乾	中
丁	震	坎	中	乾	兑	离	中	巽

乙亥、丙戌、丁酉、戊申、庚申年

八节	冬至	立春	春分	立夏	夏至	立秋	秋分	立冬
乙	坎	艮	震	巽	离	坤	兑	乾
丙	坤	离	巽	中	艮	坎	乾	中
丁	震	坎	中	乾	兑	离	中	巽

诸星定例

（谓诸家首神帝星起例等事）

三奇帝星年月起例

夫三奇者,又胜诸吉将,乙丙丁乃是上界之真宰,其功莫测,可以降地下之凶煞。凡三奇禄马到,更不避将军、太岁,年禁、恶煞自回避。诗例:

> 若论三奇问行年, 遁甲分明仔细传。乙丙丁逢天上位,
> 甲戊庚游地下眠。若在南方须照北, 如居西北照东边。
> 乙奇若到十五朝, 丙奇一月祸潜消。丁奇四十五日吉,
> 诸凶恶煞来聚朝。

飞宫掌诀

二坤(立秋)　　七兑(秋分)　　六乾(立冬)

九离(夏至)　　五中　　　　　一坎(冬至)

四巽(立夏)　　三震(春分)　　八艮(立春)

冬至后阳遁顺,夏至后阴遁逆。

诗曰:

立春艮上青山色，春分震上好推详。立夏巽宫寻本位，

立秋坤上从头数。秋分兑上定无移，立冬但去乾宫取。

夏至离火焰当时，冬至坎宫还顺飞。

假如庚午年冬至后顺局，从坎上起甲子，顺飞，乙丑到坤，丙寅震、丁卯巽、戊辰中、己巳乾、庚午兑，乙庚之岁起戊寅，即以戊寅入兑宫，亦顺飞，戊寅兑、己卯艮、庚辰离、辛巳坎、壬午坤、癸未震、甲申巽、乙酉中，丁奇丙戌乾、二奇丁亥兑、三奇戊子艮、己丑离。余仿此推。

又如辛未年夏至后逆局，从离上起甲子，逆飞乙丑艮、丙寅兑、丁卯乾、戊辰中、己巳巽、庚午震、辛未坤，丙辛之岁起庚寅，即以庚寅入坤宫，逆飞庚寅坤、辛卯坎、壬辰离、癸巳艮、甲午兑、乙未乾、一奇丙申中、二奇丁酉巽、三奇戊戌震、己亥坤、庚子坎、辛丑离。余仿此推。

辩论三奇

假如庚午年冬至节乙奇在中宫，丙奇在乾宫，丁奇在兑宫，此定例也。乙奇得十五日，丙奇得三十日，丁奇得四十五日，此《通书》年月诸星发用，说之明矣。则庚午年冬至节起至大寒节尽，凡四十五日，但乙奇在中宫，自冬至日起至大寒节，凡三十日满，而乾宫丙奇消矣。惟丁奇在兑，自冬至日起，直逢大寒节尽，凡四十五日，兑宫方且消矣。故云：丁奇得日稍久时，人却以三奇分作三候，每奇管十五日，则冬至节十五日，乙奇在中宫，小寒节内十五日，丙奇到乾，大寒节内十五日，丁奇在兑。若如此当作二十四气论，何以八节论耶？不追辨而自明矣。《通书》六十太岁内逐年修载虽明，惟恐后学未易通晓，今以庚午年作定局为例。余仿此推。

庚午年定局

	立春	春分	立夏	夏至	立秋	秋分	立冬	冬至
乙奇	震	兑	艮	中	兑	震	坤	中
丙奇	巽	艮	离	巽	乾	坤	坎	乾
丁奇	中	离	坎	震	中	坎	离	兑

紫微銮驾帝星到方吉

甲己丁壬戊癸　阳干年月日时定局

山方星	壬子	癸丑	艮寅	甲卯	乙辰	巽巳	丙午	丁未	坤申	庚酉	辛戌	乾亥
	紫微	荧惑	太乙	宝台	游都	奕游	天乙	天煞	荣光	朗曜	凶煞	黑煞

乙庚辛丙　阴干年月日时定局

山方星	壬亥	乾戌	辛酉	庚申	坤未	丁午	丙巳	巽辰	乙卯	甲寅	艮丑	癸子
	紫微	荧惑	太乙	宝台	游都	奕游	天乙	天煞	荣光	朗曜	凶煞	黑煞

上帝星局,合得紫微、太乙、宝台、天乙、荣光、朗曜到山方吉,余凶。

天河转运尊帝二星定局

（尊星即太乙、帝星即天乙）

三元起例诗诀

上元甲子乾宫起,中元甲子坎宫推。
下元甲子依乾取,不入中宫寻岁支。
太岁到处尊星是,岁君对处帝星居。
顺飞八宫游掌上,到山方向化施为。

三元六十年永定局

		甲子	乙丑	丙寅	丁卯	戊辰	己巳	庚午	辛未
		壬申	癸酉	甲戌	乙亥	丙子	丁丑	戊寅	己卯
		庚辰	辛巳	壬午	癸未	甲申	乙酉	丙戌	丁亥
		戊子	己丑	庚寅	辛卯	壬辰	癸巳	甲午	乙未
		丙申	丁酉	戊戌	己亥	庚子	辛丑	壬寅	癸卯
		甲辰	乙巳	丙午	丁未	戊申	己酉	庚戌	辛亥
		壬子	癸丑	甲寅	乙卯	丙辰	丁巳	戊午	己未
		庚申	辛酉	壬戌	癸亥				
上元下元	尊星	乾	兑	艮	离	乾	坤	震	巽
	帝星	巽	震	坤	坎	离	艮	兑	乾
	玉印	艮	坎	巽	兑	震	乾	离	坤
	玉清	坤	离	乾	震	兑	巽	坎	艮

中元	尊星	坎	坤	震	巽	乾	兑	艮	离
	帝星	离	艮	兑	乾	巽	震	坤	坎
	玉印	震	乾	离	坤	艮	坎	巽	兑
	玉清	兑	巽	坎	艮	坤	离	乾	震

月家尊帝星阳年定局　　甲己丁壬戊癸阳年

月	正	二	三	四	五	六	七	八	九	十	十一	十二
尊星	艮	离	坎	坤	震	巽	乾	兑	艮	离	坎	坤
帝星	坤	坎	离	艮	兑	乾	巽	震	坤	坎	离	乾
玉印	巽	兑	震	乾	离	坤	艮	坎	巽	兑	震	乾
玉清	乾	震	兑	巽	坎	艮	坤	离	乾	震	兑	巽

月家尊帝星阴年定局　　乙庚丙辛阴年定局

月	正	二	三	四	五	六	七	八	九	十	十一	十二
尊星	震	巽	乾	兑	艮	离	坎	坤	震	巽	乾	兑
帝星	兑	乾	巽	震	坤	坎	离	艮	兑	乾	巽	震
玉印	离	坤	艮	坎	巽	兑	震	乾	离	坤	艮	坎
玉清	坎	艮	坤	离	乾	震	兑	巽	坎	艮	坤	离

天河转运日家阳遁定局

尊星北斗内尊星,四面星辰尽拱临。

遇者名标龙虎榜,腰金衣紫做朝郎。

帝星位列北辰前,遇者声名扬四海。

至尊至贵不待言,金阶殿前任盘旋。

931

冬至后日家用尊帝二星定局

		甲子	乙丑	丙寅	丁卯	戊辰	己巳	庚午	辛未
		壬申	癸酉	甲戌	乙亥	丙子	丁丑	戊寅	己卯
		庚辰	辛巳	壬午	癸未	甲申	乙酉	丙戌	丁亥
		戊子	己丑	庚寅	辛卯	壬辰	癸巳	甲午	乙未
		丙申	丁酉	戊戌	己亥	庚子	辛丑	壬寅	癸卯
		甲辰	乙巳	丙午	丁未	戊申	己酉	庚戌	辛亥
		壬子	癸丑	甲寅	乙卯	丙辰	丁巳	戊午	己未
		庚申	辛酉	壬戌	癸亥				
阳遁局	尊星	乾	兑	艮	离	乾	坤	震	巽
	帝星	巽	震	坤	坎	离	艮	兑	乾
	玉印	艮	坎	巽	兑	震	乾	离	坤
	玉清	坤	离	乾	震	兑	巽	坎	艮

尊帝二星日家阴遁定局

玉印之星位列东，世人若遇受恩封。

名扬都邑田财旺，子子孙孙福无穷。

玉清之位列西方，遇者驰名翰墨场。

辅佐朝廷安社稷，丁多财广寿无疆。

夏至后日家用尊帝二星定局

		甲子	乙丑	丙寅	丁卯	戊辰	己巳	庚午	辛未
		壬申	癸酉	甲戌	乙亥	丙子	丁丑	戊寅	己卯
		庚辰	辛巳	壬午	癸未	甲申	乙酉	丙戌	丁亥
		戊子	己丑	庚寅	辛卯	壬辰	癸巳	甲午	乙未
		丙申	丁酉	戊戌	己亥	庚子	辛丑	壬寅	癸卯
		甲辰	乙巳	丙午	丁未	戊申	己酉	庚戌	辛亥
		壬子	癸丑	甲寅	乙卯	丙辰	丁巳	戊午	己未
		庚申	辛酉	壬戌	癸亥				
阴遁局	尊星	坎	坤	震	巽	乾	兑	艮	离
	帝星	离	艮	兑	乾	巽	震	坤	坎
	玉印	震	乾	离	坤	艮	坎	巽	兑
	玉清	兑	巽	坎	艮	坤	离	乾	震

甲己丁壬戊癸日局时　　时家阳局

	子申	丑酉	寅戌	卯亥	辰	巳	午	未
尊星	乾	兑	艮	离	坎	坤	震	巽
帝星	巽	震	坤	坎	离	艮	兑	乾
玉印	艮	坎	巽	兑	震	乾	离	坤
玉清	坤	离	乾	震	兑	巽	坎	艮

乙庚丙辛日局时　　时家阴局

	子申	丑酉	寅戌	卯亥	辰	巳	午	未
尊星	坎	坤	震	巽	乾	兑	艮	离
帝星	离	艮	兑	乾	巽	震	坤	坎
玉印	震	乾	离	坤	艮	坎	巽	兑
玉清	兑	巽	坎	艮	坤	离	乾	震

天帑星立成

（帑星乃帝星之将星,合帝星要合星同到山,则大富贵。）

壬子癸山,合得戊字年月日吉。

丑艮寅山,合得丙字天干吉。

甲卯乙山,合得庚字年月日吉。

辰巽巳山,合得辛字年月日吉。

丙午丁山,合得己字天干日时吉。

未坤申山,合得乙字年月日时吉。

庚酉辛山,合得丁字天干年月吉。

戌乾亥山,合得甲字天干吉。

假如壬子癸三山,造葬课用干戊字年月日时,即是帑星到也。

三元白星年月日时起例

九宫图

乾(六)　　兑(七)　　艮(八)　　离(九)

中(五)

巽(四)　　震(三)　　坤(二)　　坎(一)

起星法

一白水　　二黑土　　三碧木

四绿水　　五黄土　　六白金

七赤金　　八白土　　九紫火

三元年白法

上元一白起甲子,中元四绿却为头。

下元七赤兑方发,逆寻年分把星流。

六十年为一元,一百八十年分三元。

元朝泰定元年甲子为上元,明朝洪武十七年甲子为中元,正统九年甲子为下元。弘治十七年甲子为上元,嘉靖四十三年甲子为中元。

上元甲子起一白,乙丑到九紫。

中元甲子起四绿,乙丑到三碧。

下元甲子起七赤,乙丑到六白。

并逆布以求值年星,既得值年星,即移入中宫,顺飞出入方。

935

逆布求值年星定局

						三元	上元	中元	下元
甲子	癸酉	壬午	辛卯	庚子	己酉	戊午	一白	四绿	七赤
乙丑	甲戌	癸未	壬辰	辛丑	庚申	己未	九紫	三碧	六白
丙寅	乙亥	甲申	癸巳	壬寅	辛亥	庚申	八白	二黑	五黄
丁卯	丙子	乙酉	甲午	癸卯	壬子	辛酉	七赤	一白	四绿
戊辰	丁丑	丙戌	乙未	甲辰	癸丑	壬戌	六白	九紫	三碧
己巳	戊寅	丁亥	丙申	乙巳	甲寅	癸亥	五黄	八白	二黑
庚午	己卯	戊子	丁酉	丙午	乙卯		四绿	七赤	一白
辛未	庚辰	己丑	戊戌	丁未	丙辰		三碧	六白	九紫
壬申	辛巳	庚寅	己亥	戊申	丁巳		二黑	五黄	八白

上排定六十年下所值之星,分三元年值之星,移入中宫,飞出入方。

三元月白法诗例

子午卯酉起八白,寅申巳亥二黑求。

辰戌丑未五黄起,一掌中飞用逆游。

十二年分三元

子午卯酉年为上元,正月起八白,二月七赤,三月六白。

辰戌丑未年为中元,正月起五黄,二月四绿,三月三碧。

寅申巳亥年为下元,正月起二黑,二月一白,三月九紫。并逆布以求值月星,即得值月星,即移入中宫,顺飞八方。

	上元	中元	下元
	子午卯酉	辰戌丑未	寅申巳亥
	四仲年	四季年	四孟年
正、十月	八白○	五黄●	二黑●

（续表）

	上元	中元	下元
	子午卯酉	辰戌丑未	寅申巳亥
	四仲年	四季年	四孟年
二、十一月	七赤●	四绿●	一白○
三、十二月	六白○	三碧●	九紫○
四月	五黄●	二黑●	八白○
五月	四绿●	一白○	七赤●
六月	三碧●	九紫○	六白○
七月	二黑●	八白○	五黄●
八月	一白○	七赤●	四绿●
九月	九紫○	六白○	三碧●

上排定十二月所值之星分三元,即移本月所值之星入中宫,顺飞八方。

三元日白法　　冬至后阳遁

一白　　　二黑　　　三碧

四绿　　　五黄　　　六白

七赤　　　八白　　　九紫

自一白数至九紫,顺行,周而复始,求值日星。

冬至后为阳遁,分三元。冬至前后甲子为上元,雨水前后甲子为中元,谷雨前后甲子为下元。上元甲子起一白,乙丑二黑,丙寅三碧。中元甲子起七赤,乙丑八白,丙寅九紫。下元甲子日起四绿,乙丑五黄,丙寅六白。并顺布求值日星,即移入中宫,顺飞八方。

夏至后阴遁

九紫　　　八白　　　七赤

六白　　　五黄　　　四绿

三碧　　　二黑　　　一白

自九紫数至一白,逆行星,周而复始,求值日星。

夏至后为阴遁,分三元,夏至前后甲子为上元,处暑前后甲子为中元,霜

937

降前后甲子为下元。上元甲子起九紫,乙丑八白,丙寅七赤。中元甲子起三碧,乙丑二黑,丙寅一白。下元甲子起六白,乙丑五黄,丙寅四绿。并逆布求值日星,即入中宫,逆飞八方。

按陈希夷《玉钥匙》三元择日之诀:

阳生冬至前后时,顺行甲子一宫移。雨水便从七宫起,

谷雨还从巽上推。阴生夏至九宫逆,处暑前后三碧疑。

霜降六宫起甲子,逆顺分明十二支。

盖诸家日白之法,错乱舛谬,惟此三元择日之诀,阴阳顺逆,节节相续,殊不知古人移宫接气之义也。

三元时白法　　冬至后阳遁

一白	二黑	三碧
四绿	五黄	六白
七赤	八白	九紫

自一白数至九紫,顺行星,以求值时星。

冬至后子午卯酉四仲日为上元,以甲子起一白。辰戌丑未四季日为中元,以甲子时起七赤。寅申巳亥四孟日为下元,以甲子时起四绿,并顺飞八方。

夏至后阴遁

九紫	八白	七赤
六白	五黄	四绿
三碧	二黑	一白

自九紫数至一白,逆行星,周而复始,求值时星。

夏至后子午卯酉四仲日为上元,以甲子时起九紫。辰戌丑未四季日为中元,以甲子起三碧。寅申巳亥四孟日为下元,以甲子时起六白。并逆布,逆飞八方。

按时日之法,其例与希夷择日之诀同,盖阴阳顺逆,节节相续,得移宫接气之义也。

又历书云:应三白之方修作,不避将军、太岁、大小耗、官符,行年本命诸

凶杀并不能为害,惟忌天罡、四旺大煞、月建方不可动土。一行禅师及桑道茂《定宅经》,凡起造必先得紫白在其方,反当有气,年月则福重,无气则力轻,当避其入墓、受克、暗建、交剑、斗牛、穿心煞,宜避则吉。有定局载于诸吉白星年月例。

三元年方白法定局

山向修方入宅值三白九紫并吉利

			甲子	乙丑	丙寅	丁卯	戊辰	己巳	庚午	辛未	壬申
			癸酉	甲戌	乙亥	丙子	丁丑	戊寅	己卯	庚辰	辛巳
			壬午	癸未	甲申	乙酉	丙戌	丁亥	戊子	己丑	庚寅
			辛卯	壬辰	癸巳	甲午	乙未	丙申	丁酉	戊戌	己亥
			庚子	辛丑	壬寅	癸卯	甲辰	乙巳	丙午	丁未	戊申
			己酉	庚戌	辛亥	壬子	癸丑	甲寅	乙卯	丙辰	丁巳
			戊午	己未	庚申	辛酉	壬戌	癸亥	每一卦占三山		
上元年	中元年	下元年									
一白	四绿	七赤	中	乾	兑	艮	离	坎	坤	震	巽
二黑	五黄	八白	乾	兑	艮	离	坎	坤	震	巽	中
三碧	六白	九紫	兑	艮	离	坎	坤	震	巽	中	乾
四绿	七赤	一白	艮	离	坎	坤	震	巽	中	乾	兑
五黄	八白	二黑	离	坎	坤	震	巽	中	乾	兑	艮
六白	九紫	三碧	坎	坤	震	巽	中	乾	兑	艮	离
七赤	一白	四绿	坤	震	巽	中	乾	兑	艮	离	坎
八白	二黑	五黄	震	巽	中	乾	兑	艮	离	坎	坤
九紫	三碧	六白	巽	中	乾	兑	艮	离	坎	坤	震

三元月日山向修方定局

寅申巳亥年	四	五	六	七	八	九	正十	十一	十二
子午卯酉年	正十	十一	十二	四	五	六	七	八	九
辰戌丑未年	七	八	九	正十	十一	十二	四	五	六
一白○	兑	艮	离	坎	坤	震	巽	中	乾
二黑●	艮	离	坎	坤	震	巽	中	乾	兑
三碧●	离	坎	坤	震	巽	中	乾	兑	艮
四绿●	坎	坤	震	巽	中	乾	兑	艮	离
五黄●	坤	震	巽	中	乾	兑	艮	离	坎
六白○	震	巽	中	乾	兑	艮	离	坎	坤
七赤●	巽	中	乾	兑	艮	离	坎	坤	震
八白○	中	乾	兑	艮	离	坎	坤	震	巽
九紫○	乾	兑	艮	离	坎	坤	震	巽	中

　　上三元年月紫白法,开山、立向、修方年月,虽得紫白为吉,尤须所到之宫有气则福重,无气则力轻。又当避其暗建、受克、穿心、入墓、交剑、斗牛等杀,所谓白中有杀少人知。今具定局于后,用者避焉。

三元日方白法定局

冬至	雨水	谷雨	夏至	处暑	霜降	甲子 癸酉	乙丑 甲戌	丙寅 乙亥	丁卯 丙子	戊辰 丁丑	己巳 戊寅	庚午 己卯	辛未 庚辰	壬申 辛巳
小寒	惊蛰	立夏	小暑	白露	立冬	壬午 辛卯	癸未 壬辰	甲申 癸巳	乙酉 甲午	丙戌 乙未	丁亥 丙申	戊子 丁酉	己丑 戊戌	庚寅 己亥
大寒	春分	小满	大暑	秋分	小雪	庚子 己酉	辛丑 庚戌	壬寅 辛亥	癸卯 壬子	甲辰 癸丑	乙巳 甲寅	丙午 乙卯	丁未 丙辰	戊申 丁巳
立春	清明	芒种	立秋	寒露	大雪	戊午	己未	庚申	辛酉	壬戌	癸亥			
白	赤	绿	紫	碧	白	中	巽	震	坤	坎	离	艮	兑	乾
黑	白	黄	白	黑	黄	乾	中	巽	震	坤	坎	离	艮	兑
碧	紫	白	赤	白	绿	兑	乾	中	巽	震	坤	坎	离	艮
绿	白	赤	白	紫	碧	艮	兑	乾	中	巽	震	坤	坎	离
黄	黑	白	黄	白	黑	离	艮	兑	乾	中	巽	震	坤	坎
白	碧	紫	绿	赤	白	坎	离	艮	兑	乾	中	巽	震	坤
赤	绿	白	碧	白	紫	坤	坎	离	艮	兑	乾	中	巽	震
白	黄	黑	黑	黄	白	震	坤	坎	离	艮	兑	乾	中	巽
紫	白	碧	白	绿	赤	巽	震	坤	坎	离	艮	兑	乾	中

三元时白方定局

冬至后	夏至后	子午卯酉寅申巳亥辰戌丑未	子酉午卯	丑戌未辰	寅亥申巳	卯子酉午	辰丑戌未	巳寅亥申	午卯子酉	未辰丑戌	申巳寅亥
白	紫		中	巽	震	坤	坎	离	艮	兑	乾
黑	白		乾	中	巽	震	坤	坎	离	艮	兑
碧	赤		兑	乾	中	巽	震	坤	坎	离	艮
绿	白		艮	兑	乾	中	巽	震	坤	坎	离
黄	黄		离	艮	兑	乾	中	巽	震	坤	坎
白	绿		坎	离	艮	兑	乾	中	巽	震	坤
赤	碧		坤	坎	离	艮	兑	乾	中	巽	震
白	黑		震	坤	坎	离	艮	兑	乾	中	巽
紫	白		巽	震	坤	坎	离	艮	兑	乾	中

上诸历书云:三白之方,即大奇帝星也,修方遇之,不避将军、太岁、大小耗、官符及作主本命,诸凶煞不能为害。惟忌天罡、四旺大煞、月建方不得动土,凶不能压。《经》云:凡起造,必先得紫白在其方,吉。

白中凶煞定局

	戌	辰	辰	未	未	辰	丑	丑	辰
入墓年月 即六健杀	九紫	一白	二黑	三碧	四绿	五黄	六白	七赤	八白
暗建杀 为臣夺君位	离	坎	坤	震	巽	中	乾	兑	艮
受克杀 客强主弱	坎	离	艮	兑	乾		巽	震	坤
穿心杀 各相对冲	坎中艮	坤震	巽乾	兑震	巽	离	离	震	震
交剑杀 金同位							兑	乾	
斗牛杀			震巽			震巽	震巽	震巽	

一白贪狼坎属水,申酉戌亥子年为有气,逢辰年月为入墓,凶。

入中宫不作坎暗建煞,一白在中宫,不作中宫受克杀。

六白武曲居乾属金,巳午未申酉年为有气,逢丑年月为入墓,凶。

入中宫不作乾暗建煞,六白在离宫,不作正南受克杀。

八白左辅居艮属土,申酉戌亥子年为有气,逢辰年月为入墓,凶。

入中宫不作艮暗建煞,八白在震宫,不作正东受克杀。

九紫右弼居离属火,寅卯辰巳午年为有气,逢戌年月为入墓,凶。

入中宫不作离暗建煞,九紫在坎宫,不作正北受克煞。

金与金同位为交剑杀,金土与木同位为斗牛杀。

起定六甲生人本命禄马诸贵人到山向中宫

年月日时	真禄 丙寅	申子辰马丙寅	寅午戌马壬申	阴贵人丁丑	天官阳贵人辛未	文星天厨节己巳	福星贵人丙寅	太极贵人甲子	天福贵人癸酉
甲子	兑	兑	巽	离	震	坎	兑	中	中
乙丑	乾	乾	震	艮	坤	离	乾	坎	巽
丙寅	中	中	坤	兑	坎	艮	中	离	震
丁卯	坎	坎	坎	乾	离	兑	坎	艮	坤
戊辰	离	离	离	中	艮	乾	离	兑	坎
己巳	艮	艮	艮	巽	兑	中	艮	乾	离
庚午	兑	兑	兑	震	乾	坎	兑	中	艮
辛未	乾	乾	乾	坤	中	离	乾	巽	兑
壬申	中	中	中	坎	坎	艮	中	震	乾
癸酉	巽	巽	坎	离	离	兑	巽	坤	中
甲戌	震	震	离	艮	艮	乾	震	坎	坎
乙亥	坤	坤	艮	兑	兑	中	坤	离	离
丙子	坎	坎	兑	乾	乾	巽	坎	艮	艮
丁丑	离	离	乾	中	中	震	离	兑	兑
戊寅	艮	艮	中	坎	巽	坤	艮	乾	乾
己卯	兑	兑	巽	离	坎	坎	兑	中	中

（续表）

年月日时	真禄 丙寅	申子辰马丙寅	寅午戌马壬申	阴贵人丁丑	天官阳贵人辛未	文星天厨节己巳	福星贵人丙寅	太极贵人甲子	天福贵人癸酉
庚辰	乾	乾	震	艮	坤	离	乾	巽	巽
辛巳	中	中	坤	兑	坎	艮	中	震	震
壬午	巽	巽	坎	乾	离	兑	巽	坤	坤
癸未	震	震	离	中	艮	乾	震	坎	坎
甲申	坤	坤	艮	巽	兑	中	坤	离	离
乙酉	坎	坎	兑	震	乾	巽	坎	艮	艮
丙戌	离	离	乾	坤	中	震	离	兑	兑
丁亥	艮	艮	中	坎	巽	坤	艮	乾	乾
戊子	兑	兑	巽	离	震	坎	兑	中	中
己丑	乾	乾	震	艮	坤	离	乾	巽	巽
庚寅	中	中	坤	兑	坎	艮	中	震	震
辛卯	巽	巽	坎	乾	离	兑	巽	坤	坤
壬辰	震	震	离	中	艮	乾	震	坎	坎
癸巳	坤	坤	艮	巽	兑	中	坤	离	离
甲午	坎	坎	兑	震	乾	巽	坎	艮	艮
乙未	离	离	乾	坤	中	震	离	兑	兑
丙申	艮	艮	中	坎	巽	坤	艮	乾	乾
丁酉	兑	兑	巽	离	震	坎	兑	中	中
戊戌	乾	乾	震	艮	坤	离	乾	巽	巽
己亥	中	中	坤	兑	坎	艮	中	震	震
庚子	巽	巽	坎	乾	离	兑	巽	坤	坤
辛丑	震	震	离	中	艮	乾	震	坎	坎

（续表）

年月日时	真禄 丙寅	申子辰马 丙寅	寅午戌马 壬申	阴贵人 丁丑	天官阳贵人 辛未	文星天厨节 己巳	福星贵人 丙寅	太极贵人 甲子	天福贵人 癸酉
壬寅	坤	坤	艮	巽	兑	中	坤	离	离
癸卯	坎	坎	兑	震	乾	巽	坎	艮	艮
甲辰	离	离	乾	坤	中	震	离	兑	兑
乙巳	艮	艮	中	坎	巽	坤	艮	乾	乾
丙午	兑	兑	巽	离	震	坎	兑	中	中
丁未	乾	乾	震	艮	坤	离	乾	巽	巽
戊申	中	中	坤	兑	坎	艮	中	震	震
己酉	巽	巽	坎	乾	离	兑	巽	坤	坤
庚戌	震	震	离	中	艮	乾	震	坎	坎
辛亥	坤	坤	艮	巽	兑	中	坤	离	离
壬子	坎	坎	兑	震	乾	巽	坎	艮	艮
癸丑	离	离	乾	坤	中	震	离	兑	兑
甲寅	艮	艮	中	坎	巽	坤	艮	乾	乾
乙卯	兑	兑	巽	离	震	坎	兑	中	中
丙辰	乾	乾	震	艮	坤	离	坤	巽	巽
丁巳	中	中	坤	兑	坎	艮	中	震	震
戊午	巽	巽	坎	乾	离	兑	巽	坤	坤
己未	震	震	离	中	艮	乾	震	坎	坎
庚申	坤	坤	艮	巽	兑	中	坤	离	离
辛酉	坎	坎	兑	震	乾	巽	坎	艮	艮
壬戌	离	离	乾	坤	中	震	离	兑	兑
癸亥	艮	艮	中	坎	巽	坤	艮	乾	乾

起定六乙生人本命禄马诸贵人到山向中宫

年月日时	真禄 己卯	亥卯未马辛巳	巳酉丑马丁亥	阴贵人戊子	阳贵人福甲申	天厨文星太极壬午	福星贵人丁丑	天官贵人庚辰	山河节度贵人癸未
甲子	坤	巽	坎	坤	兑	中	离	震	乾
乙丑	坎	震	离	坎	乾	巽	艮	坤	中
丙寅	离	坤	艮	离	中	震	兑	坎	巽
丁卯	艮	坎	兑	艮	巽	坤	乾	离	震
己巳	乾	艮	中	乾	坤	离	巽	兑	坎
戊辰	兑	离	乾	兑	震	坎	中	艮	坤
壬申	震	中	坤	震	艮	乾	坎	巽	兑
癸酉	坤	巽	坎	坤	兑	中	离	震	乾
甲戌	坎	震	离	坎	乾	巽	艮	坤	中
乙亥	离	坤	艮	离	中	震	兑	坎	巽
丙子	艮	坎	兑	艮	巽	坤	乾	离	震
丁丑	兑	离	乾	兑	震	坎	中	艮	坤
戊寅	乾	艮	中	乾	坤	离	坎	兑	坤
己卯	坤	兑	巽	中	坎	艮	离	乾	离
庚辰	坎	乾	震	巽	离	兑	艮	中	艮
辛巳	离	中	坤	震	艮	乾	兑	坎	兑
壬午	艮	坎	坎	坤	兑	中	乾	离	乾
癸未	兑	离	离	坎	乾	坎	中	艮	中

（续表）

年月日时	真禄　己卯	亥卯未马辛巳	巳酉丑马丁亥	阴贵人戊子	阳贵人福甲申	天厨文星太极壬午	福星贵人丁丑	天官贵人庚辰	山河节度贵人癸未
甲申	乾	艮	艮	离	中	离	巽	兑	坎
乙酉	中	兑	兑	艮	坎	震	乾	艮	离
丙戌	巽	乾	乾	兑	离	兑	坤	中	艮
丁亥	震	中	中	乾	艮	乾	坎	巽	兑
戊子	坤	巽	坎	中	兑	中	离	震	乾
己丑	坎	震	离	坎	乾	巽	艮	坤	中
庚寅	离	坤	艮	丙	中	震	兑	坎	巽
辛卯	艮	坎	兑	艮	巽	坤	乾	离	震
壬辰	兑	离	兑	震	乾	坎	中	艮	坤
癸巳	乾	艮	中	乾	坤	离	巽	兑	坎
甲午	中	兑	巽	中	坎	艮	震	乾	坎
乙未	巽	乾	震	巽	离	兑	坤	中	艮
丙申	震	中	坤	震	艮	乾	坎	巽	兑
丁酉	坤	巽	坎	坤	兑	中	离	震	乾
戊戌	坎	震	离	坎	乾	巽	艮	坤	中
己亥	离	坤	艮	离	中	震	兑	坎	巽
庚子	艮	坎	兑	艮	巽	坤	乾	离	震
辛丑	兑	离	乾	兑	震	坎	中	艮	坤
壬寅	乾	艮	中	乾	兑	离	巽	兑	坎
癸卯	中	兑	巽	中	坎	艮	震	乾	离
甲辰	巽	乾	震	巽	离	兑	坤	中	艮

（续表）

年月日时	真禄 己卯	亥卯未马辛巳	巳酉丑马丁亥	阴贵人戊子	阳贵人福甲申	天厨文星太极壬午	福星贵人丁丑	天官贵人庚辰	山河节度贵人癸未
乙巳	震	中	坤	震	艮	乾	坎	巽	兑
丙午	坤	巽	坎	坤	兑	中	离	震	乾
丁未	坎	震	离	坎	乾	震	艮	坤	中
戊申	离	坤	艮	离	中	震	兑	坎	巽
己酉	艮	坎	兑	艮	巽	坤	乾	离	震
庚戌	兑	离	乾	兑	震	坎	中	艮	坤
辛亥	乾	艮	中	乾	坤	离	巽	兑	坎
壬子	中	兑	巽	中	坎	艮	震	乾	离
癸丑	巽	乾	震	巽	离	兑	坤	中	艮
甲寅	震	中	坤	震	艮	乾	坎	巽	兑
乙卯	坤	巽	坎	坤	兑	中	离	震	乾
丙辰	坎	震	离	坎	乾	巽	艮	坤	中
丁巳	离	坤	艮	离	中	震	兑	坎	巽
戊午	艮	坎	兑	艮	巽	坤	乾	离	震
己未	离	兑	乾	兑	震	坎	中	艮	坤
庚申	乾	艮	中	乾	坤	离	巽	兑	坎
辛酉	中	兑	巽	中	坎	艮	震	乾	离
壬戌	巽	乾	震	巽	离	兑	坤	中	艮
癸亥	震	离	坤	震	艮	乾	坎	巽	兑

起定六丙生人本命禄马诸贵人到山向中宫

年月日时	真禄 癸巳	申子辰马庚寅	寅午戌马丙申	阴贵人丁酉	阳贵人己亥	文星贵人丙申	福星天福戊子	天官天厨节度癸巳	太极贵人辛卯
甲子	兑	巽	坎	坤	巽	坎	坤	兑	中
乙丑	乾	震	离	坎	震	离	坎	乾	巽
丙寅	中	坤	艮	离	坤	艮	离	中	巽
丁卯	巽	坎	兑	艮	坎	兑	艮	坎	坤
戊辰	震	离	乾	兑	离	乾	兑	震	坎
己巳	坤	艮	中	乾	艮	中	乾	坤	离
庚午	坤	兑	巽	中	兑	巽	中	坎	艮
辛未	离	乾	震	巽	乾	震	巽	离	兑
壬申	震	中	坤	震	中	坤	震	艮	乾
癸酉	兑	巽	坎	坤	巽	坎	坤	兑	中
甲戌	乾	震	离	坎	震	离	坎	乾	巽
乙亥	中	坤	艮	离	坤	艮	离	中	震
丙子	巽	坎	兑	艮	坎	兑	艮	巽	坤
丁丑	震	离	乾	兑	离	乾	兑	震	坎
戊寅	坤	艮	中	乾	艮	中	乾	坤	离
己卯	坎	兑	巽	中	兑	巽	中	兑	艮
庚辰	离	乾	震	巽	乾	震	巽	离	兑
辛巳	艮	中	坤	震	中	坤	震	艮	乾

（续表）

年月日时	真禄 癸巳	申子辰马庚寅	寅午戌马丙申	阴贵人丁酉	阳贵人己亥	文星贵人丙申	福星天福戊子	天官天厨节度癸巳	太极贵人辛卯
壬午	兑	巽	坎	坤	巽	坎	坤	兑	中
癸未	乾	震	离	坎	震	离	坎	乾	巽
甲申	中	坤	艮	离	坤	艮	离	中	震
乙酉	巽	坎	兑	艮	坎	兑	艮	巽	坤
丙戌	震	离	乾	兑	离	乾	兑	震	坎
丁亥	坤	艮	中	乾	艮	中	乾	坤	离
戊子	坎	兑	巽	中	兑	巽	中	坎	艮
己丑	离	乾	震	巽	乾	艮	坎	离	无
庚寅	艮	中	坤	震	中	坤	离	艮	乾
辛卯	兑	巽	坎	坤	巽	坎	艮	兑	中
壬辰	乾	震	离	坎	震	离	兑	乾	坎
癸巳	中	坤	艮	离	坤	艮	乾	中	离
甲午	坎	兑	兑	艮	坎	兑	中	坎	艮
乙未	离	乾	乾	兑	离	乾	巽	离	兑
丙申	艮	中	中	乾	艮	中	震	艮	乾
丁酉	兑	艮	坎	中	兑	坎	坤	兑	中
戊戌	乾	震	离	坎	乾	离	坎	乾	巽
己亥	中	坤	丁	离	中	艮	离	中	震
庚子	巽	坎	兑	艮	坎	兑	艮	巽	坤
辛丑	震	离	乾	兑	离	乾	兑	震	坎
壬寅	坤	艮	中	乾	艮	中	乾	坤	离

（续表）

年月日时	真禄 癸巳	申子辰马庚寅	寅午戌马丙申	阴贵人丁酉	阳贵人己亥	文星贵人丙申	福星天福戊子	天官天厨节度癸巳	太极贵人辛卯
癸卯	坎	兑	艮	中	兑	巽	中	坎	艮
甲辰	离	乾	震	巽	离	震	巽	离	兑
乙巳	艮	中	坤	震	中	坤	震	艮	乾
丙午	兑	巽	坎	坤	巽	坎	坤	兑	中
丁未	乾	震	离	坎	震	离	坎	乾	巽
戊申	中	坤	艮	离	坤	艮	离	中	震
己酉	巽	坎	兑	艮	坎	兑	艮	巽	坤
庚戌	震	离	乾	兑	离	乾	兑	震	坎
辛亥	坤	艮	中	乾	艮	中	乾	坤	离
壬子	坎	兑	巽	中	兑	巽	中	坎	艮
癸丑	离	乾	震	巽	离	震	巽	离	兑
甲寅	艮	中	坤	震	中	坤	震	艮	乾
乙卯	兑	巽	坎	坤	巽	坎	坤	兑	中
丙辰	乾	震	离	坎	震	离	坎	乾	巽
丁巳	中	坤	艮	离	坤	艮	离	中	震
戊午	巽	坎	兑	艮	坎	兑	艮	巽	坤
己未	震	离	乾	兑	离	乾	兑	震	坎
庚申	坤	艮	中	乾	艮	中	乾	坤	离
辛酉	坎	兑	巽	中	兑	巽	中	坎	艮
壬戌	离	乾	震	巽	乾	震	巽	离	兑
癸亥	艮	中	坤	震	中	坤	震	艮	乾

起定六丁生人本命禄马诸贵人到山向中宫

年月日时	天厨真禄丙午	亥卯未马乙巳	巳酉丑马辛亥	阴贵人己酉	阳贵人辛亥	文星太极己酉	福星天福辛亥	天官贵人壬寅	山河节度贵人丁未
甲子	坤	坎	兑	中	兑	中	兑	兑	震
乙丑	离	艮	中	震	中	巽	乾	乾	坤
丙寅	坎	离	乾	巽	乾	震	中	中	坎
丁卯	艮	兑	巽	坤	巽	坤	巽	巽	离
戊辰	兑	乾	震	坎	震	坎	震	震	艮
己巳	乾	中	坤	离	坤	离	坤	坤	兑
庚午	中	巽	坎	艮	坎	艮	坎	乾	乾
辛未	巽	震	离	兑	离	兑	离	离	中
壬申	震	坤	艮	乾	艮	乾	艮	艮	巽
癸酉	坤	坎	兑	中	兑	中	兑	兑	震
甲戌	坎	离	乾	巽	乾	巽	乾	乾	坎
乙亥	离	艮	中	震	中	震	中	中	坎
丙子	艮	兑	巽	巽	巽	坤	巽	巽	离
乙亥	离	艮	中	震	中	震	中	中	坎
戊寅	乾	中	坤	离	坤	离	坤	坤	兑
己卯	中	巽	坎	艮	坎	艮	坎	坎	乾
庚辰	巽	震	离	兑	离	兑	离	离	中
辛巳	震	坤	艮	乾	艮	乾	艮	艮	巽

（续表）

年月日时	天厨真禄丙午	亥卯未马乙巳	巳酉丑马辛亥	阴贵人己酉	阳贵人辛亥	文星太极己酉	福星天福辛亥	天官贵人壬寅	山河节度贵人丁未
壬午	坤	坎	兑	中	兑	中	兑	兑	震
癸未	坎	离	坎	巽	乾	乾	坤	坤	坤
甲申	离	艮	中	震	中	震	中	中	坎
乙酉	艮	兑	巽	坤	巽	坤	巽	巽	离
丙戌	兑	乾	震	坎	震	坎	震	震	艮
丁亥	乾	中	坤	离	坤	离	坤	坤	兑
戊子	中	巽	坎	艮	坎	艮	坎	坎	乾
己丑	巽	震	离	兑	离	兑	离	离	中
庚寅	震	坤	艮	乾	艮	乾	艮	艮	巽
辛卯	坤	坎	兑	中	兑	中	兑	兑	震
壬辰	坎	离	乾	巽	乾	巽	乾	乾	坤
癸巳	离	艮	中	震	中	震	中	中	坎
甲午	艮	兑	巽	坤	巽	坤	巽	巽	离
乙未	兑	乾	震	坎	震	坎	震	震	艮
丙申	乾	中	坤	离	坤	离	坤	坤	兑
丁酉	中	巽	坎	艮	坎	艮	坎	坎	乾
戊戌	巽	震	离	兑	离	兑	离	离	中
己亥	震	坤	艮	乾	艮	乾	艮	艮	巽
庚子	坤	坎	兑	中	兑	中	兑	兑	震
辛丑	坎	离	乾	巽	乾	巽	乾	乾	坤
壬寅	离	艮	中	震	中	震	中	中	坎

（续表）

年月日时	天厨真禄丙午	亥卯未马乙巳	巳酉丑马辛亥	阴贵人己酉	阳贵人辛亥	文星太极己酉	福星天福辛亥	天官贵人壬寅	山河节度贵人丁未
癸卯	艮	坎	巽	坤	巽	坤	巽	巽	离
甲辰	兑	乾	震	坎	震	坎	震	离	艮
乙巳	乾	中	坤	离	坤	离	坤	艮	兑
丙午	中	坎	坎	艮	坎	艮	坎	兑	乾
丁未	坎	离	离	兑	离	兑	离	乾	中
戊申	离	艮	艮	乾	艮	乾	艮	中	坎
己酉	艮	兑	兑	中	兑	中	兑	巽	离
庚戌	兑	乾	乾	坎	乾	坎	乾	震	艮
辛亥	坤	中	中	离	中	离	中	坤	兑
壬子	中	巽	坎	艮	坎	艮	坎	坎	乾
癸丑	巽	震	离	兑	离	兑	离	离	中
甲寅	艮	坤	艮	乾	艮	乾	艮	艮	巽
乙卯	坤	坎	兑	中	中	兑	中	中	震
丙辰	坎	离	乾	巽	乾	巽	乾	乾	坤
丁巳	离	艮	中	震	震	中	中	中	坎
戊午	艮	兑	巽	坤	巽	坤	巽	巽	离
己未	兑	乾	震	坎	震	坎	震	震	艮
庚申	乾	中	坤	离	坤	离	坤	坤	兑
辛酉	中	巽	坎	艮	坎	艮	坎	坎	乾
壬戌	巽	震	离	兑	离	兑	离	离	中
癸亥	震	坤	艮	乾	艮	乾	艮	艮	巽

起定六戊生人本命禄马诸贵人到山向中宫

年月日时	真禄 丁巳	申子辰马甲寅	寅午戌马庚申	阳贵人乙丑	阴贵人己未	文星福星庚申	天福贵人乙卯	太极贵人丙辰	山河节度贵人丁巳
甲子	巽	坎	兑	乾	乾	兑	坤	震	巽
乙丑	震	离	乾	中	中	乾	坎	坤	震
丙寅	坤	艮	中	坎	巽	中	离	坎	坤
丁卯	坎	兑	巽	离	震	巽	艮	离	坎
戊辰	离	乾	震	艮	坤	震	兑	艮	离
己巳	艮	中	坤	兑	坎	坤	乾	兑	艮
庚午	兑	巽	坎	乾	离	坎	中	乾	坤
辛未	乾	震	离	中	艮	离	巽	中	乾
壬申	中	坤	艮	兑	坎	艮	震	巽	中
癸酉	巽	坎	兑	震	乾	兑	坤	震	巽
甲戌	震	离	乾	坤	中	乾	坎	坤	震
乙亥	坤	艮	中	坎	巽	中	离	坎	坤
丙子	坎	兑	巽	离	震	巽	艮	离	坎
丁丑	离	乾	震	艮	坤	震	兑	艮	离
戊寅	艮	中	坤	兑	坎	坤	乾	兑	艮
己卯	兑	巽	坎	乾	离	坎	中	乾	兑
庚辰	乾	震	离	中	艮	离	巽	中	乾
辛巳	中	坤	艮	巽	兑	艮	震	巽	中

（续表）

年月日时	真禄 丁巳	申子辰马甲寅	寅午戌马庚申	阳贵人乙丑	阴贵人己未	文星福星庚申	天福贵人乙卯	太极贵人丙辰	山河节度贵人丁巳
壬午	巽	坎	兑	震	乾	兑	坤	震	巽
癸未	震	离	乾	坤	中	乾	坎	坤	震
甲申	坤	艮	中	坎	巽	中	离	坎	坤
乙酉	坎	兑	巽	离	震	巽	艮	离	坎
丙戌	离	乾	震	艮	离	震	兑	艮	离
丁亥	艮	中	坤	兑	坎	坤	离	兑	中
戊子	兑	巽	坎	乾	离	坎	中	乾	兑
己丑	乾	震	离	中	艮	离	巽	中	乾
庚寅	中	坤	艮	巽	兑	艮	震	巽	中
辛卯	巽	坎	兑	震	乾	兑	坤	震	巽
壬辰	震	离	乾	坤	中	乾	坎	坤	震
癸巳	坤	艮	中	坎	巽	中	离	坎	坤
甲午	坎	兑	巽	离	震	巽	艮	离	坎
乙未	离	乾	震	艮	坤	震	兑	艮	离
丙申	艮	中	坤	兑	坎	坤	乾	兑	艮
丁酉	兑	巽	坎	离	乾	坎	中	乾	兑
戊戌	乾	震	离	中	艮	离	巽	中	乾
己亥	中	坤	艮	巽	兑	艮	震	巽	中
庚子	巽	坎	兑	震	乾	兑	坤	震	巽
辛丑	震	离	乾	坤	中	乾	坎	坤	震
壬寅	坤	艮	中	坎	巽	中	离	坎	坤

（续表）

年月日时	真禄 丁巳	申子辰马甲寅	寅午戌马庚申	阳贵人乙丑	阴贵人己未	文星福星庚申	天福贵人乙卯	太极贵人丙辰	山河节度贵人丁巳
癸卯	坎	兑	巽	离	震	巽	艮	离	坎
甲辰	离	乾	震	艮	坤	震	兑	艮	离
乙巳	艮	中	坤	兑	坎	坤	乾	兑	艮
丙午	兑	巽	坎	乾	离	坎	中	乾	兑
丁未	乾	震	离	中	艮	离	巽	中	乾
戊申	中	坤	艮	巽	兑	艮	震	巽	中
己酉	巽	坎	兑	震	乾	兑	坤	震	巽
庚戌	震	离	乾	坤	中	乾	坎	坤	震
辛亥	坤	艮	中	坎	巽	中	离	坎	坤
壬子	坎	兑	巽	离	乾	巽	艮	离	坎
癸丑	离	乾	震	艮	坤	震	兑	艮	离
甲寅	艮	中	坤	兑	坎	坤	乾	兑	艮
乙卯	兑	坎	坎	乾	离	坎	中	乾	兑
丙辰	乾	离	离	中	艮	离	坎	中	乾
丁巳	中	艮	艮	巽	兑	艮	离	坎	中
戊午	坎	兑	兑	震	乾	兑	艮	离	坎
己未	离	乾	乾	坤	中	乾	兑	艮	离
庚申	艮	中	中	坎	坎	中	乾	兑	艮
辛酉	兑	巽	坎	离	中	坎	中	乾	兑
壬戌	乾	震	离	艮	艮	离	巽	中	乾
癸亥	中	坤	艮	兑	兑	艮	震	巽	中

起定六己生人本命禄马诸贵人到山向中宫

年月日时	真禄　庚午	亥卯未马己巳	巳酉丑马乙亥	阳贵人丙子	阳贵人壬申	天厨天官文星癸酉	天福贵人丙寅	福星太极辛未	山河节度贵人辛未
甲子	坤	坎	兑	艮	巽	中	兑	震	震
乙丑	坎	离	乾	兑	震	巽	乾	坤	坤
丙寅	离	艮	中	乾	坤	震	中	坎	坎
丁卯	艮	兑	巽	中	坎	坤	坤	离	离
戊辰	兑	乾	震	巽	离	坎	坎	艮	艮
己巳	乾	中	坤	震	艮	离	离	兑	兑
庚午	中	坎	坎	坤	兑	艮	艮	乾	乾
辛未	坎	离	离	坎	乾	兑	兑	中	中
壬申	离	艮	艮	离	中	乾	乾	坎	坎
癸酉	艮	兑	兑	艮	坎	中	中	震	震
甲戌	兑	乾	乾	兑	离	坎	巽	艮	艮
乙亥	乾	中	中	乾	艮	离	震	兑	兑
丙子	中	巽	坎	中	兑	艮	坤	乾	乾
丁丑	巽	震	离	坎	乾	兑	坎	中	中
戊寅	震	坤	艮	离	中	乾	离	巽	巽
己卯	坤	坎	兑	艮	兑	震	震	巽	中
庚辰	坎	离	乾	兑	震	巽	乾	坤	坤
辛巳	离	艮	中	乾	坤	震	中	坎	坎

（续表）

年月日时	真禄 庚午	亥卯未马己巳	巳酉丑马乙亥	阳贵人丙子	阳贵人壬申	天厨天官文星癸酉	天福贵人丙寅	福星太极辛未	山河节度贵人辛未
壬午	艮	兑	巽	中	坎	坤	巽	离	离
癸未	兑	乾	震	巽	离	坎	震	艮	艮
甲申	乾	中	坤	震	艮	离	坤	兑	兑
乙酉	中	巽	坎	坤	兑	艮	坎	乾	乾
丙戌	巽	震	离	坎	乾	兑	离	中	中
丁亥	震	坤	艮	离	坤	乾	艮	巽	巽
戊子	坤	坎	兑	艮	巽	中	兑	震	震
己丑	坎	离	乾	兑	震	巽	乾	坤	中
庚寅	离	艮	中	乾	坤	震	中	坎	坎
辛卯	艮	兑	巽	中	坎	坤	巽	离	离
壬辰	兑	乾	震	巽	离	坎	震	艮	艮
癸巳	乾	中	坤	震	艮	离	坤	兑	兑
甲午	中	巽	坎	坤	兑	艮	坤	乾	乾
乙未	巽	震	离	坎	乾	兑	坎	中	中
丙申	震	坤	艮	离	中	乾	离	巽	巽
丁酉	坤	坎	兑	艮	巽	中	艮	震	震
戊戌	坎	离	乾	兑	震	巽	兑	坤	坤
己亥	离	艮	中	乾	坤	震	乾	坎	坎
庚子	艮	兑	巽	中	坎	坤	中	离	离
辛丑	兑	乾	震	巽	离	坎	巽	艮	艮
壬寅	乾	中	坤	震	艮	离	震	兑	兑

（续表）

年月日时	真禄　庚午	亥卯未马己巳	巳酉丑马乙亥	阳贵人丙子	阳贵人壬申	天厨天官文星癸酉	天福贵人丙寅	福星太极辛未	山河节度贵人辛未
癸卯	中	巽	坎	坤	兑	艮	坤	乾	乾
甲辰	巽	震	离	坎	乾	兑	坎	中	中
乙巳	震	坤	艮	离	中	乾	离	巽	巽
丙午	坤	坎	兑	艮	巽	中	艮	巽	震
丁未	坎	离	乾	兑	震	巽	兑	坤	坤
戊申	离	艮	中	乾	坤	震	乾	坎	坎
己酉	艮	兑	巽	中	坎	坤	巽	离	离
庚戌	兑	乾	震	巽	离	坎	震	艮	艮
辛亥	乾	中	坤	震	艮	离	坤	兑	兑
壬子	中	巽	坎	坤	兑	艮	坎	乾	乾
癸丑	巽	震	离	坎	乾	兑	离	中	中
甲寅	震	坤	艮	离	中	乾	艮	巽	巽
乙卯	坤	坎	兑	艮	巽	中	兑	震	震
丙辰	坎	离	乾	兑	震	巽	乾	坤	坤
丁巳	离	艮	中	乾	坤	震	中	坎	坎
戊午	艮	兑	巽	中	坎	坤	巽	离	离
己未	兑	乾	震	巽	离	坎	震	艮	艮
庚申	乾	中	坤	震	艮	离	坤	兑	兑
辛酉	中	巽	坎	坤	兑	艮	坎	乾	乾
壬戌	巽	震	离	坎	乾	兑	离	中	中
癸亥	震	坤	艮	离	中	乾	艮	巽	巽

起定六庚生人本命禄马诸贵人到山向中宫

年月日时	真禄 甲申	申子辰马戊寅	寅午戌马甲申	阳贵人己丑	阴贵人癸未	天星天官天厨丁亥	福星天福贵人壬午	太极贵人戊寅	山河节度贵人丁亥
甲子	兑	坎	兑	震	乾	坎	中	坎	坎
乙丑	乾	离	乾	坤	坤	离	巽	离	离
丙寅	中	艮	中	坎	巽	艮	震	艮	艮
丁卯	巽	兑	巽	离	兑	兑	坤	兑	兑
戊辰	震	乾	震	艮	坤	乾	坎	乾	乾
己巳	坤	中	坤	兑	坎	中	离	中	中
庚午	坎	巽	坎	乾	离	巽	艮	巽	巽
辛未	离	震	离	中	艮	震	兑	震	震
壬申	艮	坤	艮	巽	兑	坤	乾	坤	坤
癸酉	兑	坎	兑	震	乾	坎	中	坎	坎
甲戌	乾	离	乾	坤	中	离	巽	离	离
乙亥	中	艮	中	坎	巽	艮	震	艮	艮
丙子	巽	兑	巽	离	震	兑	坤	兑	兑
丁丑	震	乾	震	艮	坤	乾	坎	乾	乾
戊寅	坤	中	坤	兑	坎	中	离	中	中
己卯	坎	坎	坎	乾	离	巽	艮	坎	巽
庚辰	离	离	离	中	艮	震	兑	离	震
辛巳	艮	艮	艮	巽	兑	坤	乾	艮	坤

961

（续表）

年月日时	真禄 甲申	申子辰马戊寅	寅午戌马甲申	阳贵人己丑	阴贵人癸未	天星天官天厨丁亥	福星天福贵人壬午	太极贵人戊寅	山河节度贵人丁亥
壬午	兑	兑	兑	震	乾	坎	中	兑	坎
癸未	乾	乾	乾	坤	中	离	坎	乾	离
甲申	中	中	中	坎	坎	艮	离	中	艮
乙酉	坎	巽	坎	离	离	兑	艮	巽	兑
丙戌	离	震	离	艮	艮	乾	兑	震	乾
丁亥	艮	坤	艮	兑	兑	中	乾	坤	艮
戊子	兑	坎	兑	乾	乾	坎	坎	乾	乾
己丑	乾	离	离	中	中	中	离	离	中
庚寅	中	艮	中	坎	巽	坎	艮	艮	坎
辛卯	巽	兑	巽	离	震	离	兑	兑	离
壬辰	震	乾	震	艮	乾	艮	乾	乾	艮
癸巳	坤	中	坤	兑	坎	兑	中	中	兑
甲午	坎	巽	坎	乾	离	乾	坎	巽	乾
乙未	离	震	离	中	艮	中	离	震	中
丙申	艮	坤	艮	巽	兑	巽	艮	坤	巽
丁酉	兑	坎	兑	震	乾	震	兑	坎	震
戊戌	乾	震	乾	坤	中	坤	坤	离	坤
己亥	中	艮	中	坎	巽	坎	中	艮	坎
庚子	巽	兑	巽	离	震	离	巽	兑	离
辛丑	震	乾	震	艮	坤	艮	震	乾	艮
壬寅	坤	中	坤	兑	坎	兑	坤	中	兑

（续表）

年月日时	真禄 甲申	申子辰马戊寅	寅午戌马甲申	阳贵人己丑	阴贵人癸未	天星天官天厨丁亥	福星天福贵人壬午	太极贵人戊寅	山河节度贵人丁亥
癸卯	坎	巽	坎	乾	离	乾	坎	巽	乾
甲辰	离	震	离	中	艮	中	离	震	中
乙巳	艮	坤	艮	巽	兑	巽	艮	坤	巽
丙午	兑	坎	兑	震	乾	震	兑	坎	震
丁巳	中	艮	中	坎	巽	坎	中	艮	坎
戊申	中	艮	中	坎	巽	坎	中	艮	坎
丁未	乾	离	乾	坤	中	坤	乾	离	坤
庚戌	震	乾	震	艮	坤	艮	震	乾	艮
己酉	巽	兑	巽	离	震	离	巽	兑	离
壬子	坎	巽	坎	离	乾	乾	坎	巽	乾
辛亥	坤	中	坤	兑	坎	兑	坤	中	兑
甲寅	艮	坤	艮	巽	兑	巽	艮	坤	巽
癸丑	离	震	离	中	艮	中	离	震	中
丙辰	乾	离	乾	坤	中	坤	乾	离	坤
乙卯	兑	坎	兑	震	乾	震	兑	坎	震
戊午	巽	兑	巽	离	震	离	巽	兑	离
己未	震	乾	震	艮	坤	艮	震	乾	艮
庚申	坤	中	坤	兑	坎	兑	坤	中	兑
辛酉	坎	巽	坎	乾	离	乾	坎	巽	乾
壬戌	离	震	离	中	艮	中	离	震	中
癸亥	艮	坤	艮	巽	兑	巽	艮	坤	巽

起定六辛生人本命禄马诸贵人到山向中宫

年月日时	真禄 丁酉	福星天福亥卯未马癸巳	太极贵人巳酉丑马乙亥	阳贵人庚寅	阴贵人甲午	文星贵人戊戌	天官贵人丙申	天厨贵人戊子	山河节度贵人己丑
甲子	坤	兑	巽	巽	艮	震	坎	坤	震
乙丑	坎	乾	震	震	兑	坤	离	坎	坤
丙寅	离	中	坤	坤	乾	坎	艮	离	坎
丁卯	艮	巽	坎	坎	中	离	兑	艮	离
戊辰	兑	震	离	离	巽	艮	乾	兑	艮
己巳	乾	坤	艮	艮	震	兑	中	乾	兑
辛未	巽	离	乾	乾	坎	中	震	巽	中
庚午	中	坎	兑	兑	坤	乾	巽	中	乾
壬申	震	艮	中	中	离	巽	坤	震	巽
癸酉	坤	兑	巽	巽	艮	震	坎	坤	震
甲戌	坎	乾	兑	震	震	坤	离	坎	坤
乙亥	离	中	坤	坤	乾	坎	艮	离	坎
丙子	艮	巽	坎	坎	中	离	兑	艮	离
丁丑	兑	震	离	离	巽	艮	乾	兑	艮
戊寅	乾	坤	艮	艮	震	兑	中	乾	兑
己卯	中	坎	兑	兑	坤	乾	巽	中	乾
庚辰	巽	离	乾	乾	坎	中	震	巽	中

（续表）

年月日时	真禄 丁酉	福星天福亥卯未马癸巳	太极贵人巳酉丑马乙亥	阳贵人庚寅	阴贵人甲午	文星贵人戊戌	天官贵人丙申	天厨贵人戊子	山河节度贵人己丑
辛巳	震	艮	中	中	离	巽	坤	震	巽
壬午	坤	兑	巽	巽	艮	震	坎	坤	震
癸未	坎	乾	震	震	兑	坤	离	坎	坤
甲申	离	中	坤	坤	乾	坎	艮	离	坎
乙酉	艮	巽	坎	坎	中	离	兑	艮	离
丙戌	兑	震	离	离	巽	艮	乾	兑	艮
丁亥	乾	坤	艮	艮	震	兑	中	乾	兑
戊子	中	坎	兑	兑	坤	乾	巽	坤	乾
己丑	巽	离	乾	乾	坎	中	震	坎	中
庚寅	震	艮	中	中	离	巽	坤	离	坎
辛卯	坤	兑	巽	巽	艮	震	坎	艮	离
壬辰	坎	乾	震	震	兑	坤	离	兑	艮
癸巳	离	中	坤	坤	乾	坎	艮	乾	乾
甲午	艮	坎	坎	坎	中	离	兑	中	乾
乙未	兑	离	离	离	坎	艮	乾	巽	中
丙申	乾	艮	艮	艮	离	兑	中	震	巽
丁酉	中	兑	兑	兑	艮	乾	坎	坤	震
戊戌	坎	乾	乾	乾	兑	中	离	坎	坤
己亥	离	中	中	中	乾	坎	艮	离	坎
庚子	艮	巽	坎	坎	中	离	兑	艮	离
辛丑	兑	震	离	离	离	巽	艮	乾	艮

（续表）

年月日时	真禄 丁酉	福星天福亥卯未马癸巳	太极贵人巳酉丑马乙亥	阳贵人庚寅	阴贵人甲午	文星贵人戊戌	天官贵人丙申	天厨贵人戊子	山河节度贵人己丑
壬寅	乾	坤	艮	艮	震	兑	中	乾	兑
癸卯	中	坎	兑	兑	坤	乾	巽	中	乾
甲辰	巽	离	乾	乾	坎	中	震	巽	中
乙巳	震	艮	中	中	离	巽	坤	震	巽
丙午	坤	兑	巽	巽	艮	震	坎	坤	震
丁未	坎	乾	震	震	兑	坤	离	坎	坤
戊申	离	中	坤	坤	乾	坎	艮	离	坎
己酉	艮	巽	坎	坎	中	离	兑	艮	离
庚戌	兑	震	离	离	离	巽	乾	兑	艮
辛亥	乾	坤	艮	艮	震	兑	中	乾	兑
壬子	中	坎	兑	兑	坤	乾	巽	中	乾
癸丑	巽	离	乾	乾	坎	中	震	巽	中
甲寅	震	艮	中	中	离	巽	坤	震	巽
乙卯	坤	兑	巽	巽	艮	震	坎	坤	震
丙辰	坎	乾	震	震	兑	坤	离	坎	坤
丁巳	离	中	坤	坤	乾	坎	艮	离	坎
戊午	艮	巽	坎	坎	中	离	兑	艮	离
己未	兑	震	离	离	巽	艮	乾	兑	艮
庚申	乾	坤	艮	艮	震	兑	中	乾	兑
辛酉	中	坎	兑	兑	坤	乾	巽	中	乾
壬戌	巽	离	乾	乾	坎	中	震	巽	中
癸亥	震	艮	中	中	离	巽	坤	震	巽

起定六壬生人本命禄马诸贵人到山向中宫

年月日时	真禄节度辛亥	申子辰马壬寅	寅午戌马戊申	阳贵人癸卯	阴贵太极乙巳	文星天厨贵人壬寅	福星贵人甲辰	天官贵人庚戌	天福贵人丙午
甲子	兑	兑	巽	艮	坎	兑	离	乾	坤
乙丑	乾	乾	震	兑	离	乾	艮	中	坎
丙寅	中	中	坤	乾	艮	中	兑	巽	离
丁卯	巽	巽	坎	中	兑	巽	乾	震	艮
戊辰	震	震	离	巽	乾	震	中	坤	兑
己巳	坤	坤	艮	震	中	坤	巽	坎	乾
庚午	坎	坎	兑	坤	巽	坎	震	离	中
辛未	离	离	乾	坎	震	离	坤	艮	巽
壬申	艮	艮	中	离	坤	艮	坎	兑	震
癸酉	兑	兑	巽	艮	坎	兑	离	乾	坤
甲戌	乾	乾	震	兑	离	乾	艮	中	坎
乙亥	中	中	坤	乾	艮	中	兑	巽	离
丙子	巽	巽	坎	中	兑	巽	乾	震	艮
丁丑	震	震	离	巽	乾	震	中	坤	兑
戊寅	坤	坤	艮	震	中	坤	巽	坎	乾
己卯	坎	坎	兑	坤	巽	坎	震	离	中
庚辰	离	离	乾	坎	震	离	坤	艮	巽
辛巳	艮	艮	中	离	坤	艮	坎	兑	震

967

（续表）

年月日时	真禄节度辛亥	申子辰马壬寅	寅午戌马戊申	阳贵人癸卯	阴贵太极乙巳	文星天厨贵人壬寅	福星贵人甲辰	天官贵人庚戌	天福贵人丙午
壬午	兑	兑	巽	艮	坎	兑	离	乾	坤
癸未	乾	乾	震	兑	离	乾	艮	中	坎
甲申	中	中	坤	乾	艮	中	兑	巽	离
乙酉	巽	巽	坎	中	兑	巽	乾	震	艮
丙戌	震	震	离	巽	乾	震	中	坤	兑
丁亥	坤	坤	艮	震	中	坤	巽	坎	乾
戊子	坎	坎	兑	坤	巽	坎	震	离	中
己丑	离	离	乾	坎	震	离	坤	艮	巽
庚寅	艮	艮	中	离	坤	艮	坎	兑	震
辛卯	兑	兑	巽	艮	坎	兑	离	乾	坤
壬辰	乾	乾	震	兑	离	乾	艮	中	坎
癸巳	中	中	坤	乾	艮	中	兑	巽	离
甲午	巽	巽	坎	中	兑	巽	乾	震	艮
乙未	震	震	离	巽	乾	震	中	坤	兑
丙申	坤	坤	艮	震	中	坤	巽	坎	乾
丁酉	坎	坎	兑	坤	巽	坎	震	离	坤
戊戌	离	离	乾	坎	震	离	坤	艮	巽
己亥	艮	艮	中	离	坤	艮	坎	兑	震
庚子	兑	兑	巽	艮	坎	兑	离	乾	坤
辛丑	乾	乾	震	兑	离	乾	艮	中	坎
壬寅	中	中	坤	乾	艮	中	兑	巽	离

（续表）

年月日时	真禄节度辛亥	申子辰马壬寅	寅午戌马戊申	阳贵人癸卯	阴贵太极乙巳	文星天厨贵人壬寅	福星贵人甲辰	天官贵人庚戌	天福贵人丙午
癸卯	巽	坎	坎	中	兑	坎	坎	乾	艮
甲辰	震	离	离	坎	乾	离	中	坤	兑
乙巳	坤	艮	艮	离	中	艮	坎	坎	乾
丙午	坎	兑	兑	艮	坎	兑	离	离	中
丁未	离	乾	乾	兑	离	乾	艮	艮	坎
戊申	兑	中	中	乾	巽	中	兑	兑	离
己酉	兑	巽	坎	中	兑	巽	乾	乾	艮
庚戌	乾	震	离	巽	乾	震	中	中	兑
辛亥	中	坤	艮	震	中	坤	巽	坎	乾
壬子	坎	坎	兑	坤	巽	坎	震	离	中
癸丑	离	离	乾	坎	震	离	坤	艮	巽
甲寅	艮	艮	中	离	坤	艮	坎	兑	震
乙卯	兑	兑	巽	艮	坎	兑	离	乾	坤
丙辰	乾	乾	震	兑	离	乾	艮	中	坎
丁巳	中	中	坤	乾	艮	中	兑	巽	离
戊午	巽	巽	坎	中	兑	巽	乾	震	艮
己未	震	震	离	巽	乾	震	中	坤	兑
庚申	坤	坤	艮	震	中	坤	巽	坎	乾
辛酉	坎	坎	兑	坤	巽	坎	震	离	中
壬戌	离	离	乾	坎	震	离	坤	艮	巽
癸亥	艮	艮	中	离	坤	艮	坎	兑	震

起定六癸生人本命禄马诸贵人到山向中宫

年月日时	真禄 甲子	亥卯未马丁巳	巳酉丑马癸亥	阳贵人乙卯	阴贵天福丁巳	文星天厨贵人乙卯	福星节度贵人癸丑	天官贵人戊午	太极贵人庚申
甲子	中	巽	坎	坤	巽	坤	离	中	兑
乙丑	坎	震	离	坎	震	坎	艮	巽	乾
丙寅	离	坤	震	离	坤	离	兑	震	中
丁卯	艮	坎	兑	艮	坎	艮	乾	坤	巽
戊辰	兑	离	乾	兑	离	兑	中	坎	震
己巳	乾	艮	中	乾	艮	乾	巽	离	坤
庚午	中	兑	巽	中	兑	中	震	艮	坎
辛未	巽	乾	震	离	乾	巽	坤	兑	离
壬申	巽	中	坤	巽	中	震	坎	乾	艮
癸酉	坤	巽	坎	坤	巽	坤	离	中	兑
甲戌	坎	震	离	坎	震	坎	艮	巽	乾
乙亥	离	坤	艮	离	坤	离	兑	震	中
丙子	艮	坎	兑	艮	坎	艮	乾	坤	巽
丁丑	兑	离	乾	兑	离	兑	中	坎	震
戊寅	乾	艮	中	乾	艮	乾	巽	离	坎
己卯	中	兑	巽	中	兑	中	震	艮	坎
庚辰	巽	乾	震	巽	乾	巽	坤	兑	离
辛巳	震	中	坤	震	中	震	坎	乾	艮

（续表）

年月日时	真禄　甲子	亥卯未马丁巳	巳酉丑马癸亥	阳贵人乙卯	阴贵天福丁巳	文星天厨贵人乙卯	福星节度贵人癸丑	天官贵人戊午	太极贵人庚申
壬午	坤	巽	坎	坤	巽	坤	离	中	兑
癸未	坎	震	离	坎	震	坎	艮	巽	乾
甲申	离	坤	艮	离	坤	离	兑	震	中
乙酉	艮	坎	兑	艮	坎	艮	乾	坤	巽
丙戌	兑	离	乾	兑	兑	兑	中	坎	震
丁亥	乾	艮	中	乾	艮	乾	巽	离	坤
戊子	中	兑	巽	中	兑	中	震	艮	坎
己丑	巽	乾	震	巽	乾	巽	坤	兑	离
庚寅	震	中	坤	震	中	震	坎	乾	艮
辛卯	坤	巽	坎	坤	巽	坤	离	中	兑
壬辰	坎	震	离	坎	震	坎	艮	巽	乾
癸巳	离	坤	艮	离	坤	离	兑	震	中
甲午	艮	坎	兑	艮	坎	艮	乾	坤	巽
乙未	兑	离	乾	兑	离	兑	中	坎	震
丙申	乾	艮	中	乾	艮	乾	巽	离	坤
丁酉	中	兑	巽	中	兑	中	震	巽	坎
戊戌	巽	乾	震	巽	乾	巽	坤	兑	离
己亥	震	中	坤	震	中	震	坎	乾	艮
庚子	坤	巽	兑	坤	巽	坤	离	中	兑
辛丑	坎	震	离	坎	震	坎	艮	巽	乾
壬寅	离	坤	艮	离	坤	离	兑	震	中

（续表）

年月日时	真禄 甲子	亥卯未马丁巳	巳酉丑马癸亥	阳贵人乙卯	阴贵天福丁巳	文星天厨贵人乙卯	福星节度贵人癸丑	天官贵人戊午	太极贵人庚申
癸卯	艮	坎	兑	艮	坎	艮	乾	坤	巽
甲辰	兑	离	乾	兑	离	兑	中	坎	震
乙巳	乾	艮	中	乾	艮	乾	巽	离	坤
丙午	中	兑	巽	中	兑	中	震	艮	坎
丁未	巽	乾	震	巽	乾	巽	坤	兑	离
戊申	震	中	坤	震	中	震	坎	乾	艮
己酉	坤	巽	坎	坤	巽	坤	离	中	兑
庚戌	坎	震	离	坎	震	坎	艮	巽	乾
辛亥	离	坤	艮	离	坤	离	兑	震	中
壬子	艮	坎	兑	艮	坎	艮	乾	坤	巽
癸丑	兑	离	乾	兑	离	兑	中	坎	震
甲寅	乾	艮	中	乾	艮	乾	坎	离	坤
乙卯	中	兑	巽	中	兑	中	离	艮	坎
丙辰	巽	乾	震	坎	乾	坎	艮	兑	离
丁巳	巽	中	坤	离	中	离	兑	乾	艮
戊午	艮	坎	坎	艮	坎	艮	乾	中	兑
己未	坎	离	离	兑	离	兑	中	坎	乾
庚申	离	艮	艮	乾	艮	乾	巽	离	中
辛酉	艮	兑	兑	中	兑	中	震	艮	坎
壬戌	兑	乾	坤	巽	乾	巽	坤	兑	离
癸亥	乾	中	坤	震	中	震	坎	乾	艮

本命禄马诸贵人例

次年月日时入中,顺寻本命真禄马诸贵人。

本命干	甲	乙	丙	丁	戊	己	庚	辛	壬	癸
真禄	寅	卯	巳	午	巳	午	申	酉	亥	子
天乙阳贵	未	申	酉	亥	丑	子	丑	寅	卯	巳
天乙阴贵	丑	子	亥	酉	未	申	未	午	巳	卯
天官贵人	未	辰	巳	寅	卯	酉	亥	申	戌	午
文星贵人	巳	午	申	酉	卯	酉	亥	戌	寅	卯
福星贵人	寅	丑	寅	亥	申	未	午	巳	辰	丑
天厨贵人	巳	午	巳	午	甲	酉	亥	子	寅	卯
天福贵人	酉	申	子	亥	卯	寅	午	巳	午	巳
太极贵人	子	午	卯	酉	辰	未	寅	亥	巳	申
山河节度	巳	未	巳	未	巳	未	亥	丑	亥	丑

真禄歌诀:

　　以五虎遁,如甲年起丙,寅为真禄也。

　　甲禄在寅,乙禄在卯,丙戊禄在巳,丁己禄居午,

　　庚禄居申,辛禄在酉,壬庚在亥,癸禄居子。

真马歌诀:

　　以五虎遁,如甲申年丙寅为真马是也。

　　申子辰马居寅,寅午戌马居申,

　　巳丑酉马在亥,亥卯未马在巳。

阳贵歌诀:

　　庚戊逢牛甲在羊,乙猴己鼠丙鸡方,

丁猪癸蛇壬是兔,六辛逢虎贵人阳。

阴贵歌诀:

甲癸寻牛庚戌羊,乙逢鼠位己猴乡,

丙鸡丁猪辛见马,壬蛇癸兔属阴场。

本命太岁真禄马贵人例

诗云:

本命禄马顺支游,年月日时一例求。真从本命寻禄马,

天乙贵人亦同流。求官求禄与求兄,贵人禄马好相随。

十二宫中飞一匝,天星地曜应休期。太岁入宫寻命贵,

月建入中寻岁贵。若还两贵同到宫,富贵功名容易至。

上本命天官、文星、福星、天厨、天福、太极、山河节度诸贵人同天乙贵人五虎遁法,如例,吉亦如之。

例云:寻造葬本命禄马贵人,以太岁入中宫,遁飞到所作山向,谓之命贵也。

岁贵例云:寻用事当年太岁禄马贵人,以使月建入中宫,遁到山向,谓之岁贵。

本命真禄马贵人以太岁入中宫

例云:凡用禄马贵人,必须安本命真禄、真马、真贵方为力重,盖竖造以家长本命为主,葬以亡人本命为主。

假如辛酉生人,禄在酉,马在亥,阳贵在壬,阴贵在午,用五虎遁辛酉起庚寅,即是本命真阳贵人,甲午是阴贵人也,丁酉是真禄,己亥是真马。更将太岁入中宫顺飞,看贵人禄马遁到何方位,如甲申年用事,即将甲申太岁入中宫,乙酉在乾,丙戌在兑,丁亥在艮,戊子在离,己丑在坎,庚寅阴贵人在坤;辛卯在震,壬辰在巽,癸巳在中,甲午阴贵人到乾。乙未在兑,丙申在艮,丁酉真

禄到离。戊戌在坎，己亥真马到坤，则坤、乾、离三位得真禄马贵人，吉。以此为例，他皆依此，更合得太岁真禄马贵人同到山，为上上吉也。

太岁真禄马贵人以月建入中宫遁决：

凡禄马贵人，当以太岁真禄、真马、真贵人，方为有验。且如甲子年，禄在寅，马亦在寅，阳贵人在未，阴贵人在丑，用五虎遁甲子起丙寅，即丙寅为真禄、真马，辛未为阳贵人，丁丑是阴贵人。冬至后顺遁，夏至后逆遁，如正月用事，即将月建入丙寅中宫，其年正月丙寅真禄、真马到中宫，顺行，丁卯到乾，戊辰兑，己巳艮，庚午离，辛未阳贵人到坎；壬申在坤，癸酉在震，甲戌在巽，乙亥在中，丙丁在乾，丁丑阴贵人到兑，则子、坎、兑三方得真禄贵人，吉。以此为例，他皆依此遁例。

上本命太岁真禄马、真贵人，乃为造、葬极吉之神也。如到山到向，造、葬上吉利，到方修造催官、发财、进禄至速。如官员上任，禄马随临贵人集至，禄位高升，极吉之兆也。

如安葬，亡人本命遁得禄马贵人到山向，极吉也。

供太岁禄马贵人，若合得到山向诸空亡，亦能控制。盖未有得官禄而空亡，无权之理，历考先贤曾、杨、吴、廖诸遗课，不避亡人一切空亡，非故犯也。

若是合得亡人真禄马、真贵人到山局，所以空亡无足为害矣。

后人不知察此，遂藉口谓古人不忌空亡而陷其害者有之，以存其说，学者不可不知。

论禄贵人，竖造要家长本命造，安葬以亡人本命起真禄马贵人为上吉，太岁真禄马贵人次之。占本《通书》皆逐月单取十二支者，故不为真禄马贵人，不足信矣。

论太岁压本命，合得真禄贵人者亦不忌，如甲申生人，丙寅年壬申月修中宫，即本命上太岁同宫，却不是压命杀。盖甲申生人，丙寅为真禄马，谓之岁禄临身，而反吉福矣。其太岁压本命，若命得真禄马贵人到年月日则不忌也。余仿此而推。

十干喜神，百事宜之，主有喜事。甲年寅卯，乙年戌亥，丙年申酉，丁年午未，戊年辰巳，己年寅卯，辛年申酉，庚年戌亥，癸年辰巳，壬年午未。

太岁真禄马贵人定局

（以月建入中宫遁例）

六甲年太岁真禄马贵人定局

	禄申子辰年马丙寅	阳贵人辛未	阴贵人丁丑
正月	中	坎	兑
二月	坎	离	乾
三月	离	艮	中
四月	艮	兑	巽
五月	兑	乾	震
夏至后	震	巽	兑
六月	巽	中	艮
七月	中	离	离
八月	乾	坎	坎
九月	兑	坤	坤
十月	艮	震	震
十一月	离	巽	巽
冬至后	坎	乾	乾
十二月	离	中	中

六乙年太岁真禄马贵人定局

	真禄己卯	阳贵人甲申	阴贵人戊子
正月	乾	坤	乾
二月	中	坎	中
三月	坎	离	巽
四月	离	艮	震
五月	艮	兑	坤
夏至后	坤	震	艮
六月	震	巽	离
七月	巽	中	坎
八月	中	离	坤
九月	乾	坎	震
十月	兑	坤	巽
十一月	艮	震	中
冬至后	坤	兑	中
十二月	坎	乾	坎

六丙年太岁真禄马贵人定局

	亥卯未年马癸巳	阳贵人丁酉	阴贵人己亥
正月	艮	震	中
二月	兑	坤	巽
三月	乾	坎	震
四月	中	离	坤
五月	坎	艮	坎
夏至后	离	坤	离
六月	坎	震	坎
七月	坤	巽	坤
八月	震	中	震
九月	巽	离	巽
十月	中	坎	中
十一月	乾	坤	离
冬至后	巽	艮	坎
十二月	震	兑	离

六丁年太岁真禄马贵人定局

	真禄丙午	阳贵人辛亥	阴贵人己酉
正月	离	中	震
二月	艮	巽	坤
三月	兑	震	坎
四月	乾	坤	离
五月	中	坎	艮
夏至后	中	离	坤
六月	离	坎	震
七月	坎	坤	巽
八月	坤	震	中
九月	震	巽	离
十月	巽	中	坎
十一月	中	离	坤
冬至后	中	坎	艮
十二月	巽	离	兑

六戊年太岁真禄马贵人定局

	真禄丁巳	阳贵人乙丑	阴贵人己未
正月	艮	兑	坎
二月	兑	乾	离
三月	乾	中	艮
四月	中	巽	兑
五月	坎	震	乾
夏至后	离	兑	巽
六月	坎	艮	中
七月	坤	离	离
八月	震	坎	坎
九月	巽	坤	坤
十月	中	震	震
十一月	乾	巽	巽
冬至后	巽	乾	乾
十二月	震	中	中

六己年太岁真禄马贵人定局

	真禄庚午	阳贵人丙子	阴贵人壬申
正月	离	乾	坤
二月	艮	中	坎
三月	兑	巽	离
四月	乾	震	艮
五月	中	坤	兑
夏至后	艮	艮	震
六月	离	离	巽
七月	坎	坎	中
八月	坤	坤	离
九月	震	震	坎
十月	巽	巽	坤
十一月	中	中	震
冬至后	中	离	兑
十二月	巽	坎	乾

六庚年太岁真禄马贵人定局

	禄寅午戌年马申	阳贵人己丑	阴贵人癸未
正月	坤	兑	坎
二月	坎	乾	离
三月	离	中	艮
四月	艮	巽	兑
五月	兑	震	乾
夏至后	震	兑	巽
六月	巽	艮	中
七月	中	离	离
八月	离	坎	坎
九月	坎	坤	坤
十月	坤	震	震
十一月	震	巽	巽
冬至后	兑	乾	乾
十二月	乾	中	中

六辛年太岁真禄马贵人定局

	真禄丁酉	阳贵人庚寅	阴贵人甲午
正月	震	中	离
二月	坤	坎	艮
三月	坎	离	兑
四月	离	艮	乾
五月	艮	兑	中
夏至后	坤	震	中
六月	震	巽	离
七月	巽	中	坎
八月	中	乾	坤
九月	离	兑	震
十月	坎	艮	巽
十一月	坤	离	中
冬至后	艮	坎	中
十二月	兑	离	巽

六壬年太岁真禄马贵人定局

	禄巳酉丑年马亥	阳贵人癸卯	阴贵人乙巳
正月	中	乾	艮
二月	巽	中	兑
三月	震	坎	乾
四月	坤	离	中
五月	坎	艮	坎
夏至后	离	坤	离
六月	坎	震	坎
七月	坤	巽	坤
八月	震	中	震
九月	巽	乾	巽
十月	中	兑	中
十一月	离	艮	乾
冬至后	坎	坤	巽
十二月	离	坎	震

六癸年太岁真禄马贵人定局

	真禄甲子	阳贵人丁巳	阴贵人乙卯
正月	乾	艮	乾
二月	中	兑	中
三月	巽	乾	坎
四月	震	中	离
五月	坤	坎	艮
夏至后	艮	离	坤
六月	离	坎	震
七月	坎	坤	巽
八月	坤	震	中
九月	震	巽	乾
十月	巽	中	兑
十一月	中	乾	艮
冬至后	中	巽	坤
十二月	坎	震	坎

上定局,系太岁起遁真禄马贵人,以月建入中宫,冬至后顺遁,夏至后逆遁,看禄马贵人到何方,谓次吉也。

前局排定本年真禄马贵人到坐向,谓极吉之神也。

天星禄马贵人山向方并吉。

子丑土,寅亥木,辰酉金,巳申水,午太阳,未太阴,卯戌火。

假如丙子年禄日,以水星为禄元,马在寅。以木星为马元,贵人在酉亥。以金星、木星为贵元,到山为守垣,到向为朝元。他仿此推。

杨公与许氏下寅山申向,用甲戌年庚午月,甲禄到寅,以木为禄元,马居申。以水为马元,是月水木二星同在申宫照寅山,为禄马朝元,为上格,又生太阳在申,后许氏兄弟同年出仕,为官不绝。贵元亦仿此推。

上天星禄马贵人,本命真禄马贵人,已立定局于前。外此复有催贵、催富、添丁诸吉星,起于本命真切至吉者,《通书》未之及写,余收入编为起例,便知吉星临于方向,修造扦作,大获福矣。

文曲二星起例

甲寻巳亥为文昌,乙寻马鼠焕文章。丙戊申寅庚巳亥,
六丁鸡兔贵非常。壬遇寅申癸卯酉,辛宜犬吠化龙场。

红鸾天喜二星起例

红鸾子位常加卯,丑上加寅每逆行。
天喜但寻鸾对位,十二支中送不停。

天福星起例

天福之星是福神,子人寻巳顺推轮。
但向掌中求执位,到山照盖吉绝伦。

天贵星起例

天贵子人居酉上，丑生戌位顺行程。

原来截诀临收位，到处功名定显荣。

起例，以年月日时建入中宫，寻吉星。如甲子命乙丑年用事，以丑入中宫顺寻文昌，巳在离亥，文曲在乾卯，红鸾在兑门，天喜在巽，天福离，天贵巽。余仿此推。

上文昌、文曲、天贵星到方向，扦作至发科催官贵，天喜催丁喜，天福催富，极验。

差方禄马贵人定局

（谓差方禄马贵人并盖山三奇白星）

阳遁年月日时九宫定局图

阴遁年月日时九宫定局图

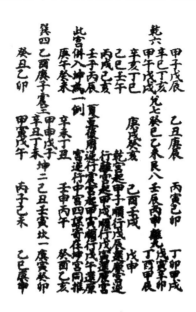

差方禄马贵人

盖山三奇白星定局于后。三奇即阴阳二图内乙丙丁是也。

冬至后用		甲子	乙丑	丙寅	丁卯	癸酉	壬申	辛未	庚午	己巳
		甲午	乙未	丙申	丁酉	癸卯	壬寅	辛丑	庚子	己亥
甲子旬 甲午旬	乙 中奇巽 丙 震 丁	戊辰	癸巳	己卯	甲戌	乙亥	丙子	丁丑	癸丑	壬子
		戊戌	癸亥	己酉	甲辰	乙巳	丙午	丁未	癸未	壬午
甲辰旬 甲戌旬	乙 坎奇坤 丙 离 丁	辛亥	庚辰	壬辰	戊寅	庚寅	己丑	甲寅	乙卯	丙辰
		辛巳	庚戌	壬戌	戊申	庚申	己未	甲申	乙酉	丙戌
甲寅旬 甲申旬	乙 艮奇兑 丙 乾 丁	丁巳			辛卯			戊子		
		丁亥	艮胃		辛酉			戊午		

（续表）

阳遁	泊宫	乾赤马	中龙头	巽寻牛	震西岭	坤鼠子	坎羊位	离犬吠	艮龙头	兑扶桑
天罡正马	太阳	丙午	乙亥	癸丑	庚酉	壬子	丁未	辛戌	乙辰	甲卯
传送正禄	太阴	辛戌	坤申	巽巳	癸丑	乙辰	乾亥	艮寅	坤申	丁未
神后贵人		艮寅	壬子	庚酉	巽巳	坤申	甲卯	丙午	壬子	乾亥
一白　水		离	坎	坤	震	巽	中	乾	兑	艮
六白　金		中	乾	兑	艮	离	坎	坤	震	巽
八白　木		兑	艮	离	坎	坤	震	巽	中	乾
九紫　火		艮	离	坎	坤	震	巽	中	乾	兑

夏至后用		甲子	乙丑	丙寅	丁卯	癸酉	壬申	辛未	庚午	己巳
		甲午	乙未	丙申	丁酉	癸卯	壬寅	辛丑	庚子	己亥
甲子旬 甲午旬	乙兑 丙奇艮 丁离	戊辰	庚辰	己卯	甲戌	乙亥	丙子	丁丑	癸丑	壬子
		戊戌	庚戌	己酉	甲辰	乙巳	丙午	丁未	癸未	壬午
甲辰旬 甲戌旬	乙坎 丙奇坤 丁震	辛亥	癸巳	壬辰	戊寅	庚寅	己丑	甲寅	乙卯	丙辰
		辛巳	癸亥	壬戌	戊申	庚申	己未	甲申	乙酉	丙戌
甲寅旬 甲申旬	乙巽 丙奇中 丁乾	丁巳		辛卯		戊午				
		丁亥		辛酉		戊子				

阴遁	泊宫	乾赤马	兑扶桑	艮龙头	离犬吠	坎羊位	坤鼠子	震西岭	巽寻牛	中艮子
天罡正马	太阳	丙午	甲卯	乙辰	辛戌	丁未	壬子	庚酉	癸丑	壬子
传送正禄	太阴	艮寅	乾亥	壬子	丙午	甲卯	坤申	巽巳	庚酉	卯申
神后贵人		辛戌	丁未	坤申	艮寅	乾亥	乙辰	癸丑	巽巳	乙辰
一白　水		坎	坤	震	巽	中	乾	兑	艮	离
六白　金		中	乾	兑	艮	离	坎	坤	震	巽
八白　木		震	巽	中	乾	兑	艮	离	坎	坤
九紫　火		坤	震	巽	中	乾	兑	艮	离	坎

差方禄马贵人阴阳二遁

年月日时九宫起例诀

阳子午年辰戌震，寅申离上戌还原。六仪顺布三奇逆，

行到中宫寄艮垣。阴子午乾辰戌离，寅申旬首震宫期。

戌亦还原中坤附，六仪逆布顺三奇。

冬至阳遁六三九，起甲逆三奇，顺布六仪，逢戌还原。

夏至阴遁六三九，起甲顺三奇，逆布六仪，逢戌还原。

差方禄马贵人起例诀

坎求羊位艮龙头，离宫犬吠巽宫牛。乾宫赤马无人问，

坤宫鼠子闹啾啾。金鸡飞上扶桑国，玉兔还归西岭游。

金鸡飞上扶桑，即是卯兑宫年月日时，卯上起十二星，是也。

玉兔即是震，西岭即是酉，震宫年月日时，酉上起十二星是。

十二星例

天罡(正马、太阳)、太乙、胜光、小吉、传送(正禄、太阴)、从魁、河魁、登明、神后(为贵人)、大吉、功曹、太冲。

三合钓　支三合

寅午戌、巳酉丑、申子辰、亥卯未、乾甲丁、坤乙辰、艮丙辛、巽庚癸。

注曰：正马到君子加官，常人进财。正禄到君子加官，常人进横财。贵人到，主三年内生贵子，君子加官，常人进财。俱要合白星同生旺，为吉也。

其法：须先看前阴阳二局图内，所用年月日时住在何宫。如冬至后丙子在坎宫。歌云坎求羊位，即在未上起十二星，不问阴阳二遁，俱顺数掌上十二宫。未上天罡正马、太阳，申上天乙，酉上胜光，戌上小吉，亥上传送，正禄太阴，子上从魁，丑上河魁，寅上登明，卯上神后贵人，辰上大吉，巳上功曹，午上

太冲,数到未上即天罡正马,则癸未卯三山有差方禄马贵人。又看盖山白星,亦查前图,凶到某宫,如在坎即移一白星,人排山掌,不问阴阳俱顺行九宫。一白中宫,二黑到乾,三碧到兑,其余节节数去,则中宫得一白,坎宫得六白,震宫得八白,巽宫得九紫。余仿此推。

捷诀歌曰:

坎兑皆宜木局方,水局坤艮位真良。

震巽二方金局吉,乾离火局兆祯祥。

掌诀图

乾六　　兑七　　艮八　　离九

中五

巽四　　震三　　坤二　　坎一

罗天大进年家吉方定局

六十年方位

甲子	乙丑	丙寅	丁卯	戊辰	己巳	庚午	辛未	壬申
癸酉	甲戌	乙亥	丙子	丁丑	戊寅	己卯	庚辰	辛巳
壬午	癸未	甲申	乙酉	丙戌	丁亥	戊子	己丑	庚寅
辛卯	壬辰	癸巳	甲午	乙未	丙申	丁酉	戊戌	己亥
庚子	辛丑	壬寅	癸卯	甲辰	乙巳	丙午	丁未	戊申
己酉	庚戌	辛亥	壬子	癸丑	甲寅	乙卯	丙辰	丁巳
戊午	己未	庚申	辛酉	壬戌	癸亥			
兑	艮	离	坎	坤	震	巽	中	乾

罗天大进月家吉方定局

月吉	正	二	三	四	五	六	七	八	九	十	十一	十二
子年	震	巽	中	天	天	天	乾	兑	艮	离	坎	坤
丑年	坤	震	巽	中	天	天	天	乾	兑	艮	离	坎
寅年	坎	坤	震	巽	中	天	天	天	乾	兑	艮	离
卯年	离	坎	坤	震	巽	中	天	天	天	乾	兑	艮
辰年	艮	离	坎	坤	震	巽	中	天	天	天	乾	兑
巳年	兑	艮	离	坎	坤	震	巽	中	天	天	天	乾
午年	乾	兑	艮	离	坎	坤	震	巽	中	天	天	天
未年	天	乾	兑	艮	离	坎	坤	震	巽	中	天	天
申年	天	天	乾	兑	艮	离	坎	坤	震	巽	中	天
酉年	天	天	天	乾	兑	艮	离	坎	坤	震	巽	中
戌年	中	天	天	天	乾	兑	艮	离	坎	坤	震	巽
亥年	巽	中	天	天	天	乾	兑	艮	离	坎	坤	震

罗天大退年月凶方定局

月吉	正	二	三	四	五	六	七	八	九	十	十一	十二
子年	天	天	巽	震	坤	坎	离	艮	兑	乾	中	天
丑年	天	天	天	巽	震	坤	坎	离	艮	兑	乾	中
寅年	中	天	天	天	巽	震	坤	坎	离	艮	兑	乾

（续表）

月吉	正	二	三	四	五	六	七	八	九	十	十一	十二
卯年	乾	中	天	天	天	巽	震	坤	坎	离	艮	兑
辰年	兑	乾	中	天	天	天	巽	震	坤	坎	离	艮
巳年	艮	兑	乾	中	天	天	天	巽	震	坤	坎	离
午年	离	艮	兑	乾	中	天	天	天	巽	震	坤	坎
未年	坎	离	艮	兑	乾	中	天	天	天	巽	震	坤
申年	坤	坎	离	艮	兑	乾	中	天	天	天	巽	震
酉年	震	坤	坎	离	艮	兑	乾	中	天	天	天	巽
戌年	巽	震	坤	坎	离	艮	兑	乾	中	天	天	天
亥年	天	巽	震	坤	坎	离	艮	兑	乾	中	天	天

注：上罗天大退，在天忌起造，在地忌安葬，在方忌修方。

罗天大进诗例

罗天大进喜非常，问四寻风须数详。

从巽过中天上去，在天三月下乾乡。

假如甲子年从子数起，至卯是四位卯，乃二月建，即以卯二月入巽宫，顺行，三月到中，四、五、六月在天上，七月下乾，逐一行去，十二月到坤，正月在震。余仿此。

上罗天大进，在天宜起造，在地宜安葬，在方宜修作，大吉。

罗天大退年诗例

　　罗天大退最非常，丙丁二年居艮乡。戊己却来坤上立，
庚辛巽位不堪迁。壬癸逢鸡人口损，甲岁营造子位伤。
乙岁震宫皆切忌，阴人小口入泉乡。马前灸退犹自可，
罗天大退见死亡。罗天大退少人知，问五寻风逆数推。
掌上九宫行一遍，回来三月上天梯。

　　如子年从丁上数起，至辰乃三月建，即以三月入巽，逆行，四月到震，逐一行去，十一月到中宫，十二月、正月、二月在天，三月下巽是也。余仿此。

罗天大退日例

　　初一休逢鼠，初三莫遇羊。初五马头上，初九问鸡乡。
十一莫遇兔，十三虎在傍。十七牛耕地，廿一鼠绝粮。
廿五怕犬吠，廿七兔遭伤。廿九猴作戏，日退最难当。

　　用四季星宿，春箕，夏轸，秋参，冬壁。

罗天大退时例

　　甲己退蛇乙庚猴，丙辛宰猪丁壬牛。
戊己二日共寅巳，事若逢之件件休。

　　上罗天进，书云：造、葬、修方皆吉。愚论如兴造犯诸凶星，岂可言吉？则要无犯紧要诸忌方美。如云：罗天退，造、葬皆凶。愚以为不然，其山头虽犯罗天退，选罗天进、太阳、尊帝诸吉到方，课格合山，可以制退为进，大添吉福，不可泥矣。

飞宫诸吉神定局

飞宫天德(一卦占三山)

	正	二	三	四	五	六	七	八	九	十	十一	十二
甲己年	乾	坎	离	兑	坎	艮	乾	坎	兑	中	坎	艮
乙庚年	中	坎	兑	中	坎	乾	中	坎	中	巽	坎	乾
丙辛年	震	坎	中	巽	坎	中	震	坎	巽	坤	坎	中
丁壬年	坎	坎	巽	坤	坎	震	坎	坎	坤	离	坎	震
戊癸年	艮	坎	坤	离	坎	坎	艮	坎	离	兑	坎	坎

飞宫月德(一卦占三山)

	正	二	三	四	五	六	七	八	九	十	十一	十二
甲己年	中	震	离	兑	坤	艮	中	震	兑	中	坤	艮
乙庚年	巽	坎	兑	中	离	乾	巽	坎	中	震	离	乾
丙辛年	坤	艮	中	震	兑	中	坤	艮	巽	坎	兑	中
丁壬年	离	乾	巽	坎	中	震	离	乾	坤	艮	巽	震
戊癸年	兑	中	坤	艮	巽	坎	兑	中	离	乾	中	坎

飞宫水德星(一卦占三山)

	正	二	三	四	五	六	七	八	九	十	十一	十二
甲己年	坎	坎	离	艮	兑	兑	中	中	巽	震	坤	坎
	震	坤	坎	离	艮	乾	乾	中	中	巽	震	坤

（续表）

	正	二	三	四	五	六	七	八	九	十	十一	十二
乙庚年	离	艮	兑	乾	中	中	巽	震	坤	坎	离	艮
	坎	离	艮	兑	乾	中	中	巽	震	坤	坎	离
丙辛年	兑	乾	中	中	巽	震	坤	坎	离	艮	兑	乾
	艮	兑	乾	中	中	巽	震	坤	坎	离	艮	兑
丁壬年	中	国	巽	震	坤	坎	离	艮	兑	兑	中	中
	乾	中	中	巽	震	坤	坎	离	艮	乾	乾	中
戊癸年	巽	震	坤	坎	离	艮	兑	乾	中	中	巽	震
	中	巽	震	坤	坎	离	艮	兑	乾	中	中	巽

飞宫天赦星（一卦占三山）

	正	二	三	四	五	六	七	八	九	十	十一	十二
甲己年	艮	兑	乾	震	坤	坎	中	巽刑	震	离	艮	兑
乙庚年	中	坎	离	离刑	艮	兑刑	坤	坎	离	乾	中	巽
丙辛年	艮	兑	乾	乾	中	坎	艮刑	兑	乾	震刑	坤	坎
丁壬年	中	巽刑	震	离刑	艮	兑	中	坎	离	离	艮	兑
戊癸年	坤刑	坎	离	乾	中	巽	艮刑	兑	乾	乾	中	坎

飞催官鬼使星

	正	二	三	四	五	六	七	八	九	十	十一	十二
甲己年	中	巽	震	巽	震	坤	中	巽	震	巽	震	坤
乙庚年	震	坤	坎	坤	坎	离	震	坤	坎	坤	坎	离
丙辛年	坎	离	艮	离	艮	兑	坎	离	艮	离	艮	兑
丁壬年	艮	兑	乾	兑	乾	中	艮	兑	乾	兑	乾	中
戊癸年	乾	中	中	中	中	巽	乾	中	中	中	中	巽

飞八节天月德（一卦占三山）

	正	二	三	四	五	六	七	八	九	十	十一	十二
甲己年 天德月德	乾艮	艮坎	兑	乾中	巽震	乾	坎坤	坤离	中	乾	乾兑	巽
乙庚年 天德月德	艮兑	艮	中	巽	巽中	艮	坤震	坤	兑	兑艮	乾中	坤
丙辛年 天德月德	乾中	艮乾	震	震坤	巽兑	离	巽中	坤巽	艮	离坎	乾震	坎
丁壬年 天德月德	巽震	艮巽	坤	坎离	巽中	坤	乾兑	坤乾	坎	坤震	乾坎	艮
戊癸年 天德月德	坤坎	艮震	离	艮兑	巽坎	巽乾	艮离	中兑	震	巽中	乾离	乾

积禾四吉星起例

造葬、求嗣、求财，得功曹、传送、胜光、神后四星照临最吉。《经》云：修取行年加太岁，看他四吉在何隅。功曹传送家千口，胜光神后百余丁。又云：传送功曹敌国富，胜光神后百年陈。若作福地，得此四星到山向极吉，须看天月将过官方可，用之有验。

月将图例

卯太冲九月　寅功曹十月　丑大吉十一月　子神后十二月　亥登明正月　戌河魁二月

积禾四吉星定局

子年	丑年	寅年	卯年	辰年	巳年	午年	未年	申年	酉年	戌年	亥年	胜光	传送	神后	功曹
六	五	四	三	二	正	十二	十一	十	九	八	七	壬子	艮寅	丙午	坤申
七	六	五	四	三	二	正	十二	十一	十	九	八	癸丑	甲卯	丁未	庚酉
八	八	七	六	五	四	三	二	正	十二	十一	十	甲卯	巽巳	庚酉	乾亥
九	九	八	七	六	五	四	三	二	正	十二	十一	乙辰	丙午	辛戌	壬子
十	十	九	八	七	六	五	四	三	二	十一	十二	巽巳	丁未	乾亥	癸丑

子年	丑年	寅年	卯年	辰年	巳年	午年	未年	申年	酉年	戌年	亥年	胜光	传送	神后	功曹
十二	十一	十	九	八	七	六	五	四	三	二	正	丙午	坤申	壬子	艮寅
正	十二	十一	十	九	八	七	六	五	四	三	二	丁未	庚酉	癸丑	甲卯
二	正	十二	十一	十	九	八	七	六	五	四	三	坤申	辛戌	艮寅	乙辰
三	二	正	十二	十一	十	九	八	七	六	五	四	庚酉	乾亥	甲卯	巽巳
四	三	二	正	十二	十一	十	九	八	七	六	五	辛戌	壬子	乙辰	丙午
五	四	三	二	正	十二	十一	十	九	八	七	六	乾亥	癸丑	巽巳	丁未

天德还宫

正月丁	二月坤	三月壬	四月辛	五月乾	六月甲
七月癸	八月艮	九月丙	十月乙	十一月巽	十二月庚

丁壬年二月还坤宫,甲己年四月还辛宫,

丁壬年六月还甲宫,丁壬年七月还癸宫,

乙庚年八月还艮宫,戊癸年九月还丙宫。

月德还宫

正月丙	二月甲	三月壬	四月庚	五月丙	六月甲
七月壬	八月庚	九月丙	十月甲	十一月壬	十二月庚

丁壬年正月还丙宫,甲己年二月还甲宫,

乙庚年五月还丙宫,丁壬年六月还甲宫,

戊癸年九月还丙宫,乙庚年十月还甲宫。

福星贵人

甲命相逢入虎乡，乙入亥丑最高强。戊猴己未丁寻酉,

丙鼠尤嫌共犬藏。庚赴马头辛到巳，壬骑龙背癸兔祥。

福星贵人者,本命真食神也。如甲命以丙为食神,遁得丙寅、甲子;乙命以丁为食神,遁得丁亥是也。遇之虽不及第,亦见光华。

紫微銮驾帝星到方吉

甲己丁壬戊癸阳干年月日时定局

山方星	壬子	癸丑	艮寅	甲卯	乙辰	巽巳	丙午	丁未	坤申	庚酉	辛戌	乾亥
	紫微	荧惑	太乙	宝台	游都	奕游	天乙	天煞	荣光	朗耀	凶煞	黑煞

乙庚辛丙阴干年月日时定局

山方星	壬亥	乾戌	辛酉	庚申	坤未	丁午	丙巳	巽辰	乙卯	甲寅	艮丑	癸子
	紫微	荧惑	太乙	宝台	游都	奕游	天乙	天煞	荣光	朗耀	凶煞	黑煞

上帝星局合得紫微、太乙、宝台、天乙、荣光、朗曜到山方吉,余凶。

年家开山立向修方吉神总局

年干吉方	甲	乙	丙	丁	戊	己	庚	辛	壬	癸
岁干德百事吉	甲	庚	丙	壬	戊	甲	庚	丙	壬	戊
干德合	己	乙	辛	丁	癸	己	乙	辛	丁	癸
岁干禄临官是天贵星同合	寅	卯	巳	午	巳	午	申	酉	亥	子

（续表）

年干吉方	甲	乙	丙	丁	戊	己	庚	辛	壬	癸
阳贵人	未	申	酉	亥	丑	丁	丑	寅	卯	巳
阴贵人	丑	子	亥	酉	未	申	未	午	巳	卯
福星贵人	寅	丑亥	子戌	酉	申	未	午	巳	辰	卯
内解神	巳	巳	申	申	寅	寅	酉	酉	卯	卯
天厨贵人	巳	午	巳	午	申	酉	亥	子	寅	卯
天福贵人 天官贵人同官星见六是	酉	申	子	亥	卯	寅	午	巳	午	巳
太极贵人	子午	子午	卯酉	卯酉	辰戌丑未	辰戌丑未	寅亥	寅亥	巳申	巳申
文魁星	午丁	午丁	辰酉	卯戌	辰酉	巳申	子丑		午	未
文曲星 阳病阴生	巳丙	午丁	申庚	酉辛	申庚	酉辛	亥壬	戌乾	寅甲	卯乙
武曲星 阳生阴病左印绶星	亥壬	子癸	寅甲	卯乙	寅甲	卯乙	巳丙	辰巽	申庚	酉辛
科甲星	艮卯丁	己卯离	辛卯坎	癸卯坤	乙卯震	丁卯巽	己卯申	辛卯申	癸卯乾	乙卯兑
黄甲星	戌	申	午	辰	寅	戌	申	午	辰	寅
催官星	辰酉	巳申	午	卯戌	寅亥	寅亥	巳申	子丑	未	子丑
天禄星 即岁干禄位之对方	艮	震	巽	离	巽	离	坤	兑	乾	坎
天帑星 岁干纳封	乾	坤	艮	兑	坎	离	震	巽	乾	坤
天喜星	寅卯	戌亥	申酉	午未	辰巳	寅卯	戌亥	申酉	午未	辰巳
天财星	午未	辰巳	辰巳	寅卯	寅卯	戌亥	戌亥	申酉	申酉	午未
魁名星	震巽	震巽	巽乾	巽乾	坤兑	坤兑	乾兑	乾兑	坎离	坎离
食印神	丙壬	丁癸	戊甲	己乙	庚丙	辛丁	壬戊	癸己	甲庚	乙辛
山河节度贵人	巳	未	巳	未	巳	未	亥	丑	亥	丑
贪狼星	兑丁己丑	艮丙	亥未兑丁	申辰坤	乙坎癸	己丑震庚	丙巽	亥未兑丁	申辰坤	乙坎癸
左辅星	乾甲	坤乙	离壬寅戌	巽辛	艮丙	乾甲	坤乙	离壬寅戌	巽辛	艮丙
巨门星	震亥庚未	巽辛	兑丁己丑	坤乙	坎癸申辰	震亥庚未	巽辛	兑丁己丑	坤乙	坎癸申辰

（续表）

年支吉神方	子	丑	寅	卯	辰	巳	午	未	申	酉	戌	亥
除 贵人天道太阳四大吉向	丑艮	寅甲	卯乙	辰巽	巳丙	午丁	未坤	申庚	酉辛	戌乾	亥壬	子癸
定 天德五龙人道四大吉日	辰巽	巳丙	午丁	未坤	申庚	酉辛	戌乾	亥壬	子癸	丑艮	寅甲	卯乙
危 太阳武曲人道四大吉日	未坤	申庚	酉辛	戌乾	亥壬	子癸	丑艮	寅甲	卯乙	辰巽	巳丙	午丁
开 紫气五库子孙道四吉日	戌乾	亥壬	子癸	丑艮	寅甲	卯乙	辰巽	巳丙	午丁	未坤	申庚	酉辛
生迎财星	坤申	巽巳	艮寅	乾亥	坤申	巽巳	艮寅	乾亥	坤申	巽巳	艮寅	乾亥
沐进宝星	庚酉	丙午	甲卯	壬子	庚酉	丙午	甲卯	壬子	庚酉	丙午	甲卯	壬子
冠库珠星	辛戌	丁未	乙辰	癸丑	辛戌	丁未	乙辰	癸丑	辛戌	丁未	乙辰	癸丑
病大吉星 驿马	艮寅	乾亥	坤申	巽巳	艮寅	乾亥	坤申	巽巳	艮寅	乾亥	坤申	巽巳
死进田星马前六害天皇退	甲卯	壬子	庚酉	丙午	甲卯	壬子	庚酉	丙午	甲卯	壬子	庚酉	丙午
墓青龙星	乙辰	癸丑	辛戌	丁未	乙辰	癸丑	辛戌	丁未	乙辰	癸丑	辛戌	丁未
神后	壬子	乾亥	辛戌	庚酉	坤申	丁未	丙午	巽巳	乙辰	甲卯	艮寅	癸丑
功曹极富星	艮寅	癸丑	壬子	乾戌	辛戌	庚酉	坤申	丁未	丙午	巽巳	乙辰	甲卯
天罡	乙辰	甲卯	艮寅	癸丑	壬子	乾亥	辛戌	庚酉	坤申	丁未	丙午	巽巳
胜光	丙午	巽巳	乙辰	甲卯	艮寅	癸丑	壬子	乾亥	辛戌	庚酉	坤申	丁未
传送支德合同	坤申	丁未	丙午	巽巳	甲辰	甲卯	艮寅	癸丑	壬子	乾亥	辛戌	庚酉
河魁	辛戌	庚酉	坤申	丁未	丙午	巽巳	乙辰	甲卯	艮寅	癸丑	壬子	乾亥

（续表）

年支吉神方	子	丑	寅	卯	辰	巳	午	未	申	酉	戌	亥
岁天德	巽	庚	丁	坤	壬	辛	乾	甲	癸	艮	丙	乙
天德合（如子年巽即巳申合）	申	乙	壬	己	丁	丙	寅	巳	戌	亥	辛	庚
岁位德（即月德官旺门）	壬	庚	丙	甲	壬	庚	丙	甲	壬	庚	丙	甲
岁德合（位德合是）	丁	乙	辛	中	丁	乙	辛	中	丁	乙	辛	中
岁支德（太阳转殿）	巳	午	未	申	酉	戌	亥	子	丑	寅	卯	辰
支德传送同	申	未	午	巳	辰	卯	寅	丑	子	亥	戌	酉
岁位合房星	辰	巳	午	未	申	酉	戌	亥	子	丑	寅	卯
岁支合（大吉六合）	丑	子	亥	戌	酉	申	未	午	巳	辰	卯	寅
地仓	巳	辰	午	申	亥	辰	丑	寅	巳	辰	午	酉
金匮	子	酉	午	卯	子	酉	午	卯	子	酉	午	卯
博士	巽	巽	坤	坤	坤	乾	乾	乾	艮	艮	艮	巽
奏书	乾	乾	艮	艮	艮	巽	巽	巽	坤	坤	坤	乾
一木	卯	艮	艮	乾	酉	酉	巽	坤	坤	午	子	子
一土	酉	巽	巽	卯	午	午	艮	子	子	乾	坤	坤
一水	坤	午	午	巽	子	子	乾	卯	卯	艮	酉	酉
一金	巽	酉	酉	坤	艮	艮	卯	乾	乾	子	午	午

(续表)

年支吉神方	子	丑	寅	卯	辰	巳	午	未	申	酉	戌	亥
贪狼	中	巽	震	坤	坎	离	艮	离	坎	坤	震	巽
右弼	巽	震	坤	坎	离	艮	兑	艮	离	坎	坤	震
左辅	震	坤	坎	离	艮	兑	乾	兑	艮	离	坎	坤
武曲	坎	离	艮	兑	乾	中	巽	中	乾	兑	艮	离
一白	中	兑	兑	震	坤	坤	乾	巽	巽	艮	离	离
六白	坎	震	震	艮	兑	兑	坤	离	离	巽	中	中
八白	震	中	中	坎	离	离	巽	坤	坤	乾	兑	兑
九紫	巽	乾	乾	坤	坎	坎	中	震	震	兑	艮	艮
利道	乙辛	丙壬	丙壬	丁癸	庚甲	庚甲	辛己	壬丙	壬丙	癸丁	甲庚	甲庚
驿马临官	甲戊 乙辛	丙壬 丁癸	甲庚 乙辛	丙壬 丁癸	甲庚 乙辛	丙壬 丁癸	甲庚 乙辛	丙壬 丁癸	甲庚 乙辛	丙壬 丁癸	甲庚 乙辛	丙壬 丁癸
天官 紫微吉人星达	酉	乾亥	丑艮	卯	巽巳	未坤	酉	乾亥	丑艮	卯	巽巳	未坤
天财 天庆銮舆星通	子	艮寅	辰巽	午	坤申	戌乾	子	辰寅	辰巽	午	坤申	戌乾
地财 生官邑从星达	丑艮	卯	巽巳	未坤	酉	乾亥	丑艮	卯	巽巳	未坤	酉	乾亥
天库 少微天成星进卯	巽巳	未坤	酉	乾亥	丑艮	卯	巽巳	未坤	酉	乾亥	丑艮	
天官 禄库凤辇星还	午	坤申	戌乾	戌子	艮寅	辰巽	午	坤申	戌乾	子	艮寅	辰巽

（续表）

年支吉神方	子	丑	寅	卯	辰	巳	午	未	申	酉	戌	亥
后福星建	子	丑艮	艮寅	辰	辰巽	巽巳	午	未坤	坤申	酉	戌乾	乾亥
太阳星除	丑艮	艮寅	卯	辰巽	巽巳	午	未坤	坤申	酉	戌乾	乾亥	子
进爵星满	艮寅	卯	辰巽	巽巳	午	未坤	坤申	酉	戌乾	乾亥	子	丑艮
土曲星平	卯	辰巽	巽巳	午	未坤	坤申	酉	戌乾	乾亥	子	丑艮	艮寅
钱财星定	辰巽	巽巳	午	未坤	坤申	酉	戌乾	乾亥	子	丑艮	艮寅	卯
三财星执	巽巳	午	未坤	坤申	酉	戌乾	乾亥	子	丑艮	艮寅	卯	辰巽
天府星破	午	未坤	坤申	酉	戌乾	乾亥	子	丑艮	艮寅	卯	辰巽	巽巳
谷将星危	未坤	坤申	酉	戌乾	乾亥	子	丑艮	艮寅	卯	辰巽	巽巳	午
天喜星成	坤申	酉	戌乾	乾亥	子	丑艮	艮寅	卯	辰巽	巽巳	午	未坤
田宅星收	酉	戌乾	乾亥	子	丑艮	艮寅	卯	辰巽	巽巳	午	未坤	坤申
青龙星开	戌乾	乾亥	子	丑艮	艮寅	卯	辰巽	巽巳	午	未坤	坤申	酉
转官星闭	乾亥	子	丑艮	艮寅	卯	辰巽	巽巳	午	未坤	坤申	酉	戌乾
催官鬼使	午	子	丑	未	寅	申	卯	酉	辰	戌	巳	亥
天官星 正催官鬼使	癸	癸	乙	乙	乙	丁	丁	丁	辛	辛	辛	癸
文昌星 天空御游旌表用之	巳	午	巳	午	巳	午	巳	午	巳	午	巳	午
进禄星 天空御游旌表用之	乾	巽	坤	乾	巽	坤	乾	兑	坤	乾	巽	坤

（续表）

年支吉神方	子	丑	寅	卯	辰	巳	午	未	申	酉	戌	亥
三台星	巽	巽	离	离	坤	兑	巽	坤	坎	艮	艮	震
八座星	乾	兑	坤	离	离	巽	巽	震	艮	艮	坎	乾
天寿星	乾	坤	坎	坎	坎	乾	乾	乾	坎	坤	坤	坤
不老星	庚酉	乾亥	癸丑	丑卯	巽巳	甲卯	乙辰	丙午	坤申	乙辰	丙午	丁未
官国星	子午	辰戌	丑未	亥巳	寅申	子午	卯酉	丑未	辰戌	寅申	巳亥	卯酉
凤辇星	寅辰	巳未	申戌	寅丑	巳辰	申未	寅戌	巳丑	申辰	寅未	巳戌	申丑
天嗣星	甲卯	巽巳	子未	庚酉	乾亥	庚酉	辛戌	壬子	艮寅	辛戌	壬子	癸丑
地仓星	辰戌	寅申	午子	亥巳	酉卯	申寅	卯酉	丑未	子午	辰戌	卯酉	寅申
钱财星	辰戌	卯酉	子午	丑未	丑未	亥巳	戌辰	酉卯	午子	未丑	未丑	寅申
财帛星	庚酉	戊乾	丙午	甲卯	辰巽	未坤	庚酉	戊乾	丙午	甲卯	辰巽	未坤
青龙生气	辛	乙	壬	丙	艮	坤	乙	辛	丙	壬	坤	艮
升殿太阳	坤申	辰巽	壬子	乾亥	坤申	卯乙	坤申	甲卯	丙竿	卯惭	辰巽	乾亥
守殿太阳主女作夫人	壬丙	丑未	子午	亥巳	庚甲	丁癸	坤艮	卯酉	壬丙	卯酉	辰戌	巳亥
红鸾天喜星	卯酉	寅申	丑未	子午	亥巳	戌辰	酉卯	申寅	未丑	午子	己亥	辰戌

月干吉方日干亦同	甲	乙	丙	丁	戊	己	庚	辛	壬	癸
月干德	甲	庚	丙	壬	戊	甲	庚	丙	壬	戊
于德合	己	乙	辛	丁	癸	己	乙	辛	丁	癸
福星贵人	寅	亥丑	戌子	酉	申	未	午	巳	辰	卯
月正禄	寅	卯	巳	午	巳	午	申	酉	亥	子
阳阴甲德干德合便是阴阳贵人	子申	丑未	寅午	卯巳	巳卯	未丑	申子	酉亥	亥酉	丑未
阴贵人先天甲德子顺布后天甲德甲逆布	未	申	酉	亥	丑	子	丑	寅	卯	巳
阴贵人辰戌不临穿牙对德合便是阴阳贵	丑	子	亥	酉	未	申	未	午	巳	卯

月支吉方日同	正	二	三	四	五	六	七	八	九	十	十一	十二
天道行	南	西南	北	西	西北	东	北	东北	南	东	东南	西
天道吉方	乙辛	乾巽	壬丙	癸丁	艮坤	庚甲	乙辛	乾巽	壬丙	癸丁	艮坤	庚甲
天德方	丁	坤	壬	辛	乾	甲	癸	艮	丙	乙	巽	庚
天德合	壬	己	丁	丙	寅	巳	戊	亥	辛	庚	甲	乙
月德方	丙	甲	壬	庚	丙	甲	壬	庚	丙	甲	壬	庚
月德合	辛	己	丁	乙	辛	己	丁	乙	辛	己	丁	乙
月恩方	丙	丁	庚	己	戊	辛	壬	癸	庚	乙	甲	辛
月空方	壬	庚	丙	甲	壬	庚	丙	甲	壬	庚	丙	甲
青龙黄道	子	寅	辰	午	申	戌	子	寅	辰	午	申	戌
金柜黄道	辰	午	申	戌	子	寅	辰	午	申	戌	子	寅
天德黄道	巳	未	酉	亥	丑	卯	巳	未	酉	亥	丑	卯
玉堂黄道	未	酉	亥	丑	卯	巳	未	酉	亥	丑	卯	巳
明堂黄道	丑	卯	巳	未	酉	亥	丑	卯	巳	未	酉	亥
司命黄道	戌	子	寅	辰	午	申	戌	子	寅	辰	午	申
月财方	午	乙	巳	未	酉	亥	午	乙	巳	未	酉	亥
生气方华盖同百事吉	子	子	丑	寅	卯	辰	巳	午	未	申	酉	戌
天仓方取土造仓	亥	子	丑	寅	卯	辰	巳	午	未	申	酉	戌

（续表）

月支吉方日同	正	二	三	四	五	六	七	八	九	十	十一	十二
地仓方库百事吉	午	申	亥	辰	丑	寅	巳	辰	午	酉	巳	辰
生土方	卯	午	申	戌	午	未	酉	午	申	戌	子	巳
停部方 其方取土作灶主益子孙	未	申	酉	戌	亥	子	丑	寅	卯	辰	巳	午
天解方	申	戌	子	寅	辰	午	申	戌	子	寅	辰	午
地解方	申	申	酉	酉	戌	戌	亥	亥	午	午	未	未
月外解神方	申	酉	戌	亥	子	丑	寅	卯	辰	巳	午	未
极富星方	午	未	申	酉	戌	亥	子	丑	寅	卯	辰	巳
五极星	乙	巳	子	丁	申	卯	辛	女	午	癸	寅	丙
天医星	卯	亥	丑	未	巳	卯	亥	丑	未	巳	卯	亥
支德星	未	申	酉	戌	亥	子	丑	寅	卯	辰	巳	午
支德合	午	巳	辰	卯	寅	丑	子	亥	戌	酉	申	未
天德	亥	子	丑	寅	卯	辰	巳	午	未	申	酉	戌
月德	未	申	酉	戌	亥	子	丑	寅	卯	辰	巳	午
日德	亥	戌	酉	申	未	午	巳	辰	卯	寅	丑	子
时德	辰	亥	子	丑	申	酉	戌	巳	午	未	寅	卯

日家吉神	正	二	三	四	五	六	七	八	九	十	十一	十二
天德百事吉	丁	申	壬	辛	亥	甲	癸	寅	丙	乙	巳	庚
天德合	壬	己	丁	丙	寅	己	戊	亥	辛	庚	甲	乙
月德	丙	甲	壬	庚	丙	甲	壬	庚	丙	甲	壬	庚
月德合	辛	己	丁	乙	辛	己	丁	乙	辛	己	丁	乙
月恩	丙	丁	庚	戊	戊	子	壬	癸	庚	乙	甲	辛
月财	午	乙	己	未	酉	亥	午	乙	己	未	酉	亥
月空	壬	庚	丙	申	壬	庚	丙	甲	壬	庚	丙	甲
天喜	戌	亥	子	丑	寅	卯	辰	巳	午	未	申	酉

（续表）

日家吉神	正	二	三	四	五	六	七	八	九	十	十一	十二
生气	子	丑	寅	卯	辰	巳	午	未	申	酉	戌	亥
要安	寅	申	卯	酉	辰	戌	巳	亥	午	子	未	丑
玉堂	卯	酉	辰	戌	巳	亥	午	子	未	丑	申	寅
金堂	辰	戌	巳	亥	午	子	未	丑	申	寅	酉	卯
敬心	未	丑	申	寅	酉	卯	戌	辰	亥	巳	子	午
普护	申	寅	酉	卯	戌	辰	亥	巳	子	午	丑	未
福生 百事吉	酉	卯	戌	辰	亥	巳	子	午	丑	未	寅	申
圣心	亥	巳	子	午	丑	未	寅	申	卯	酉	辰	戌
益后	子	午	丑	未	寅	申	卯	卯	酉	辰	戌	巳亥
续世	丑	未	寅	申	卯	酉	辰	戌	亥	巳	午	子
五富 造葬作仓吉	亥	寅	巳	申	亥	寅	巳	申	亥	寅	巳	申
天富 作仓库吉	辰	巳	午	未	申	酉	戌	亥	子	丑	寅	卯
驿马	申	巳	寅	亥	申	巳	寅	亥	申	巳	寅	亥
六合	亥	戌	酉	申	未	午	巳	辰	卯	寅	丑	子
天仓 作仓库吉	寅	丑	子	亥	戌	酉	申	未	巳	辰	辰	卯
天财 造葬作仓库吉	辰	午	申	戌	子	寅	辰	午	申	戌	子	寅
地财同上	巳	未	酉	亥	丑	卯	巳	未	酉	亥	丑	卯
金柜 嫁娶安床吉	子	酉	午	卯	子	酉	午	卯	子	酉	午	卯
天医治病吉	丑	寅	卯	辰	巳	午	未	申	酉	戌	亥	子
解神 退煞散讼吉	申	申	戌	戌	子	子	寅	寅	辰	辰	午	午
天寿星 作生坟寿木吉	子丑	子丑	子丑	戌亥	戌亥	戌亥	子丑	未申	未申	未申	戌亥	未申
天嗣星求嗣吉	未	酉	亥	酉	戌	子	寅	戌	子	丑	卯	巳
天地解 祈福解冤	申	酉	戌	亥	子	丑	寅	卯	辰	巳	午	未

（续表）

日家吉神	正	二	三	四	五	六	七	八	九	十	十一	十二
喝散神 词讼治病	巳	巳	巳	申	申	申	亥	亥	亥	寅	寅	寅
人仓作仓库吉	未	辰	丑	戌	未	辰	丑	戌	未	辰	丑	戌
阳德 嫁娶入学吉	戌	子	寅	辰	午	申	戌	子	寅	辰	午	申
阴德 设斋祭祀吉	酉	未	巳	卯	丑	亥	酉	未	巳	卯	丑	亥
生天太阳百事吉	酉	子	卯	午	酉	子	卯	午	酉	子	卯	午
吉庆星诸事吉	酉	寅	亥	辰	丑	午	卯	申	巳	戌	未	子
天马日 远行出征	午	申	戌	子	寅	辰	午	申	戌	子	寅	辰
福厚星 赴任嫁娶	寅	寅	寅	巳	巳	巳	申	申	申	亥	亥	亥
吉期 宜会亲送礼	卯	辰	巳	午	未	申	酉	戌	亥	子	丑	寅
天岳星 造葬修方	申	戌	子	寅	辰	午	申	戌	子	寅	辰	午
支德星百事吉	未	申	酉	申	酉	戌	亥	子	丑	寅	卯	辰
青龙百事吉	子	寅	辰	午	申	戌	子	寅	辰	午	申	戌
时阴同上	午	未	申	酉	戌	亥	子	丑	寅	卯	辰	巳

四季吉日

四季吉日	春	夏	秋	冬
天赦 百事吉与转杀同日忌动土	戊寅	甲午	戊申	甲子
母仓 宜起造作仓库	亥子	寅卯	辰戌丑未	申酉
旺日 宜赴任造葬吉	甲乙寅卯	丙丁巳午	庚辛申酉	壬癸亥子
相日	丙丁巳午	戊己辰戌丑未	壬癸亥子	甲乙寅卯
天贵	甲乙	丙丁	庚辛	壬癸
天良 已上百事俱吉	甲寅	丙寅	庚寅	壬寅

日吉　青龙半吉得吉星同作并吉用	正七	二八	三九	四十	五十一	六十二
青龙、黄道、天雷、黑星、天丧、天魔、毛头	子	寅	辰	午	申	戌
明堂、黄道、执储、明星、贵人、紫微、吉人	丑	卯	巳	未	酉	亥
金匮、黄道、天宝、明星、銮舆、天财、天庆	辰	午	申	戌	子	寅
天德、黄道、天对、明星、上官、邑从、地财	巳	未	酉	亥	丑	卯
玉堂、黄道、天玉、明星、天库、少微、天成	未	酉	亥	丑	卯	巳
司命、黄道、天府、明星、天官、凤辇、禄库	戌	子	寅	辰	午	申

十二月上吉日

正月：甲子、丁卯、丙子、丁丑、甲午、丙午、丁未、丙辰。

二月：甲戌、甲申、丁亥、己丑、己亥、甲辰、丁未、丁巳。

三月：丁卯、壬申、丁亥、丁酉、庚子、壬寅、壬子、丁巳。

四月：乙未、庚午、辛未、庚辰、辛巳、癸未、庚子、辛丑、庚戌、壬戌。

五月：丙寅、辛未、戊寅、丙戌、丙申、辛丑、戊申、辛亥、丙辰。

六月：甲子、己巳、癸酉、甲申、庚寅、甲午、丙申、己亥、癸卯、丙午。

七月：丁卯、庚午、丁丑、庚辰、壬辰、丁酉、庚子、丁未、庚戌、壬戌。

八月：乙丑、乙亥、庚辰、甲申、己丑、庚寅、乙未、壬寅、乙巳、庚戌、甲寅、丙辰、庚申。

九月：丙寅、丙子、辛巳、戊子、丙申、庚子、丙午、戊申、辛亥。

十月：甲子、癸酉、癸未、甲申、甲午、乙未、癸卯、甲辰、乙巳、甲寅、己未。

十一月：壬申、甲戌、甲申、壬辰、壬寅、甲辰、乙巳、甲寅、丁巳、壬戌。

十二月：庚午、乙亥、辛巳、丁亥、庚寅、庚子、乙巳、丁巳、庚申。

上依《百忌》及《大全》诸历书，参详用之，百事大吉。但吉日内有犯天贼、受死者，系逐月有犯，详查考出，勿用。

十二月次吉日

正月：　庚午、辛未、癸未、壬辰、丁酉、辛丑、癸卯、癸丑、壬戌。

二月：　丙寅、壬申、癸未、丙戌、壬辰、癸巳、乙未、丙申、乙巳、辛亥、甲寅、丙辰、壬戌。

三月：　甲午、丙寅、癸酉、乙亥、丙子、甲午、癸卯、乙巳、丙午、甲寅。

四月：　甲子、丁卯、甲戌、丙子、丁丑、丙戌、己丑、甲午、丁酉、甲巳、丙辰。

五月：　甲戌、乙亥、庚辰、辛巳、甲申、庚寅、戊戌、庚戌、己亥、甲辰、甲寅、己未。

六月：　丁卯、庚午、丙子、辛巳、丁亥、丁酉、庚子、乙巳、辛亥、庚申。

七月：　戊辰、辛未、癸酉、丙子、癸未、丙戌、癸卯、丙午、癸丑、丙辰。

八月：　丙寅、戊辰、丁丑、戊寅、辛巳、癸未、丁巳、己亥、丁未、戊申、辛亥、癸丑。

九月：　甲子、己巳、庚午、癸酉、乙亥、甲申、己亥、癸卯、乙巳、庚申。

十月：　丁卯、庚午、丙子、丙申、丁酉、庚子、丙午、庚戌、丙辰。

十一月：乙丑、乙亥、庚辰、辛巳、癸巳、癸未、丁亥、庚寅、戊申、庚戌、辛亥、庚申。

十二月：甲子、丙寅、癸酉、戊寅、壬寅、甲申、甲午、丙申、癸卯、戊申、甲寅。

上依《集正》，照上查考，用之。

穿山甲

（一名崩天太岁、一名木山太岁）

取本年甲以五虎元遁起,冬至后来年例用。

穿山甲遁歌:

甲己之岁乾为首,丙辛却在午上藏。

丁壬但逢巽上是,戊癸却问艮州即。

乙庚但从何处是,此煞原来在坤方。

若用日辰并纳音克化本山太岁吊宫煞,名曰崩天太岁煞,犯之至凶。

又看六甲战克,地支克天干,大凶。干克地支、比和则大吉。年年以穿山甲为主,若本山以吊宫比和,主进财、生贵子、子孙科第。相继宫太岁,假如寅山申向用甲辰年,遁用丙寅火山,用十一月甲申日,水克本山丙寅火,三年内主官灾、死亡人,但甲申日顺数去见庚寅木到山有救,故主先凶后吉。此例不宜克本山,遁见又不可泄本山之气,俱凶。宜生本山比和克日为吉福也。

二十四山穿山甲立成

	甲己年	乙庚年	丙辛年	丁壬年	戊癸年
子壬山	丙子水	戊子火	庚子土	壬子木	甲子金
癸丑山	丁丑水	己丑火	辛丑土	癸丑木	乙丑金
寅艮山	丙寅火	戊寅土	庚寅木	壬寅金	甲寅水
甲卯山	丁卯火	己卯土	辛卯木	癸卯金	乙卯水
乙辰山	戊辰木	庚辰金	壬辰水	甲辰火	丙辰土
巳巽山	己巳木	辛巳金	癸巳水	乙巳火	丁巳土
丙午山	庚午土	壬午木	甲午金	丙午水	戊午火

（续表）

	甲己年	乙庚年	丙辛年	丁壬年	戊癸年
丁未山	辛未土	癸未木	乙未金	丁未水	己未火
申坤山	壬申金	甲申水	丙申火	戊申土	庚申木
酉庚山	癸酉金	乙酉水	丁酉火	己酉土	辛酉木
辛戌山	甲戌火	丙戌土	戊戌木	庚戌金	壬戌水
乾亥山	乙亥火	丁亥土	己亥木	辛亥金	癸亥水

选择之用，先以穿山甲定年月日时，不可克本山。太岁名曰：崩天太岁，不宜日辰纳音克本山，及吊宫克本山，一破财二损家长退败，宜日辰吊宫生本山，发财科甲之贵。

交经黄道图

交经黄道，山山不可坐戊己，坐戊己名犯家长杀，主杀人口、退财，太阳到不妨。

甲子至癸酉年不作辰巳山，甲戌至癸未年不作寅卯山，

甲申至癸巳年不作子丑山，甲午至癸卯年水作戌亥山，

甲辰至癸丑年不作申酉山，甲寅至癸亥年不作午未山。

上交经黄道图，师有口诀传授，山山不可坐戊己，凡正坐皆为戊己杀，及不用戊己日。山若坐戊己，名犯家长杀，在一百二十罗经分经取之。

吊宫土皇煞

如寅山不用戊寅针并日，犯土皇煞，卯山不用己卯针并日。如甲子年不可作寅、卯山，二山不用戊寅、己卯日，此正犯土皇煞，凶。

如乙亥年戊乾辰巽山，向忌戊子、己丑日，不吉。

如卯山甲子年,五虎元遁得丁卯火山,遁得己卯土,乃火生土为泄气,主冷退,向忌戊辰、己巳木,一旬之日皆不可用,名曰:交经黄道也,交经黄道土星二木交接之谓也。余山皆以五虎元遁,惟子丑二山皆以五子遁矣。

天恩、天福、大明、神在

天恩上吉:甲子、乙丑、丙寅、丁卯、戊辰、己卯、庚辰、辛巳、壬午、癸未、己酉、庚戌、辛亥、癸丑。

宜上表、颁赦、上官、参迎、嫁娶、行庆,吉。

天福吉日:己卯、辛巳、庚寅、辛卯、壬辰、癸巳、己亥、庚子、辛丑、己巳、丁巳。

宜造、葬、入宅、送礼,吉。

大明吉日:辛未、壬申、癸酉、丁丑、己卯、壬午、甲申、丁亥、壬辰、乙未、壬寅、甲辰、乙巳、丙午、己酉、庚戌、辛亥、丙辰、己未、庚申、辛酉。此廿一日合《大明历》,乃天地开通太阳所照之辰,百事用之吉。唐贞观三年,国师李淳风奏上准。

神在吉日:甲子、乙丑、丁卯、戊辰、辛未、壬申、癸酉、甲戌、丁丑、己卯、庚辰、壬午、甲申、乙酉、丙戌、丁亥、己丑、辛卯、甲午、乙未、丙申、丁酉、丙午、丁未、戊申、己酉、庚戌、乙卯、丙辰、丁巳、戊子、己未、辛酉、癸亥。

宜祈福、作福、祭祀、还愿、设斋,吉。

五帝生日　五合吉日

五帝生日:甲子青帝生,甲辰赤帝生,戊子黄帝生,壬辰白帝生,壬子黑帝生。

宜造作,百事并吉。

五合吉日:甲寅乙卯日月合,宜造作、嫁娶。丙寅丁卯阴阳合,宜营造、婚姻、移居。戊寅己卯人民合,宜嫁娶、参谒。庚寅辛卯金石合,宜砌石、熔铸。

壬寅癸卯江河合,宜远行、鱼猎。

天瑞吉日　天聋地哑日

天瑞吉日:戊寅、己卯、辛巳、庚寅、壬子。宜上官、受贺、纳礼,吉。

天聋地哑日:丙寅、戊辰、丙子、丙申、庚子、壬子、丙辰,为天聋。乙丑、丁卯、己卯、辛巳、乙未、丁酉、己亥、辛丑、辛亥、癸丑、辛酉为地哑。用之百事吉,今云:宜作厕及安碓磨。

地虎不食日

地虎不食日:壬申、癸酉、壬午、甲申、乙酉、壬辰、丁酉、甲辰、丙午、己酉、丙辰、己未、庚申、辛酉。宜埋葬、栽种并大吉。

上纂年月日时,方道总吉,易为观览。愚论如修方、造葬月方道吉,或造主本命犯克冲的煞,则其吉与我无益,而反害之。必要详查年月日时,方道与造主无干冲克的煞,合本命生旺真马禄贵到向吉。

年家总例墓龙变运定局

山家正运	金	木	火	水	土
正五行	乾庚申辛酉	巽甲寅乙卯	离丙午丁巳	坎壬子癸亥	坤艮辰戌丑未
八卦五行	乾甲酉丁己壬	巽辛卯庚亥未	离壬寅戌	子癸申辰	艮丙坤乙
洪范五行	乾亥酉丁	艮震巳	午壬丙乙	甲寅辰巽戌坎辛巳	丑癸坤庚未

（续表）

甲己年	乙丑金运忌辛未火年月日时	土运忌甲戌火年月日时	火运忌戊辰水年月日时	木运忌金年月日时冬至后当作下年运用事
乙庚年	丁丑水运忌癸未土年月日时	木运忌丙戌金年月日时	土运忌庚辰木年月日时	金运忌火年月日时冬至后当作下年运用事
丙辛年	己丑火运忌乙未水年月日时	金运忌戊戌火年月日时	木运忌壬辰金年月日时	水运忌土年月日时冬至后当作下年运用事
丁壬年	辛丑木运忌丁未木年月日时	水运忌庚戌土年月日时	金运忌甲辰火年月日时	火运忌水年月日时冬至后当作下年运用事
戊癸年	癸丑木运忌己未金年月日时	火运忌壬戌水年月日时	水运忌丙辰土年月日时	土运忌木年月日时木年月日时下年运用事

开山凶神局

岁干凶神	甲	乙	丙	丁	戊	己	庚	辛	壬	癸
正阴府太岁	艮巽	乾兑	坤坎	离	震	艮巽	乾兑	坤坎	离	震
傍阴府太岁	丙辛	甲丁己丑	乙癸申辰	壬寅戌	庚亥未	丙辛	甲丁己丑	乙癸申辰	壬寅戌	庚亥未
山家困龙即杀大耗	乾	庚	丁	巽	甲	乾	庚	丁	巽	甲
天禁朱雀即山家官符	亥	酉	未	巳	卯	亥	酉	未	巳	卯
穿山罗睺即坐山官符	戌	申	午	辰	寅	戌	申	午	辰	寅
值山血刃	申酉	壬	辛子	亥酉	巳	申酉	壬	辛子	亥酉	巳
山家血刃即曲府太岁	乾兑	坎巽	坤艮	震	离	乾兑	坎巽	坤艮	震	离
四大金星	丁	巽	甲	乾	庚	丁	巽	甲	乾	庚
浮天空亡	丙壬午	丁癸子	乙辛巽	庚甲子	丁癸坤	丙壬酉乾	丁癸坤	丙壬辰	庚甲乾	乙辛震
倒产空亡	甲庚	甲辛	丙壬	丁癸	乾巽	坤艮	丁癸甲庚	甲庚	乙辛	丙壬

山向修方凶神局

岁干凶神	甲	乙	丙	丁	戊	己	庚	辛	壬	癸
消索空亡	甲庚辛	坤丁	巽癸丙壬	甲乙艮	壬乾	甲庚辛	坤丁	巽癸丙壬	甲乙艮	壬乾
金神七煞	午未申酉	辰巳	寅卯午未	戌亥寅卯	申酉子丑	午未申酉	辰巳	寅卯子丑午未	戌亥寅卯	申酉子丑
正都天	子	乾	子	乾	兑	午	巽	午	巽	卯
游都天	兑	午	巽	卯	子	卯	子	乾	兑	离
傍都天	艮兑	中	乾兑	巽	卯坤	午子	艮兑	中乾	巽中	坤卯
夹杀都天	巽	甲	乾	庚	丁	巽	甲	乾	庚	丁
都天太岁即戊己杀	辰巳	寅卯	戌亥	申酉	午未	辰巳	寅卯	戌亥	申酉	午未
破败五鬼	巽	甲	乾	庚	丁	巽	甲	乾	庚	丁
隐伏血刃	乾巽	子未	寅戌	亥乾	丑卯	乾巽	午未	寅戌	亥乾	丑卯
千金血刃	申	寅	子	亥	巳	申	寅	子	亥	巳
朱雀穿山甲	乾	坤	午	巽	寅	乾	坤	午	巽	寅
重游太岁	巽	乙	乾	坤	午	巽	乙	乾	坤	午
羊刃飞刃	卯酉	辰戌	午子	未丑	午子	未丑	酉卯	戌辰	子午	丑未
雷箭	辰酉	寅未	戌巳	卯申	午亥	辰酉	寅未	戌巳	卯申	午亥

年家开山立向修方凶神总局

开山立向修方凶神定局

岁支凶神	子	丑	寅	卯	辰	巳	午	未	申	酉	戌	亥
坐山罗睺	乾	艮	巽	离	兑	坤	坤	艮	坎	坎	巽	乾
天官符	亥	申	巳	寅	亥	申	巳	寅	亥	申	巳	寅
地官符	辰	巳	午	未	申	酉	戌	亥	子	丑	寅	卯
皇天灸退	甲卯	壬子	庚酉	丙午	甲卯	壬子	庚酉	丙午	甲卯	壬子	庚酉	丙午
支神退	巽兑	巽兑	坎	坎	坎	坎	乾	乾	坤艮	坤艮	离	离
山家火血	甲庚	乙辛	丙壬	丁癸	甲庚	乙辛	丙壬	丁癸	甲庚	乙辛	丙壬	丁癸
山家刀砧	乙辛	甲庚	甲庚	丁癸	甲庚	丁癸	甲庚	丁癸	丙壬	丁辛	丙壬	丁癸
白虎煞	申	酉	戌	亥	子	丑	寅	卯	辰	巳	午	未
阴府太岁	未	午	巳	辰	卯	寅	丑	子	亥	戌	酉	申
打劫血刃	坤	艮	乾	坤	离	巽	坤	艮	乾	坤	离	巽
劫杀	巳	寅	亥	申	巳	寅	亥	申	巳	寅	亥	申
灾杀即三杀	午	卯	子	酉	午	卯	子	酉	午	卯	子	酉
岁杀	未	辰	丑	戌	未	辰	丑	戌	未	辰	丑	戌
坐杀向杀	丙壬丁癸	甲庚乙辛	丙壬丁癸	甲庚乙辛	丙壬丁癸	甲庚乙辛	丙壬丁癸	甲庚乙辛	丙壬丁癸	甲庚乙辛	丙壬丁癸	甲庚乙辛

立向凶神定局

岁支凶神	子	丑	寅	卯	辰	巳	午	未	申	酉	戌	亥
巡山罗睺	乙	壬	艮	甲	巽	丙	丁	坤	辛	乾	癸	庚
马前六害	甲	壬	庚	丙	甲	壬	庚	丙	甲	壬	庚	丙
翎毛禁向	甲庚丙壬	乙辛甲庚	丙壬	丙壬	甲庚丁癸	丙壬丁癸	甲庚丙壬	甲庚	丁癸壬丙	庚壬	庚辛	丙壬
九天朱雀	卯	戌	巳	子	未	寅	酉	辰	亥	午	丑	申

修方凶神紧杀

岁支凶神	子	丑	寅	卯	辰	巳	午	未	申	酉	戌	亥
通天大杀犯之凶	乙卯辰巳	申子	申戌酉	午未	寅卯子辰	亥子	申戌酉	午未	寅卯子辰	亥子	申戌酉	午未
皇天大杀	卯	子	酉	午	卯	子	酉	午	卯	子	酉	午
飞天独火眠局	卯	子	酉	午	卯	子	酉	午	卯	子	酉	午
打头火	子	酉	午	卯	子	酉	午	卯	子	酉	午	卯
独火	艮	卯	卯	子	巽	巽	酉	午	坤	乾	乾	
流财煞	戌乾	未申	子丑	子丑	子丑	戌乾	戌乾	戌乾	子丑	未申	未申	未申
天太岁	亥	申	巳	寅	亥	申	巳	寅	亥	申	巳	寅

年支修方凶神紧煞定局

年支凶神局	子	丑	寅	卯	辰	巳	午	未	申	酉	戌	亥
地太岁	未	巳	辰	寅	丑	亥	戌	申	未	巳	辰	寅
天皇灸退	卯乙	子癸	酉辛	午丁	卯乙	癸子	酉辛	午丁	卯乙	癸子	酉辛	午丁
天命煞	酉	卯	亥	巳	丑	未	酉	卯	亥	巳	丑	未
太岁堆黄	子	丑	寅	卯	辰	巳	午	未	申	酉	戌	亥

（续表）

年支凶神局	子	丑	寅	卯	辰	巳	午	未	申	酉	戌	亥
傍煞	巳	午	未	申	酉	戌	亥	子	丑	寅	卯	辰
的煞	午	未	申	酉	戌	亥	子	丑	寅	卯	辰	巳
照煞	未	申	酉	戌	亥	子	丑	寅	卯	辰	巳	午
鬼煞犯李广箭	丙壬	丁癸	坤艮	甲庚	乙辛	乾巽	壬丙	癸丁	艮坤	艮甲	辛乙	巽乾
兵道	乙辛	乾巽	丙壬	丁癸	坤艮	甲庚	乙辛	乾巽	丙壬	丁癸	坤艮	甲庚
死道	丁癸	坤艮	甲庚	乙辛	乾巽	丙壬	丁癸	坤艮	甲庚	乙辛	乾巽	丙壬
血道	丙壬	丁癸	丁癸	甲庚	乙辛	乙辛	丙壬	丁癸	丁癸	甲庚	乙辛	乙辛
火道犯主失火	丁癸	甲庚	甲庚	乙辛	乙辛	丙壬	丁癸	丁癸	甲庚	乙辛	乙辛	丙壬
地道	甲庚	乙辛	乾巽	丙壬	丁癸	坤艮	甲庚	乙辛	乾巽	丙壬	丁癸	坤艮
净栏煞	巳	午	未	申	酉	戌	亥	子	丑	寅	卯	辰
铁扫帚	丁癸	乙辛	壬壬	庚癸	乙辛	丙壬	丁癸	乙辛	壬壬	甲庚	乙辛	丙壬
年禁煞	巳	酉	丑	巳	酉	丑	巳	酉	丑	巳	酉	丑

修方忌用（神煞占方不修方）

	子	丑	寅	卯	辰	巳	午	未	申	酉	戌	亥
田官符	乾	乾	丑子亥	丑子亥	丑子亥	乾	乾	酉申未	丑子亥	酉申未	酉申未	酉申未
岁破煞	巳	酉	丑	巳	酉	丑	巳	酉	丑	巳	酉	丑
飞天火星	戌	亥	申	酉	午	未	辰	巳	寅	卯	子	丑
将军火杀	酉	酉	子	子	子	午	午	午	卯	卯	卯	酉

（续表）

	子	丑	寅	卯	辰	巳	午	未	申	酉	戌	亥
暗刀煞	辰	卯	亥	申	未	丑	辰	卯	亥	申	丑	未
帝车煞犯之杀宅长	丑	寅	卯	辰	巳	午	未	申	本	戌	亥	子
丧门	寅	卯	辰	巳	午	未	申	酉	戌	亥	子	丑
病符	亥	子	丑	寅	卯	辰	巳	午	未	申	酉	戌
八座	酉	戌	亥	子	丑	寅	卯	辰	巳	午	未	申
官星符犯主宰狱刑禁	午	未	巳	辰	卯	寅	丑	子	亥	戌	酉	申
游年五鬼犯之杀火	戌	癸	申	申	乙	乙	丙	酉	子	庚	庚	巳
地轴煞	未	申	酉	戌	亥	子	丑	寅	卯	辰	巳	午

九良星　九良煞

厨　僧堂　桥　道　僧堂　　厨　僧堂　桥　道　僧堂
　城隍　门　　城隍　船　　　城隍　门　　城隍　船
灶　杜庙　路　观　杜庙　　灶　杜庙　路　观　杜庙
中庭　水　　后堂后堂寺观　门　神庙门中庭　寺观　　　厅
及　厨　井水门尼厅井　寺　及戌井及　　神庙北方寺观
神庙　寅　丑戌寺观庙水　寅辰　观　亥方水路北方南方　巳方

月家打头火占山方向凶

年一卦占三山	正	二	三	四	五	六	七	八	九	十	十一	十二
申子辰年	乾	中	巽	震	坤	坎	离	艮	兑	乾	中	兑
巳酉丑年	震	坤	坎	离	艮	兑	乾	中	兑	乾	中	巽
寅午戌年	离	艮	兑	乾	中	兑	乾	中	巽	震	坤	坎
亥卯未年	乾	中	兑	乾	中	巽	震	坤	坎	离	艮	兑

月家飞天独火凶局

年一卦占三山	正	二	三	四	五	六	七	八	九	十	十一	十二
申子辰年	乾	中	兑	乾	中	巽	震	坤	坎	离	艮	兑
巳酉丑年	乾	中	巽	震	坤	坎	离	艮	兑	乾	中	兑
寅午戌年	震	坤	坎	离	艮	兑	乾	中	兑	乾	中	巽
亥卯未年	离	艮	兑	乾	中	兑	乾	中	巽	震	坤	坎

月家丙丁独火占方凶

星横推,月直看,附巡山火星。

	正	二	三	四	五	六	七	八	九	十	十一	十二
甲己年 丙丁火	乾		巽	巽卯	卯坤	坤子	子午	午艮	艮酉	酉乾	乾	
乙庚年 丙丁火	巽	巽卯	卯坤	坤子	子午	午艮	艮酉	酉乾	乾		巽	巽卯
丙辛年 丙丁火	坤子	子午	午艮	艮酉	酉乾	乾		巽卯	巽卯	卯坤	坤子	子午
丁壬年 丙丁火	午艮	艮酉	酉乾	乾		巽	巽卯	坤子	坤子	子午	午艮	艮酉
戊癸年 丙丁火	乾七杀	乾坤	坎	坎	巽中	卯卯	坤卯	酉九紫	午艮	艮艮	酉离	乾坤七杀

月游火星占方凶局

星横看,月直看。

	正	二	三	四	五	六	七	八	九	十	十一	十二
子丑年	艮	午	子	坤	卯	巽	中	乾	酉	艮	午	子
寅年	卯	巽	中	乾	酉	艮	午	子	坤	卯	巽	中
卯辰年	巽	中	乾	酉	艮	午	子	坤	卯	巽	中	乾
巳年	午	子	坤	卯	巽	中	乾	酉	艮	午	子	坤
午未年	坤	卯	巽	中	乾	酉	艮	午	子	坤	卯	巽

（续表）

	正	二	三	四	五	六	七	八	九	十	十一	十二
申年	酉	艮	午	子	坤	坎	巽	中	乾	酉	艮	午
酉戌年	乾	酉	艮	午	子	坤	卯	巽	中	乾	酉	艮
亥年	子	坤	卯	巽	中	乾	酉	艮	午	子	坤	卯

日三杀方　横天朱雀　红嘴朱雀

日三杀方：

　　　　申子辰日巳午未，巳酉丑日寅卯辰。

　　　　寅午戌日亥子丑，亥卯未日申酉戌。

横天朱雀：

　　　　初一行嫁主再嫁，初九造屋回禄殃。

　　　　十七埋葬冷退死，廿五移徙人财伤。

红嘴朱雀：

　　　　红嘴朱雀丈二长，眼似流星火耀光。

　　　　等闲无事伤人命，千里飞来会过江。

　　但从震宫起甲子，巽宫甲戌顺行装。行到中宫莫归火，
乾宫一长莫安床。兑上占之莫修井，艮宫莫作僧道堂。
离宫大门君莫犯，坎宫水沟天难当。坤宫嫁娶损宅长，
震宫修厨新妇亡。巽宫一位管山野，入山伐木定遭殃。

北帝符能压红嘴朱雀

入中宫。

神符占此百无禁忌敕。

昔有一人，正月初二甲申日入宅归火，未经一七被人命图赖，每试多验矣。

凶书朱雀涂黑，用六诀再点，依奇门太岁下讳号于内，涂之则吉。若遇红嘴朱雀占中宫日，必先一日书此符，隔日粘于中宫，次日朱雀见此符先占中宫则不为害，入宅无妨，则吉。又云：书李广将军占此，隔日粘于中宫，则吉无事。

倒家煞

甲己年五午日，乙庚年五申日，丙辛年五戌日，丁壬年五子日，戊癸年五寅日，忌修造、百事凶。

上煞如甲己年庚午日，乙庚年甲申日，辛酉年戊戌日，丁壬年壬子日，戊癸年止甲寅是。

其余日不忌。释明惟庚午、甲申、戊戌、壬子、甲寅日是。

横天赤口日

正	二	三	四	五	六	七	八	九	十	十一	十二
辰	卯	寅	丑	子	亥	戌	酉	申	未	午	巳

横天赤口时

子午卯酉日，忌辰戌丑未时。寅申巳亥日，忌子丑时。辰戌丑未日，忌庚酉辛戌未时。

横天赤口日诗例

正龙二兔三虎吼，四牛五鼠六猪瘦。七犬八鸡九是猴，
十月横天羊奔走。仲冬见马多摇舌，腊月逢蛇皆赤口。

忌竖造、入宅、分居、嫁娶。

天上大空亡日

天上大空亡日：丁丑、丁未、壬辰、壬戌、戊寅、戊申、癸巳、癸亥。忌起造、分居、分家财、纳财、放债。宜合寿木、作生坟，吉。

猖鬼败亡日

猖鬼败亡日：戊辰、戊寅、戊子、戊午、辛巳、辛丑、己丑、己亥、庚戌、壬戌、丁卯。忌上官到任、应试、出兵。其日与建、破、平、收同日则忌，余者不忌。及壬申、戊申、辛亥、庚申，合大明吉日，百事并吉不忌。

五不归日

五不归日：己卯、己酉、辛巳、辛亥、丙辰、丙戌、壬子、壬辰、丙申、庚申、辛酉。忌嫁娶、远行、出兵。

五离日

五离日：甲申、乙酉天地离，忌开店、造仓库。丙申、丁酉日月离，忌会客，戊申、己酉人民离，忌嫁娶、出行。庚申、辛酉金石离，忌铸琢。壬申、癸酉江河离，忌行船、装载。

八绝日

八绝日：庚辰、辛巳、庚戌、辛亥、丙辰、丁巳、丙戌、丁亥。忌出财、置产业、行兵。

月方凶神定局

月家紧杀凶局

月凶		正	二	三	四	五	六	七	八	九	十	十一	十二
山家朱雀		离	坎坤	巽	乾	艮兑		离	坎坤	巽	乾	艮兑	
三杀方	劫杀	亥	申	巳	寅	亥	申	巳	寅	亥	申	巳	寅
	灾杀	子	酉	午	卯	子	酉	午	卯	子	酉	午	卯
	岁杀	丑	戌	未	辰	丑	戌	未	辰	丑	戌	未	辰
剑锋杀		甲	乙	巽	丙	丁	坤	庚	辛	乾	壬	癸	艮

大月建

月凶	正	二	三	四	五	六	七	八	九	十	十一	十二
甲癸丁庚年一卦占三山	艮	兑	乾	中	巽	震	坤	坎	离	艮	兑	乾
乙辛戊三年一卦占三山	中	巽	震	坤	坎	离	艮	兑	乾	中	巽	震
丙壬己三年一卦占三山	坤	坎	离	艮	兑	乾	中	巽	震	坤	坎	离

小儿杀

月凶	正	二	三	四	五	六	七	八	九	十	十一	十二
申子辰寅午戌年	中	乾	兑	艮	离	坎	坤	震	巽	中	乾	兑
巳酉丑亥卯未年	离	坎	坤	震	巽	中	乾	兑	艮	离	坎	坤

天官符

月凶	正	二	三	四	五	六	七	八	九	十	十一	十二
申子辰年一卦占三山	中	巽	震	坤	坎	离	艮	兑	乾	中	兑	乾
巳酉丑年一卦占三山	坤	坎	离	艮	兑	乾	中	兑	乾	中	巽	震
寅午戌年一卦占三山	艮	兑	乾	中	兑	乾	中	巽	震	坤	坎	离
亥卯未年一卦占三山	中	兑	乾	中	巽	震	坤	坎	离	艮	兑	乾

月家飞宫、地官符占山方局

月凶	正	二	三	四	五	六	七	八	九	十	十一	十二
子年一卦占三山	兑	乾	中	兑	乾	中	巽	震	坤	坎	离	艮
丑年一卦占三山	艮	兑	乾	中	兑	乾	中	巽	震	坤	坎	离
寅年一卦占三山	离	艮	兑	乾	中	兑	乾	中	巽	震	坤	坎
卯年一卦占三山	坎	离	艮	兑	乾	中	兑	乾	中	巽	震	坤
辰年一卦占三山	坤	坎	离	艮	兑	乾	中	兑	乾	中	巽	震
巳年一卦占三山	震	坤	坎	离	艮	兑	乾	中	兑	乾	中	巽
午年一卦占三山	巽	震	坤	坎	离	艮	兑	乾	中	兑	乾	中
未年一卦占三山	中	巽	震	坤	坎	离	艮	兑	乾	中	兑	乾
申年一卦占三山	乾	中	巽	震	坤	坎	离	艮	兑	乾	中	兑
酉年一卦占三山	兑	乾	中	巽	震	坤	坎	离	艮	兑	乾	中
戌年一卦占三山	中	兑	乾	中	巽	震	坤	坎	离	艮	兑	乾
亥年一卦占三山	乾	中	兑	乾	中	巽	震	坤	坎	离	艮	兑

升玄血刃

月凶	正	二	三	四	五	六	七	八	九	十	十一	十二
甲己年 顺逆	中丙	亥庚	寅庚	巳壬	子辛	申丙	亥庚	寅庚	巳壬	子辛	申丙	亥庚
乙庚年 顺逆	寅壬	巳甲	子辛	申丙	亥庚	寅壬	巳甲	子辛	申丙	亥庚	寅壬	巳甲
丙辛年 顺逆	子辛	申丙	亥庚	寅壬	巳甲	子辛	申丙	亥庚	寅壬	巳甲	子辛	申丙
丁壬年 顺逆	亥庚	寅壬	巳甲	子辛	申丙	亥庚	寅壬	巳甲	子辛	申丙	亥庚	寅壬
戊癸年 顺逆	巳甲	子辛	申丙	亥庚	寅壬	巳甲	子辛	申丙	亥庚	寅壬	巳甲	子辛

月凶方 忌修造	正	二	三	四	五	六	七	八	九	十	十一	十二
翎毛禁向 向之主损六畜	癸	乙辛	丙壬丁癸	乙辛	癸	乙辛	丙壬丁癸	乙辛	癸	乙辛	丙壬丁癸	乙辛
入山刀砧 忌修造损血财	丁癸丙壬	乙辛甲庚	丁癸丙壬	乙辛甲庚	丁癸丙壬	乙辛甲庚	丁癸丙壬	乙辛甲庚	丁癸丙壬	乙辛甲庚	丁癸丙壬	乙辛甲庚
月家禁向	寅甲辛巳	卯乙丁癸	辰巽申甲	巳寅丁甲	午丁酉辛	辰巽未坤	申庚壬亥	丙庚酉丁	戊乾丑艮	壬亥甲寅	子癸甲卯	癸丑辛戌
流财星 修造动土犯之退财	巳午未	申酉戌	酉戌亥	丑戌亥	寅卯	辰巳	巳午未	申酉戌	酉戌亥	丑寅	寅卯	辰巳
九天飞宫火 忌修造	丁	坤	甲	乙	乾	壬	丁	坤	甲	乙	乾	壬
满天红火星 忌起造	癸	庚	庚	辛	壬	癸	丁	甲	甲	乙	丙	丁
皇帝入座方	亥	子	丑	寅	卯	辰	巳	午	未	申	酉	戌
上皇方	巳	辰	卯	寅	丑	子	亥	戌	酉	申	未	午

（续表）

月凶方忌修造	正	二	三	四	五	六	七	八	九	十	十一	十二
病符方忌动土损小口	丑	巳	酉	寅	午	戌	卯	未	亥	辰	申	子
土瘟方忌动土	辰	巳	午	未	申	酉	戌	亥	子	丑	寅	卯
月独火方忌修造	乙	丙	丁	乙	丙	丁	乙	丙	丁	乙	丙	丁
月建	寅	卯	辰	巳	午	未	申	酉	戌	亥	子	丑
地皇造葬犯之主损小口	午	巳	辰	卯	寅	丑	子	亥	戌	酉	申	未
怨煞	寅	亥	申	巳	寅	亥	申	巳	寅	亥	申	巳
游都神兵道同	丙	丁	坤	庚	辛	乾	壬	癸	艮	甲	乙	巽乾
鬼道犯李广箭	艮坤	甲庚	乙辛	乾巽	壬丙	丁癸	艮坤	甲庚	乙辛	乾巽	丙壬	癸丁
兵道宜捕盗忌嫁娶	壬丙	癸丁	艮坤	甲庚	乙辛	乾巽	壬丙	癸丁	艮坤	甲庚	乙辛	巽乾
伤胎神犯之损胎杀孕妇	春	子	午	夏	丑	未	秋	辰	戌	冬	巳	亥
四季大煞忌修造	酉	酉	酉	子	子	子	卯	卯	卯	午	午	午
地辖忌云修作损六畜	酉	戌	亥	子	丑	寅	卯	辰	巳	午	未	申
白虎煞犯之令小儿惊痫凶	戌	亥	子	丑	寅	卯	辰	巳	午	未	申	酉
崩腾忌动土	辛	乙	丙	壬	庚	甲	癸	丁	巳	酉	坤	乾
帝车四旺		寅			巳			申			亥	
帝舍四旺天巳方同	春	辰		夏	未		秋	戌		冬	丑	
帝辖四旺		卯			午			酉			子	
镇天大煞犯之大凶	卯	寅	丑	子	亥	戌	酉	申	未	午	巳	辰
天罡即灭门大祸	巳	子	未	寅	酉	辰	亥	午	丑	申	卯	戌

（续表）

月凶方忌修造	正	二	三	四	五	六	七	八	九	十	十一	十二
河魁百事忌	亥	午	丑	申	卯	戌	巳	子	未	寅	酉	辰
五贪阴杀忌移居	巳	申	亥	寅	巳	申	亥	寅	巳	申	亥	寅
天火忌竖造盖屋	子	卯	午	酉	子	卯	午	酉	子	卯	午	酉
地火忌竖造种植	巳	午	未	申	酉	戌	亥	子	丑	寅	卯	辰
月火血名天罗地网修作杀人	申	亥	寅	巳	子	酉	卯	午	戌	丑	辰	未
独火灭门同安葬忌	巳	辰	卯	寅	丑	子	亥	戌	酉	申	未	午
月破竖造立仓犯之主财物散	申	酉	戌	亥	子	丑	寅	卯	辰	巳	午	未
月刑主血光官灾	巳	子	辰	申	午	丑	寅	酉	未	亥	卯	戌
月害即月独火日忌有非神	申	酉	戌	亥	子	丑	寅	卯	辰	巳	午	未
月杀与月虚同	丑	戌	未	辰	丑	戌	未	辰	丑	戌	未	辰
月厌忌移徙嫁娶远行归家凶	戌	酉	申	未	午	巳	辰	卯	寅	丑	子	亥
天地狭败百事忌	卯	寅	丑	子	亥	戌	酉	申	未	午	巳	辰
天罗地网忌上官出行	子	申	酉	辰	戌	亥	丑	申	未	子	巳	辰
天地灭没百事忌	丑	子	亥	戌	酉	申	未	午	巳	辰	卯	寅
天刑黑道犯主损人口六畜	寅	辰	午	申	戌	子	寅	辰	午	申	戌	子
朱雀黑道主官灾血光口舌	卯	巳	未	酉	亥	丑	卯	巳	未	酉	亥	丑
白虎黑道主官灾杀人	午	申	戌	子	寅	辰	午	申	戌	子	寅	辰
天牢黑道主盗贼失财刑罚	申	戌	子	寅	辰	午	申	戌	子	寅	辰	午
玄武黑道主伤胎损小口劫盗	酉	亥	丑	卯	巳	未	酉	亥	丑	卯	巳	未

（续表）

月凶方忌修造	正	二	三	四	五	六	七	八	九	十	十一	十二
勾陈黑道 主妨妻及子孙失财	亥	丑	卯	巳	未	酉	亥	丑	卯	巳	未	酉
日流财 忌开仓店肆分居凶	亥	申	巳	寅	卯	午	子	酉	丑	未	辰	戌
天穷 忌上官分居起造凶	子	寅	午	酉	子	寅	午	酉	子	寅	午	酉
五穷 忌分居凶	申	酉	戌	亥	子	丑	寅	卯	辰	巳	午	未
正四废 忌入学给由赴任冠笄移徙出行修造	庚申辛酉	庚申辛酉	庚申辛酉	壬子癸亥	壬子癸亥	壬子癸亥	甲寅乙卯	甲寅乙卯	甲寅乙卯	丙午丁巳	丙午丁巳	丙午丁巳
傍四废 忌修造交易安床凶	庚辛申酉	庚辛申酉	庚辛申酉	壬亥子亥	壬亥子亥	壬亥子亥	甲乙寅卯	甲乙寅卯	甲乙寅卯	丙丁巳午	丙丁巳午	丙丁巳午
六不成 作事无成	巳酉丑	巳酉丑	巳酉丑	申子辰	申子辰	申子辰	亥卯未	亥卯未	亥卯未	寅午戌	寅午戌	寅午戌
贫苦日 即五虚八穷九苦日百事不吉	寅午戌	寅午戌	寅午戌	巳酉丑	巳酉丑	巳酉丑	申子辰	申子辰	申子辰	亥卯未	亥卯未	亥卯未
绝烟火 忌分居入宅烧窑作灶	辰戌	巳亥	午子	未丑	申寅	酉卯	戌辰	亥巳	子午	丑未	寅申	卯酉
红纱日 忌嫁娶	巳	酉	丑	巳	酉	丑	巳	酉	丑	巳	酉	丑
披麻杀 忌嫁娶移徙分居	子	酉	午	卯	子	酉	午	卯	子	酉	午	卯
冰消瓦陷 又名破家杀忌竖造	巳	子	丑	申	卯	戌	亥	午	未	寅	酉	辰

灭门大祸凶日

灭门大祸凶日		正	二	三	四	五	六	七	八	九	十	十一	十二
甲己年	灭门日	己巳	丙子	辛未	丙寅	癸酉	戊辰	乙亥	庚午	丁丑	壬申	丁卯	甲戌
	大祸日	乙亥	庚午	丁丑	壬申	丁卯	甲戌	己巳	丙子	辛未	丙寅	癸酉	戊辰

（续表）

灭门大祸凶日		正	二	三	四	五	六	七	八	九	十	十一	十二
乙庚年	灭门日	辛巳	戊子	辛未	戊寅	乙酉	庚辰	丁亥	壬午	己丑	甲申	乙卯	丙戌
	大祸日	丁亥	壬午	己丑	甲申	乙卯	丙戌	辛巳	戊子	辛未	戊寅	乙酉	庚辰
丙辛年	灭门日	癸巳	庚子	乙未	庚寅	丁酉	壬辰	己亥	甲午	辛丑	丙申	辛卯	戊戌
	大祸日	己亥	甲午	辛丑	丙申	辛卯	戊戌	癸巳	庚子	乙未	庚寅	丁酉	壬辰
丁壬年	灭门日	乙巳	壬子	丁未	壬寅	己酉	甲辰	辛亥	丙午	癸丑	戊申	癸卯	庚戌
	大祸日	辛亥	丙午	癸丑	戊申	癸卯	庚戌	乙巳	壬子	丁未	壬寅	己酉	甲辰
戊癸年	灭门日	癸亥	戊午	乙丑	甲寅	辛酉	丙辰	癸亥	戊午	乙丑	庚申	乙卯	壬戌
	大祸日	丁巳	甲子	己未	庚申	乙卯	壬戌	丁巳	甲子	己未	甲寅	辛酉	丙辰

上灭门大祸日,桑道茂云:即岁魁罡以天罡为灭门,河魁为大祸,主死、盗贼。百事惟太岁月建同旬,凶不可犯。若不同旬,单支有吉星,则亦不忌,吉星多则亦不忌。

（新镌历法便览象吉备要通书卷之十三终）

新镌历法便览象吉备要通书卷之十四

潭阳后学 魏 鉴 汇述

彭祖百忌日

甲不开仓，财物耗亡。乙不栽植，千株不长。

丙不修灶，必见灾殃。丁不剃头，头必生疮。

戊不受田，田主不祥。已不破券，二比并亡。

庚不经络，织机虚张。辛不合酱，主人不尝。

壬不决水，难更堤防。癸不词讼，理弱敌强。

子不问卜，自惹灾殃。丑不冠带，主不还乡。

寅不祭祀，神鬼不尝。卯不穿井，水泉不香。

辰不哭泣，必主重丧。巳不远行，财物伏藏。

午不苫盖，屋主更张。未不服药，毒气入肠。

申不安床，鬼祟入房。酉不出鸡，令其耗亡；

酉不会客，醉坐颠狂。戌不吃犬，作怪上床。

亥不嫁娶，不利新郎；亥不出猪，再养难赏。

建可出行，不宜开仓。除可服药，针灸亦良；

不宜出债，财物难偿。满可市肆，服药遭殃。

平可涂泥，安机吉昌；又忌决水，门沟必亡。

定可进畜，入学宜良。执可捕捉，盗贼难藏。

破可治病，必获安康；不宜宴客，必易其殃。

危可捕鱼，不利行船。成若词讼，道理成章。

收宜作急，却忌行船。开可求仕，安葬不祥。

闭不治目，只许安床。

十二建星

○建

宜泥饰舍宇、修置产室、解安宅舍、出行、祭祀、入学、冠带、作事、求财、参官、谒贵、上书。

●忌起工、动土、开仓、祀灶、新船下水、行船装载、竞渡。

○除

宜祈神、祭祀、纳表章、安宅舍、出行、牧养、交易、求医,、解释冤愆、种莳、栽接花木、祀灶、逐邪、除灵脱服。

●忌移徙、出行。

○满

宜扫舍、修置产室、牧养、裁衣、经络、出行、栽植、移花接木、入仓、开库、店市、求财、出行、祭祀、祈福、合帐、塞鼠穴、修饰舍宇。

●忌动土、服药,孟月忌经商兴贩、移徙、竖造。

○平

宜泥饰垣墙、平治道涂、平基、修置产室、置器、祀灶、祭祀、安机、取泥、动土、修作。

●忌开沟渠、种植、耕场、经络。

○定

宜入学、祈福、裁衣、祭祀、结婚姻、纳采问名、求嗣、牧养、纳畜、安置碓磑、冠带、交易。

●忌词讼、出行、栽植。

○执

宜祈福、祭祀、纳表进章、求嗣、畋猎、捕捉、取鱼、结婚、立契券。

●忌入宅、移居、出行、远回、开库、入仓、出纳货财、新船下水主招虫耗，修作六畜栏枋主招狐狸豹狗。

○破

宜求医、治病、破屋坏垣、服药、破贼。

●忌起工、动土、出行、远回、移徙、种莳、新船下水、行船装载、嫁娶、进人口、祀灶、立契券、纳畜、修作、损六畜。

○危

宜祭祀、祈福、纳表进章、结婚、纳采问名、捕捉、畋猎、取鱼、安床、交易、立券。

●忌登高、入山伐木、行船装载。

○成

宜祭祀、祈福、入学、裁衣、结婚、纳采、嫁娶、纳表章、解安宅舍、牧养、安碓硙、交易、立券、求医、修产室、种植、移花接木、出行、远回、移徙、冠带、纳畜。

●忌词讼。

○收

宜捕捉、畋猎、收敛财货、修置产室、种植、移接花木、祭祀、入学、嫁娶、修食捕鱼、纳畜、纳财、取债。

●忌造宅、安葬、丧事、出行、针刺、经络。

○开

宜祈福、祭祀、纳表章、安宅舍、入学、裁衣、结婚、牧养、开塘井、砌路、安碓硙、交易、契券、安产室、栽种、出行、开库。

●季月忌经商、兴贩、动土。

○闭

宜祈福、祭祀、求嗣、交易、立契券、收敛财货、修舍、补垣墙、塞穴堤防、移接花木、安床设帐、作厕。

●忌针刺、灸火、出行、栽植、祀灶，季月忌远回、竖造、移徙、动土。

二十八宿吉凶符断

○角木蛟

角星造作主荣昌，外进田财及女郎。嫁娶婚姻生贵子，
文人及第见君王。惟有埋葬不可用，三年之后主瘟瘟。
起造修筑坟墓地，堂前立见主人亡。

○亢金龙

亢星造作长房当，十日之中主有殃。州地消磨官失职，
投军定见虎狼伤。嫁娶婚姻用此日，儿孙新妇守空房。
埋葬若还用此日，常时灾祸主重丧。

○氐土貉

氐星造作主灾凶，费尽田园仓库空。埋葬不可用此日，
悬绳吊颈祸重重。若是婚姻离别散，夜招浪荡入房中。
行船必定遭沉没，更生聋哑子孙官。

○房日兔

房星造作田园进，血财牛马遍山岗。更招外处田和宅，
荣华富贵子孙康。埋葬若然用此日，高官进职拜君王。
嫁娶嫦娥归月殿，三年抱子入朝堂。

○心月狐

心星造作大为凶，更遭刑讼狱囚中。忤逆官非田宅退，
埋葬卒暴死相从。婚姻若是逢此日，子死儿亡泪满腮。
三年之内连遭祸，事事教君没始终。

○尾火虎

尾星造作得天恩，富贵荣华福寿宁。进财进宝招田地，
和合婚姻贵子生。埋葬若然用此日，男清女正子孙兴。
开门放水招田宅，代代公侯远播名。

○箕水豹

箕星造作最高强，岁岁年年大吉昌。埋葬修坟大吉利，
田蚕牛马遍山岗。开门放水招财谷，篓满金银谷满仓。
福荫高官加禄位，六亲丰禄足安康。

○斗木獬

斗星造作主招财，文武官员位鼎台。田宅钱财千万进，
坟茔修筑富贵来。开门放水招牛马，旺蚕男女主和谐。
遇此吉星来照护，时时福庆永无灾。

○牛金牛

牛星造作主灾危，九祸三灾不可推。家宅不安人口退，
田蚕不利主人衰。嫁娶婚姻皆自损，金银财谷渐无之。
若是开门并放水，牛猪羊马亦伤残。

○女土蝠

女星造作损婆娘，兄弟相嫌似虎狼。埋葬生灾逢鬼怪，
颠狂疾病更瘟瘟。为事遭官财失散，泻痢留连不可当。
开门放水逢此日，全家散败主离乡。

○虚日鼠

> 虚心造作主凶殃，男女孤眠不一双。内乱风声无礼节，
> 儿孙媳妇往人床。开门放水招灾祸，虎咬蛇伤又卒亡。
> 三三五五年年病，家破人亡不可当。

○危月燕

> 危星不可造高堂，自吊遭刑见血光。三岁孩儿遭水厄，
> 后生出外不还乡。埋葬若还逢此日，周年百日卧高床。
> 开门放水招刑杖，三年五载一悲伤。

○室火猪

> 室星修造进田牛，代代儿孙近王侯。富贵荣华天上至，
> 寿如彭祖八百秋。开门放水招财帛，和合婚姻生贵儿。
> 埋葬若能依此日，门庭兴旺长孙枝。

○壁水㺄

> 壁星造作进庄田，丝蚕大熟福滔天。奴婢自来人口进，
> 开门放水出英贤。埋葬招财官品进，家中诸事乐陶然。
> 婚姻吉利生贵子，早播名声着祖鞭。

○奎木狼

> 奎星造作得祯祥，家下荣和大吉昌。若是埋葬阴卒死，
> 当年定主两三丧。看看军令刑伤到，重重官司主瘟瘟。
> 开门放水招灾祸，三年两次损儿郎。

○娄金狗

> 娄星修造起门庭，门旺家和事事兴。外境钱财百日进，
> 一家兄弟播声名。婚姻进益生贵子，玉帛金银箱满盈。
> 放水开门皆吉利，男荣女贵寿千秋。

○胃土雉

胃星造作事如何？富贵荣华喜气多。埋葬进临官禄位，三灾九祸不逢他。婚姻遇此家富贵，夫妇齐眉永保和。从此门庭生吉庆，儿孙代代拜金坡。

○昴日鸡

昴星造作进田牛，埋葬官灾不得休。不过几日三人死，卖尽田园不记坵。开门放水招灾害，三岁孩儿白了头。婚姻不可逢此日，死别生离实可悲。

○毕月乌

毕星造作主光前，买得田园有粟钱。埋葬此日添官职，田蚕大熟永丰年。开门放水皆吉庆，合家人口得安然。婚姻若还逢此日，生得孩儿福寿全。

○觜火猴

觜星造作主徒刑，三年必定主伶仃。埋葬卒死却因此，取定寅年便杀人。三丧不止皆因此，一人毒药二人身。家门田地皆退散，仓库金银化作尘。

○参水猿

参星造作旺人家，文星照耀大光华。只因造作田财旺，埋葬招疾丧黄沙。开门放水加官职，房房子孙见田加。婚姻许定相刑克，男女朝开暮落花。

○井木犴

井星造作旺蚕田，金榜题名第一先。埋葬须防惊卒死，忽占风疾入黄泉。开门放水招田宅，牛马猪羊旺莫言。寡妇田蚕来入宅，儿孙兴旺有余钱。

○鬼金羊

> 鬼星起造卒人亡，堂前不见主人郎。安葬此日官禄至，
> 儿孙代代近君王。开门放水须伤死，嫁娶夫妻不久长。
> 修土筑墙伤产女，手扶双女泪汪汪。

○柳土獐

> 柳星造作主遭官，昼夜偷闲不暂安。埋葬瘟瘟多病死，
> 田园退尽守孤寒。开门放水招聋瞎，腰驼背屈似弓弯。
> 更有榛荆宜谨慎，妇人随客走盘桓。

○星日马

> 星宿只好造新房，进职加官近帝王。不可葬埋并放水，
> 凶星临位女人亡。生离死别无心恋，自要归休别嫁郎。
> 孔穿九曲珠难度，放水开沟天命伤。

○张月鹿

> 张星只好守家园，年年便见进庄田。埋葬不久升官职，
> 代代为官近帝前。开门放水招财帛，婚姻和合福绵绵。
> 田蚕大利仓库满，百般如意自安然。

○翼火蛇

> 翼星不利架高堂，三年两载见瘟瘟。埋葬若是用此日，
> 子孙必定走他乡。婚姻此日不吉利，归家定是不相当。
> 开门放水家须破，少女贪欢恋外郎。

○轸水蚓

> 轸星临水造龙宫，代代为官受敕封。富贵荣华增福寿，
> 库满仓盈自昌隆。埋葬文星来照助，宅舍安宁不见凶。
> 更有为官沾帝宠，婚姻龙子出龙宫。

按二十八宿躔六十花甲子，各有所属，而四时之用，各有其时，各有所宜。

若遇凶恶星值日为属土,春受克,秋为泄气,用之则吉。逢夏名为生旺,用之则凶,不可拘泥乎诗断。吉则喜用,凶则忌用,致使吉日良辰悉行错过,甚是误也。

显星、曲星、传星銮驾

九天秘传金符经

显星、煞贡,即天皇銮驾也。曲星、直星,即玉皇銮驾也。传星、人专,即紫微銮驾也。

正、四、七、十月銮驾值日定局

显星:丁卯、丙子、乙酉、甲午、癸卯、壬子、辛酉,此七日是天皇銮驾值。

曲星:戊辰、丁丑、丙戌、乙未、甲辰、癸丑、壬戌,此七日是玉皇銮驾值。

传星:辛未、庚辰、己巳、戊戌、丁未、丙辰,此六日是紫微銮驾值。

二、五、八、十一月銮驾值日定局

显星:丙寅、乙亥、甲申、癸巳、壬寅、辛亥、庚申,此七日是天皇銮驾值。

曲星:丁卯、丙子、乙酉、甲午、癸卯、壬子、辛酉,此七日是玉皇銮驾值。

传星:庚午、己卯、戊子、丁酉、丙午、乙卯,此六日是紫微銮驾值。

三、六、九、十二月銮驾值日定局

显星:乙丑、甲戌、癸未、壬辰、辛丑、庚戌、己未,此七日是天皇銮驾值。

曲星:丙寅、乙亥、甲申、癸巳、壬寅、辛亥、庚申,此七日是玉皇銮驾值。

传星:己亥、戊寅、丁亥、丙申、乙巳、甲寅、癸亥,此七日是紫微銮驾值。

帝星入中宫辨论

悟斋帝星辨曰：先儒谓天即理也，以其形体而言，谓之天；以其主宰而言，谓之帝。天之有帝犹人之有心，为善则天心顺，为恶则天心不顺。至于老子曰：玉皇称昊天。至于玉皇上帝天皇紫微称天之大帝，上元天官，中元地官，下元水官，皆称大帝。由是言之，天有阶级之分，而帝若是之多乎？至于三元值月中宫帝星，显、曲、传值日，中宫帝星，如此轮流值月、值日入中宫，是偏挟大帝来当差也。苟以入中宫为吉，如宴客喧哗、乘凉裸体，凡诸亵渎，岂不冒犯天帝，反遭谴责乎？

如八字生旺，勿全拘此。

日家吉神诗例

（注宜备要须知）

天德、月德

天德：此方为福德之地，宜兴工、动土、修营、上官、藏胎衣、起造、安葬、移居、入宅、求财、出行、求福、结婚，百事大吉，名曰尧星。

诗例：正丁二申三辰逢，四辛五亥六甲同。七癸八寅九丙十月乙，十一仲冬巳日穷。十二月寻庚日是，百事营为福自崇。

月德：此阴阳同类异位之德，亦名生气福德之辰，所在方万福咸集，可以封拜、上表、谒贵、求贤、上官赴任、修造、动土、嫁娶、移徙、纳财、买畜、市贾、立契券，百事并吉。

诗例：寅午戌月丙上辉，亥卯未月甲干栖。申子辰月壬日是，巳酉丑月逢庚地。

天德合、月德合

天德合:百事所吉,大吉。

诗例:正壬二巳三逢丁,四丙五寅六巳停。七戌八亥九辛当,十庚十一月逢甲。十二月中寻乙用,百事施为尽合情。

月德合:此五行生气之辰,相扶为福所在方,可以封拜、上官、祭祀、修造、开张、动土、远行、结姻、移徙、市买、纳财畜、种植,百事吉,惟忌词讼。

诗例:寅午戌月德合辛,亥卯未月巳于亲。申子辰月寻丁火,巳酉丑月乙为林。

月恩、月空、月财、天恩

月恩:宜起造、入宅、移居、出行、婚姻、嫁娶、造葬,百事吉。

诗例:正丙二丁三九庚,四巳五戊六腊辛。七壬八癸十逢乙,十一月恩甲上停。

月空:此月内阴之辰,吉庆之位,宜设筹谋、定计策、陈利言、献章疏、造床帐、修产室、动土、修造,并吉。

诗例:寅午戌月逢壬地,亥卯未月合庚金。申子辰月求丙火,巳酉丑月甲干寻。

月财:此黄帝招财之地,若起造、出行、移徙,令人得财,凡兴造、取土、泥饰、填基,并吉。

诗例:正丑二乙三巳宫,四未五酉六亥穷,七午八月十原乙,九巳十一月酉逢,十二月则何处觅,原来亥上是真踪。

天恩:宜覃恩、肆赦、上官、奏选、受封、造葬、婚姻、嫁娶,百事并吉。

诗例:四季何日是天恩,甲子乙丑丙寅连,丁卯戊辰开己卯,庚辰辛巳壬午言,癸未隔求己酉日,庚戌辛亥亦同联。壬子癸丑无差误,此是天恩吉日传。

天瑞、天赦

天瑞:宜上官、受贺、佩印、纳礼,百事吉。

诗例:四季天瑞是何辰,戊寅己卯辛巳真。庚寅壬子无差别,百事逢之瑞气臻。

天赦:宜疏狱、施恩、祀神、赛愿、修造、起工、入宅、移居,百事吉。今俗云:五月甲午,十一月甲子为天赦,却与天地转煞日同,加以月建压动,凡修造、起工、动土极凶,宜避之。

诗例:春逢戊寅夏甲午,秋值戊申天赦露。冬月甲子最为良,百事逢之多吉助。

要安、玉堂、金堂、圣心、益后、续世、福生、普护、敬心

要安、玉堂、金堂、圣心、益后、续世、福生、普护、敬心:宜起造、作事、求财、上官、移居及嫁娶、安葬、出行、疗病,百事大吉。

福生:宜作道场、设斋、祭祀、祈福、求财,大吉。

普护:宜祈福、出行,百事大吉利。

敬心:宜作道场、设斋、祭祀,吉。

诗例:正寅二申三起卯,四酉五辰六戌先。七巳八亥九起午,十子十一未上传。十二月从何处起,却来丑上起回旋。要安玉堂与金堂,龙虎罪至敬心连。普护福生并受死,圣心益后续世言。假如正月从寅上,顺加要安十二垣。

吉庆、幽微、满德、活曜

吉庆、幽微、满德、活曜:宜万事吉利,与受死同日则凶。

诗例:正午二亥三是申,四丑五戌六卯真。七子八巳九寅上,十未仲冬辰土亲。更有十二月酉地,顺行十二求星辰。大煞大祸并玄加,吉庆大凶幽微星。死气天劫及满德,神后口舌活曜轮。

天喜、六合、天仓、驿马

天喜:宜纳采问名、取索债负。

诗例:正犬二猪三鼠喜,四牛五虎六兔是。七辰八巳九马逢,十羊十一猴腊鸡。

六合:宜结婚、嫁娶、交易、作和合事,吉。

诗例:正亥二戌三酉飞,四申五未六午是。七巳八辰九卯轮,十寅十一丑上栖。十二月寻子为的,百事逢之最合宜。

天仓:宜修作仓库、起造,俱吉。

诗例:正寅二丑三逢子,四亥五戌六酉是。七申八未九午寻,十巳十一辰相宜。十二月中寻卯日,修仓作库最堪为。

驿马:宜造葬、出军、远行、疗病,百事吉。

诗例:寅午戌月马居申,亥卯未月逢巳真。申子辰月马居寅,巳酉丑月马亥亲。

五富、天富、天财、母仓、生气

五富:宜造葬并作仓库,百事吉。

诗例:寅午戌月五富亥,亥卯未月寅日裁。申子辰月逢巳日,巳酉丑月申日排。

天富:宜造葬作仓库,百事吉。

诗例:逐月满日名天富,正辰二巳顺行图。一月一位无差错,百事逢之是吉途。

天财:宜报方、填基、泥饰、造葬、作仓库,百事并吉。

诗例:正七逢辰二八午,三九值申为财户。四十戌五十一子,六十二月遇翊虎。

母仓:宜起造、婚姻、作仓库,百事俱吉。

诗例:春逢亥子号母仓,夏值寅卯日为良。秋喜辰戌丑未日,冬遇申酉好收藏。

生气:即开位也,此岁月极福之辰,亦名天官、时阳。宜上任、拜官、婚姻、出行、修造、动土、坟墓、开肆、避病、种植、泥饰、造葬、合寿木,百事吉,主加官进禄,横财并吉。

诗例:月月逢开生气神,正子二丑三月寅。四卯五辰六巳顺,十二支中触类轮。

旺日、相日、天乙贵人

旺日:宜上官、赴任、入学、应举、出行、造葬、婚姻,百事吉。

诗例:春旺甲寅卯乙木,夏火丙丁巳午位。秋旺庚辛申酉金,冬旺亥壬子癸水。

相日:宜上官、赴任、入学、赴举、出行、造葬、婚姻,吉。

诗例:春相丙丁巳午火,夏相须知四墓神。秋相亥壬子癸日,冬相甲乙寅卯林。

天乙贵人:宜造葬、上官、赴举、受封、兴修,百事吉。

诗例:甲戊庚牛羊,乙己鼠猴乡。丙丁猪鸡位,壬癸兔蛇藏。六辛逢马虎,天乙贵人方。

天官贵人、福星贵人

天官贵人:宜造葬、施恩、拜封、上官、赴举、造作,吉。

诗例:甲日逢鸡乙猴家,丙寻鼠子锦添花。丁猪戊兔己虎位,庚壬同马辛癸蛇。

福星贵人:宜兴修、安葬、婚姻,俱吉。

诗例:甲骑猛虎丁寻鸡,戊猴己羊庚马居。辛蛇壬龙癸寻兔,乙遇牛猪贵可知。丙见福星在何处,鼠犬原来不必推。

十干喜神、天福

十干喜神:宜嫁娶、婚姻、和合事,吉。

诗例:甲己寻寅卯,乙庚戌亥推。丙辛申酉位,丁壬午未栖。戊癸辰巳立,十干喜神居。

天福:宜上官、入宅、送礼,诸事俱大吉。

诗例:四季天福最堪亲,己卯庚寅辛卯寻。壬辰癸巳及己亥,庚子辛丑乙巳真。

天马、三合、天医

天马:宜远行、出军、经商。

诗例:正七南离天马地,二八猴三九犬推。四十鼠五十一虎,六十二月寻龙骑。

三合:宜出行、合伴、求婚、嫁娶、交易、和合等事,吉。

诗例:寅月逢午戌,卯与亥未同。辰会甲子日,巳与酉丑逢。午遇寅戌会,未值亥卯共。申与子辰会,余月可推穷。

天医:宜求医、治病、针灸、服药、合药,凡避瘟。

诗例:日月寻闭是天医,正丑二寅三卯栖。四辰丑巳六午日,七未八申九酉是。十戌仲冬逢亥日,十二月求子无疑。

相日、时德、阳德、阴德、解神

相日、时德:宜上官、赴任,百事吉。

诗例:春三月寻午,夏三月求辰。秋三月知子,冬三月问寅。

阳德:宜赴任、佩印,百事吉。

诗例:正七遇戌二八子,三九寅四十辰窥。五十一月午端的,六十二月申无疑。

阴德:百事大吉。

诗例:正七逢酉二八未,三九巳四十卯遇。五十一月丑无差,六十二月亥不移。

解神:宜报方、退煞、散讼、检举、刑狱,并吉。

诗例:正申二酉三戌推,四亥五子六丑是。七寅八卯九辰当,十巳十一午腊末。

六仪、青龙、黄道

六仪:百事吉。

诗例:正月寻龙是六仪,二兔三虎四牛推。五鼠六猪七犬寻,八鸡九猴十羊居。十一月内南寻马,十二月中蛇逶迤。

青龙、黄道:青龙半吉。

诗例:正七月逢鼠,二八虎当头。三九龙居水,四十马方求。五十一猴泪,六十二犬忧。

天宝、金匮、天对、天德

天宝、金匮:宜修造、求嗣,百事大吉。

诗例:正七跨龙去,二八骑马走。三九听猿叫,四十嫌犬呕。五十一鼠吟,六十二虎吼。

天对、天德:修作百事吉。

诗例:正七蛇当路,二八羊归栈。三九金鸡唱,四十野猪伤。五十一牛走,六十二兔还。

天宝、玉堂、天府、司命、执储、明堂

天宝、玉堂:宜修作、安床帐、开仓库、店安、牛马,并主进财,吉。

诗例:正七求羊二八鸡,三九寻猪四子午。五十一月玉兔走,六十二月南蛇游。

天府、司命:宜修作,百事大吉。

诗例:正七逢犬二八鼠,四十寻龙三九虎。五十一月马行迟,六十二月猴来舞。

执储、明堂:宜修造、上官、受爵、百事。

诗例:正七寻牛二八兔,三九蛇逢四十羊。五十一月听鸡唱,六十二月把猪详。

显星、曲星、传星

显星、曲星、传星:宜造葬、修营、参谒、上官、赴任、科举、入学、嫁娶,百事大吉。

诗例:寅申巳亥月,甲子丑中起。子午卯酉月,甲子六乾栖。辰戌丑未月,甲子加兑飞。显星逢艮是,曲星在离居。传星震上立,顺行不差移。

凡择取时,取黄道、贵人、唐符、国印、玉印、福德日月,此太阳会合四大吉时到,并不忌以上诸吉时神,但竖造、埋葬合得吉神多,及得时干支扶帮日主生旺,及亡命,生命生旺有气,合成格局之时为至吉,不必专泥时下凶多而不用也。

日家凶神诗例

（注忌备要须知）

天地争雄、绝烟火日

天地争雄：忌出军、行兵、立寨营、嫁娶、出行、经商、行船，百事凶。

诗例：正巳午日二亥子，三午未四子丑是。五未申六丑寅逢，七申酉八虎兔知。九酉戌十卯辰当，十一戌亥腊辰巳。不信犯着争雄日，百事逢之军定死。

绝烟火日：忌分居、入宅、作灶、烧窑。

诗例：正七辰戌莫分居，二八巳亥亦同忌。三九子午休归火，四十丑未不堪为。五十一月寅申日，六十二月卯酉是。移居入宅君须记，犯之烟灭人多危。

八风、四穷、财离

八风日：忌行船。

诗例：春忌己丑丁酉日，夏畏甲申甲辰凶。秋嫌辛未与丁未，冬恶甲戌甲寅逢。

四穷日：忌入宅、分居、安门。

诗例：春乙夏丁秋金穷，冬木干异支亥同。假如春乙亥为例，四穷值日莫相逢。

财离日：忌分居、经商、合伴、收放财物。

诗例：正龙二牛三犬是，四羊五虎六鼠子。七鸡八马九猪头，十兔十一申腊巳。

灭门、九良星

灭门日：忌造作、安门、修路。又云：造、葬损人丁。

诗例：正巳七亥号灭门，二亥八戌三卯轮。九酉四寅十申地，五丑十一未上亲。六子十二月居午，造葬逢之损少丁。

九良星：所占处修作损人口，凶。

诗例：正二良星占在阶，三四厨房不用猜。五六东方及八路，七八丙兮九巳午。季秋十月入门神，仲冬十二占中庭。

伏龙、咸池、蛟龙

伏龙：总云：不可犯之，凶。

诗例：春在中庭四五堂，六七西墙八井乡。九十十一西南占，十二灶上见恓惶。

咸池：忌宴饮、嫁娶、和合，主口舌是非。

诗例：寅午戌月卯日忌，亥卯未月子无疑。申子辰月酉日是，巳酉丑月午上推。

蛟龙：忌行船、载货物、造桥梁、作陂。

诗例：正八未二四十申，三五逢犬浪涛深。六牛七九龙行水，十一鼠腊蛇生嗔。

反激、离别

反激：忌行舟、载物、造桥梁、作陂。

诗例：春逢巳未莫行舟，夏遇伐辰最生愁。秋值己丑不如位，冬畏戊戌有忧煎。

离别:忌嫁娶、出行,凶。

诗例:正七丙子二癸丑,四月丙辰三丙寅。五六丁巳八庚辰,十二癸巳九辛未,十月十一丙午临。

往亡、归忌、三不返

往亡:忌行兵、嫁娶、出行、求财,凶。

诗例:立春后七日,惊蛰十四真。清明二十二,立夏后八辰。芒种二十六,小暑廿四日。立秋后九日,白露十八明。寒露廿七日,立冬十日临。大雪二十位,小寒二十沉。

归忌:忌远回、入宅、归火、嫁娶。

诗例:正四七十原居丑,二五八十一寅同。三六九腊求子日,入宅远回嫁娶凶。

三不返:忌上官赴任、出行、陈兵。

诗例:正月庚戌辛亥共,二子午卯酉日同。三月申辰四寅木,五月卯午远行凶。六月辰巳未日忌,七月辰巳申莫逢。八月卯酉午不足,九月戌未寅无终。十月戌亥申尤畏,十一须将酉日穷。十二月寻丑戌亥,远行定是不回踪。

五不遇、四虚败

五不遇:忌出行、求财、牧捕、拜谒。

诗例:正犬二亥求,三马四羊游。五虎六是兔,七龙八蛇头。九逢鼠子位,十牛十一猴。腊月听鸡唱,自损则难守。

四虚败:忌开仓库、分居、入宅。

诗例:春逢己酉夏甲子,秋值辛卯冬庚午。此是四废虚败日,开张铺库如荒芜。

天地凶败

天地凶败：百事并忌，极凶。

诗例：孟春初七廿一推，仲春十九是凶期。季春十二并初一，孟夏初九廿五是。仲夏十五及廿五，季夏朔日二十忌。孟秋初八二十一，仲秋初二十八知。季秋初三十六值，孟冬初一十四期。仲冬十四连十五，初九廿五腊生疑。

天休废、杨公忌

天休废：忌上官、入宅，凶。

诗例：寅申巳亥四个月，初四初九与君说。二五八十一月中，十三十八皆无别。辰戌丑未四季月，廿二廿七无余诀。

杨公忌：忌入宅、分居、归火。

诗例：正月十三二十一，三月初九四初七。五月初五六初三，七月初一廿九是。八逢廿七九廿五，十月廿三还值渠。冬月廿一腊十九，一年周知不计余。

天乙绝气、长短星

天乙绝气：宜作厕、冠笄、搽油、缠足，忌余事。

诗例：月上起日送行程，数值酉宫绝气神。假如正建寅初一，初六逢酉诀为真。

长短星：官历忌市贸、交易、裁衣、纳财。

诗例：正月初七并十一，二月初四十九是。三月初一十六逢，四月初九廿五忌。五月十五兼廿五，六月初一二十栖。七月初八廿一日，八月初二五不移。还有十八十九日，九月初三初四推。十六十七日还是，十月初一十四日。

仲冬十一二二十二,腊逢初九廿五知。

瘟星出入、四方耗

瘟星出入:忌入宅、修造、六畜栏。

诗例:正初六入初九出,二初五八原不失。三月初三四是直,四廿五八无差忒。五月廿四七端然,六逢廿三六无别。七月二十廿三连,八忌廿七与三十。九值十七二十日,十月十三六共说。仲冬十二五同亲,腊十一入十四出。

四方耗:忌出行、开张、商贩、卖买、立仓库。

诗例:正五九逢初二日,二六十月初三真。三七十一初四值,四八十二初五真。

四不祥、大小空亡

四不祥:忌上官、入宅、嫁娶、出行。

诗例:每月初四并初七,十六十九定凶期。廿八日为四不祥,有人犯着新凶至。

大空亡:忌求财、出行、经商、出财、上官。

诗例:初一每从月建首,月数掌支皆顺走。数至木局为空亡,遁至辰戌名赤口。亥卯未支三个空,先到小空后至大。行商坐贾申无忌,赤口纳音定可否。

小空亡:忌出行、经商、求财、出财,宜作寿木。

诗例:同上。

赤口、天刑

赤口:忌云,犯之主口舌,争竞,不宜会客,禳之吉。

诗例:同上。

天刑:蚩尤、黑星、天耗、反激、天刑,同。忌修造、词讼、嫁娶、移徙,犯之主损人丁、六畜。

诗例:正七寻寅二八辰,三九午四十逢申。五十一月应知戌,六十二月子宫停。

天牢、朱雀、玄武、勾陈

天牢:天岳、明星、天殃、破败、大煞,同。忌出行、移居、词讼。

诗例:正七是申二八戌,三九值子四十寅。五十一月寻辰地,六十二月午上明。

朱雀:飞流、黑星、天狱、绝灭、小煞,同。忌出行、移居、词讼。

诗例:正七兔中取,二八蛇当头。三九羊归栈,四十鸡栖藏。五十一猪圈,六十二牛栏。

玄武:阴私、黑星、地伤、地耗、天煞,同。犯主女人私情、盗失财物。

诗例:正七逢鸡二八猪,三九寻牛四十兔。五十一月会蛇去,六十二月寻羊位。

勾陈:土物、黑星、小祸、葬疑、鬼贼,同。犯主退败田土。

诗例:正十寻猪二八牛,三九卯四十蛇休。五十一羊程奔走,六十二路上鸡留。

白虎、罪刑、死别、不举

白虎:天棒、黑星、天刑、天哭、天灾,同。忌修造、嫁娶、针刺。

诗例:正七马朝天,二八近猴边。三九犬为伴,四十鼠正鸣。五十一虎畏,六十二龙眠。

罪刑:忌词讼。

诗例:春木冠带丑,夏火罪刑辰。秋金在未上,冬水是戌神。

死别:忌上官、嫁娶、安床、入宅、出行、移徙。

诗例:春木逢养值戌神,夏火寻土秋金辰。冬水但寻未为是,生离死别两无情。

不举:忌上官、移居、婚姻、交易、入学。

诗例:春木逢子是败乡,夏火值卯不须详。秋金遇午君须忌,冬水还居在酉场。

天罡勾绞

天罡勾绞:一云:灭门。百事不吉。

诗例:天罡正绞蛇,二子三羊嗟。四寅五鸡喔,六辰七猪赊。八午九牛诀,十猴兔仲冬。十二惊犬吠,经络讼忌逢。

河魁勾绞、蚩尤、雷公、飞流

河魁勾绞:一云:天祸。忌起造、安门。

诗例:河魁正绞猪,二马三牛居。四猴五兔死,六犬七蛇输。八鼠九羊死,十虎十一鸡。季冬何位上,龙蟠沟渠栖。

蚩尤:忌行兵、出阵、冠笄。

诗例:正七逢寅二八辰,三九午上四十申。五十一月原在戌,六十二月子为真。

雷公:忌入宅、归犬。

诗例:正七原鼠二八虎,三九逢辰四十午。五十一月弄猿猴,六十二上戌为祖。

飞流:忌上官、嫁娶、词讼。

诗例:正七求卯二八巳,三九未上四十酉。五十一月亥为真,六十二月丑上栖。

月忌、四耗、四废

月忌：百事并忌。

诗例：初四十五二十三，劝君有钱莫去担。

四耗：忌开仓、出财、造仓库。

诗例：春逢壬子不为良，夏值乙卯莫商量。秋当戊午皆不利，冬季辛酉耗须详。

四废：忌修造、交易、安床。

诗例：庚申辛酉为春废，壬子癸丑夏时当。甲寅乙卯秋月值，丁巳丙午冬季防。

五虚、五墓

五虚：忌开张店铺、店肆。

诗例：春嫌巳酉丑，夏恶申子辰。秋忌亥卯未，寅午戌冬嗔。

五墓：忌百事，凶。

诗例：乙未正二切须防，三六九腊戊辰当。四五月忌丙戌日，七八辛丑入墓藏。

九空、焦坎、无翘、龙禁

九空、焦坎：忌种植、开仓库、出行、出财、商贾。

诗例：正辰二丑三戌防，四未五卯六子场。七酉八午九寅上，十亥仲申腊巳当。

无翘：忌嫁娶。

诗例：正亥二戌并逆来，三酉四申五未栖，六午七巳八辰日，九卯冬月次第推。

龙禁日：忌行船装载、造桥梁、作陂。

诗例：初二初八并十四，二十廿六皆龙禁。立石安桥及行舟，遇此终遭破损流。

血忌、血支

血忌：忌针灸、刺血、阉割六畜。

诗例：正丑二冲未，三寅四申是。五卯六酉日，七辰八戌忌。九巳冲十亥，十一午腊子。

血支：忌针灸、阉割六畜、穿牛。

诗例：日月须寻闭，正丑二寅推。一月一位轮，血支定佳期。

灭没、离窠、九丑、败亡猖鬼

灭没：忌百事，凶。

诗例：弦日逢虚晦遇娄，朔辰过角望亢求。虚鬼盈牛为灭没，凡为百事尽皆休。

离窠：合吉星则吉，与建、破、平、收、罡、魁日同则凶，有壬申、壬子、戊申、辛亥合太阴、太阳所照之辰，考正无拘。

诗例：丁卯戊辰己巳歌，壬申戊寅辛巳过。壬午戊子己丑是，戊戌己亥辛丑多。戊申辛亥戊午日，壬戌癸亥绕离窠。

九丑：乃天地归殃之日，忌嫁娶、出行、移徙、安葬，余则不忌。内有己卯、己酉、辛酉合太阴、太阳所照之辰，今考正无拘也。

诗例：己卯壬午并乙酉，戊子辛卯己酉愁。壬子戊午及辛酉，九日原来名九丑。

败亡猖鬼：忌猖鬼败亡，考诸历不同，若其日与建、破、收、平同则凶，余有吉星则无妨。内有壬申、戊申、辛亥、庚申，合太阴吉星，乃是天地开通，太阳所照之辰,百事用之大吉。今已考正,无拘此日。

诗例:丁卯戊辰并戊寅,辛巳戊子己丑真。戊戌己亥辛丑日,庚申戊午壬戌真。

九土鬼、八专日

九土鬼:《百忌》云:上官、起造、动土忌之。赵世庵云:凡事有始无终,其日与建、破、魁、罡相并者则凶,有吉星相扶则无妨。今依《遁甲符应经》所忌壬寅、己酉、甲午,日干生支为宝日,上吉;戊午、辛丑,支生干为义日,上吉。不可以土鬼论。

诗例:乙酉癸巳连甲午,辛丑壬寅己酉苦。庚戌丁巳戊午期,值此有头无尾顾。

八专日:忌行军、出阵、安营。

诗例:丁未癸丑连甲寅,乙卯己未及庚寅。自古流传八专日,行军出阵及安营。

五不归、天地殃败

五不归日:忌远行、商贾。

诗例:己卯辛巳丙戌是,壬辰丙申己酉忌。辛亥壬子丙辰连,庚申辛酉五不归。

天地殃败:忌百事,凶。

诗例:正月每日卯宫起,逆从寅丑子亥去。一月一支定作期,周回十二支辰取。

七元伏断

七元伏断:诗例:甲子值虚加一元,二奎三毕四鬼联。五翼六氐七箕宿,七上跳来仍一元。若值丑金须退转,伏断俱在一元边。

伏断定例:宜作厕、塞穴、断白蚁、作陂堰,余凶。

诗例:子虚丑斗寅嫌室,卯女辰箕房巳凶,午角未张申怕鬼,酉嘴戌胃亥壁同。

独火、天火、地火、火星

独火日:忌修造、作灰舍、火龙。

诗例:正月独火加巳飞,二辰三卯四虎是。一月一位逆支求,腊月原来逢午位。

天火日:忌盖屋宇、起造、修方。

诗例:正五九月打鼠子,二六十月赴兔儿。三七十一骑马走,四八十二听鸡啼。

地火日:忌栽种五谷及百果。

诗例:正月加巳二加午,三未四申五酉户。一月一位并顺飞,种植犯之尽皆枯。

火星日:忌竖造、修盖屋宇、扫舍、裁衣,造作木械、龙灶。

诗例:孟月乙丑甲戌是,癸未壬辰辛丑寅。庚戌己未一同看,四孟起乾寻七赤。四仲甲子并癸酉,壬午辛卯庚子筹。己酉戊午值火星,仲月七赤火兑游。四季壬申辛巳凶,庚寅己亥两雷同。戊申丁巳艮宫发,犯遭回禄绝虚空。修造切忌,埋葬不忌。

徒隶、伏罪、冰消瓦陷

徒隶、伏罪:诗例:四季原逢绝,徒隶例无差。伏罪缘何起,长生位上查。春木夏火起,秋金冬水加。长生并绝地,即是二神加。

冰消瓦陷日:忌修造。

诗例:正巳二子三逢丑,四申五卯六戌求。七亥八午九未逢,十寅十一酉宫游。十二月中辰日忌,瓦陷冰消似水流。

天贼、地贼

天贼:忌动土、竖造、兴修、入宅、开仓库、葬埋,犯主招贼盗。

诗例:孟满仲破季逢开,犯之贼从天上来。荧入白兮贼不至,白入荧兮定劫财。

地贼:忌造葬、出行、入宅、仓库、栽种、开池。

诗例:地贼星辰不自由,正七逢开二八收。三九逢危四十执,五十一月向平求。六十二月逢闭位,犯着斯星招贼偷。

荒芜、受死、天地空

荒芜:即九苦八穷日,百事皆忌。

诗例:孟平仲破季逢收,百事营为尽不周。惟有埋葬原无咎,总然大事也凶休。

受死:忌上官、起造、嫁娶、出行。惟宜捕投。

诗例:正戌二辰三亥取,四巳五子六午是。七丑八未九寅日,十申十一兔腊鸡。

天地空:天空忌修造,地空忌埋葬。

诗例:种植有吉多不忌,八宫掌上教君穷。午值天空子地空,寅申巳亥叠二载。子午卯酉定年踪,假如子年正加子。初一初九地空宫,初五十三天空值。举此须当触类通。

四离、四绝

四离、四绝:忌上官、远行。

诗例:四立当知先一日,名为四绝不须疑。二分二至原何日,前一日分定四离。

上兀、下兀、大败、六不成

起上下兀:忌上官、赴任、入学、求师。

诗例:阳年正月起乾宫,巽离坤坎艮顺通。阴年正月原加巽,依法从离顺走坤。但从月上起初一,坎离乾艮吉无凶。巽上坤下皆为兀,闰月仍居本月同。上兀本宫下兀坤,师上弟下教君穷。六轮兀内从头诉,休咎难将一笔终。

大败、六不成:出军、营谋、求婚,百事并凶。

诗例:四孟建日四季破,二午二酉八子歌。十一月中寻玉兔,六不成同大败凶。

鸡缓、六甲胎神

鸡缓:修作动土,主手足疯颠。

诗例:丁卯甲戌连辛丑,戊子乙未壬寅求。乙酉丙辰癸酉日,纳买奴婢事不周。

六甲胎神:修作门户、厨灶、火炉、碓磨、床帐,有胎者忌之。

诗例:甲己之日占在门,乙庚碓磨休移动。丙辛厨灶莫相干,丁壬仓库忌修弄。戊癸房床若移整,犯之孕妇堕孩童。

六甲胎神:所占修之损孕妇。

诗例:子午二日碓须忌,丑未厕道莫修移。寅申火炉休要动,卯酉大门修当避。辰戌鸡栖巳亥床,犯着六甲身堕胎。

龙虎、游祸

龙虎:忌起造、入山伐木,宜取六畜。

诗例:正巳二亥三午当,四子五未六丑藏。七申八寅九居酉,十卯十一戌须防。十二辰日宜猫犬,惟有鬼神不宜禳。

游祸:官历宜服药。

诗例:正五九月巳日忌,二六十月寅须防。三七十一亥莫用,四八十二月申详。祭祀服药君须记,游祸须知疾不祥。

死神、水隔、人隔、地隔

死神:忌绘塑、动土。

诗例:每月寻平号死神,正巳二午可详评。三未四申五在酉,一月一住顺行程。

水隔:开塘放鱼合得申子辰日,纳音属水及建日不避水隔。

诗例:正七须知犬,二八看猿猴。三九骑马走,四十板龙头。五十一虎笑,六十二子愁。

人隔:娶妇进人口,合嫁娶日则不避人隔。

诗例:正七金鸡叫,二八羝羊眠。三九蛇当路,四十兔儿肥。五十一牛叫,六腊猪作变。

地隔:安葬合通天窍、走马六壬、天罡年月、阳龙、阴兔帝星年月到山临向,兼求三奇、禄马贵人、銮驾诸帝星同到,不避地隔。种合收戌日亦不避之。

诗例:正七龙吐珠,二八虎啸风。三九鼠子叫,四十犬相逢。五十一猴舞,六腊马腾空。埋葬兼种植,费力总无功。

神隔、天隔、火隔

神隔：祈福、祭祀合天月德，黄道、敬心、普护、福生，如祭祀合神在日亦不避此神隔。

诗例：正七蛇吐焰，二八兔儿眠。三九西牛望，四十远猪愿。五十一鸡叫，六腊羊归圈。求神空费力，绘塑无灵验。

天隔：出行、求官、进表，合得黄道不避之。

诗例：正七逢虎二八鼠，三九犬四十猴是。五十一月马蹄香，六腊黄龙下海去。出行求财天不佑，申文进章总成虚。

火隔：合火日不避。

诗例：正七马腾空，二八龙归海。三九虎啸风，四十鼠过街。五十一犬吠，六腊猿猴来。窑冶炉及灶，煨尽几多柴。

林隔、山隔、鬼隔

林隔：张捕合月煞、飞廉、执、收日不避。

诗例：正七逢卯是，二八临丑支。三九逢亥上，四十酉日是。五十一未日，六十二巳窥。出行并捕猎，犯此空回去。

山隔：入山伐木合吉星，亦不避之。

诗例：正七逢未二八巳，三九卯四十丑是。五十二亥腊原酉，入山捕猎空劳去。

鬼隔：祭祀鬼神合黑道、壬癸日及癸亥日，不避鬼隔。

诗例：正七原申二八午，三九辰四十是虎。五十一子腊戌真，祭祀祟邪无应护。

州隔、重丧、天地正转

州隔：忌合六壬理诉日，定日不避。

诗例：正七逢猪二八鸡，三九羊四十蛇儿。五十一兔腊牛走，投词告状无准时。

重丧日：忌丧事埋葬。

诗例：正甲二乙三六九，腊月巳日总同求。四丙五丁七庚金，八辛十壬不可有。十一月癸日为凶，犯着重丧麻盖首。出丧埋葬切须防，依法禳之免泪流。

天地正转：忌起造、修营、动土，基地开池、穿井忌。

诗例：癸卯春来忌，丙午夏不良。秋值丁酉日，庚子冬不祥。

天地转煞、天转地转

天地转煞：忌开田土、修作陂堰、结砌垣墙、修营。

诗例：春卯二莫逢，夏午五不用。秋酉八月防，冬子仲冬凶。

天转地转：忌其日起手修作，主见祸。

诗例：春遇乙卯辛卯凶，夏忌丙午戊午逢。秋值癸酉与辛酉，壬子丙子冬莫用。

披麻煞、木马煞、斧头煞

披麻煞：忌嫁娶、入宅，依礼法不忌。

诗例：五行胎处是披麻，假如火局子无差。亥卯未月酉为例，水午金卯共胎家。

木马煞：忌合寿木、起工架马。

诗例:正蛇二羊三凤舞,四猿五犬六风露。七猪八牛九兔头,十虎十一龙马午。

斧头煞:忌起工架马。

诗例:春看飞龙上九天,夏赴湖羊草底眠。秋听金鸡啼五夜,冬嫌鼠子过仓前。

宅空、伏尸

宅空:忌入宅归火、建庙宇,吉多可用。

诗例:春听山猿弄笛声,夏冲白虎啸风清。秋笑南蛇朝北海,野猪冬冷对南坪。

伏尸:忌疗病、远行、入山、出军。

诗例:春怕猴鸡夏虎牛,秋嫌猪犬两煎忧。冬怕龙蛇相会处,远行疗病入山愁。

天上大空、天聋地哑

天上大空:宜合寿木、开生墓。

诗例:丁丑丁未戊寅逢,壬辰癸巳及戊申。壬戌癸亥此八日,名为天上大空神。

天聋地哑:宜作厕窑。

诗例:丙庚共壬子,戊丙两同辰。丙壬寅申共,天聋不用轮。乙辛癸在丑,丁辛共西支。丁巳卯同处,辛巳乙未是。己辛原共亥,地哑此中推。

大杀、雷霆白虎

大杀白虎:忌修方、宴会。

诗例:甲子常将坎上亲,九宫顺走教君轮。假如戊辰居中位,即是火煞占中庭。

雷霆白虎:忌修方、宴会。

诗例:甲己顺坤走,乙庚向马游。丙辛从震逆,丁壬顺巽求。戊癸起兑顺,甲子住为仇。

阴错、阳错、宅龙、胎神

阴错:

诗例:正寻庚戌二辛酉,三庚申四丁未求。五丙午六丁巳防,七甲辰八乙卯秋。九甲戌十月癸丑,十一壬子求束手。十二癸亥不堪亲,阴错须当牢记守。

阳错:忌出行、移居,诸事大凶。

诗例:正甲寅兮二乙卯,三甲辰兮四丁巳。五丙午兮六丁未,七庚申兮八辛酉。九庚戌兮十癸亥,十一壬子腊癸丑。

宅龙:总云:犯之损人口、六畜,凶。

诗例:春灶四五占大门,六七墙头八灶厨。九房十室常相守,十一十二在堂厅。

胎神:所占之处修作,主堕胎,凶。

诗例:正十二月在床东,二三九月门户中。四六十一灶勿犯,五申七子八厕凶。

五离、水痕、田痕

五离:忌出行、行娶、店肆等事,凶。

诗例:甲申乙酉天地离,丙申丁酉日月迷。戊申己酉人民离,庚申辛酉金石废。壬申癸酉江河离,五离犯者随事议。

水痕:忌穿井、作池塘陂堰、行船。

诗例：大有初一七十一，十七廿三并二十。小月初三初七逢，十二廿六差无失。

田痕：忌开垦田畴并耕种。

诗例：大逢初六八无差，廿二廿三共一家。初八十二三值小，十七十九再无他。

山痕、土痕

山痕：忌入山伐木。

诗例：大月初二八为宗，十二十七二十共。小月初五十四日，廿一廿三山痕凶。

土痕：忌动土。

诗例：大月初三五七同，丁丑十八尽相通。小月初一二与六，廿二六七在其中。

金痕、天百穿、天百空

金痕：忌铸剑金银器物。

诗例：大忌初五六七共，还有廿七又雷同。小月初二廿八九，此是金痕忌铸熔。

天百穿：忌盖屋、开池、作陂堰。

诗例：朔逢三五求，十一三六七。十九廿七九，三十皆穿流。

天百空：忌开池、盖屋、作陂堰。

诗例：每月初五与初七，十三六七九廿一。廿七廿九天百空，盖屋犯之流雨汁。

十恶大败日

十恶天败：忌百事不吉。

诗例：甲己正月戊戌征，癸亥七月十丙申。十二丁亥日大忌，丙辛三月辛巳嗔。九忌庚辰十甲辰，乙庚四月壬申真。乙巳九月莫相亲，戊癸六月己丑侵。年值丁壬无恶败，遇此须知罪不仁。

冰消瓦解、孤辰、寡宿

冰消瓦解：忌修作，子、午日尤凶。

诗例：年上加月月起日，顺行十二掌中心。午为瓦解子冰消，子午日值为灾疾。假如子岁正加子，二月在丑起初一。初六瓦解十二冰，举此触类余可质。

孤辰、寡宿：忌归婚。

诗例：定是寡宿开孤辰，子年辰宿戌孤真。假如亥日卯时寡，酉是孤辰不必轮。

旬中空亡、截路空亡

旬中空亡：忌出行、出阵，宜合寿木。

诗例：甲子旬中戌亥空，甲戌旬中申酉凶。甲申旬中午未值，甲午旬中辰巳年。甲辰旬中寅卯是，甲寅旬中子丑穷。阳日阳时为正空，阴日阴时空是踪。

截路空亡：忌出行、军阵，宜合寿木。

诗例：六甲原来壬癸空，壬癸水隔是真宗。假如甲子逢申酉，申酉天干壬癸逢。

游废煞、地崩腾、月火血

游废煞：忌修造，凶。

诗例：正月丑春后在巳，二月春分居巽位。三月春分后卯宫，四月立夏占寅是。五六夏至后在子，七月立秋镇坤地。八月秋分后西宫，九逢霜降后离栖。十月立冬未坤上，十一冬至午宫推。十二冬至仍居午，游废修犯主灾危。

地崩腾：忌修造、动土。

诗例：正申二三酉是踪，四六子上忌相逢。五亥八寅七九卯，十丑又与腊雷同。惟有十一居巳位，止犯甲寅丙壬时。

月火血：《阴阳书》天罗地网，修造主杀人。

诗例：正五九月猴跳舞，二六十月猪发颠。三七十一打猛虎，四八十二白蛇缠。

白奸、螣蛇、玄武、天瘟

白奸：《集总》云：捕盗，搏之盗争皆之吉。

诗例：正五九月寻猪走，二六十月虎为踪。三七十一蛇入穴，四八十二看猴熊。

螣蛇：《集总》云：犯之主喧争、口舌、官灾。

诗例：正月辰上是行程，二卯三寅并逆驰。一月一位依此去，月支占处螣蛇神。

玄武：《集总》云：犯之招盗贼、火死。

诗例：玄武正月加亥行，二子三丑四逢寅。一月一位并顺走，犯之盗贼自相侵。

天瘟：忌竖造、入宅归火、六畜。

诗例：正月羊位执司权，二月逢危事却隔。三五十月寻建上，七十一除不周全。四收八开腊满位，记取天瘟莫犯焉。

八风、伤刀、上朔、土公

八风:忌行船。

诗例:春忌丁丑己酉日,夏畏甲申甲辰凶。秋嫌辛未与丁未,冬恶甲戌甲寅离。

伤刀:修造、上官,凶。

诗例:正五九月子伤刀,二六十月卯不祥。三七十一午为仇,四八十二酉难保。

上朔:忌上官、入宅。

诗例:己巳己亥及丁亥,乙亥癸亥癸巳裁。辛巳辛亥并乙巳,更有丁巳一同排。

土公:

诗例:正二三东及灶凶,四五六南占门风。七九月西并占井,惟有八月与门同。十月南北中庭立,十一在北中庭政。十二中庭并占北,此方动土祸来钟。

四逆、小时、天狗、害气、死气官符

四逆:忌出行、求财等事。

诗例:申不远行去,酉出鸡不祥。逢七莫远出,遇八转休还。

小时:犯之令小儿肚胀泻痢。

诗例:金鸡蹄到春五九,野马二六十月嘶。三七十一逢卯土,四八十二子宫是。

天狗:忌嫁娶、生产。

诗例:正辰二巳三是牛,四未五申六酉户。七戌八亥九子逢,十丑十一月寻虎。十二月中居卯地,天狗逐月依例数。

害气:起造凶。

诗例:申子辰年蛇作害,巳酉丑岁虎为仇。寅午戌年猪气害,亥卯未岁猿猴求。

死气官符:起造动土,吉多无咎。又忌安产室,凶。

诗例:定日原求死气真,忌逢朱雀与同辰。修造动土君须记,吉胜凶星不必嗔。

月厌、五离、罪至

月厌:忌嫁娶、造酒醋。

诗例:正犬二鸡三猴来,四羊五马六蛇裁。七龙八兔九虎口,十干十一鼠腊亥。

五离日:忌嫁娶。

诗例:五离正二四六七,九十腊月酉上觅。惟有三五八十一,皆从申位可推必。

罪至:词讼、上官、进表章,诸事凶。

诗例:正午二子三未是,四丑五申六寅字。七酉八卯九戌逢,十辰十一亥腊巳。

黄道、黑道

黄黑道:吉多凶少无咎,惟行兵、收捕、发文忌。

诗例:正七起子二八寅,三九原来却在辰。四十须知午上始,五十一月并居申。去十二月起于戌,黄道为祥黑道迍。加道远几时逍遥,去遥何日还乡轮。有之绕者为黄道,无之黑道自分明。

飞廉、大时

飞廉:六畜收纳宜张网。

诗例:正五六七十一腊,成日逢马飞廉煞。二三四八九十月,指寻满日君须察。

大时:集云:大时所在名曰聚殃,往来其下必致死门。

诗例:正五九月望玉兔,二六十月招貂貜。三七一金鸡唱,四八十二马蹄轻。

日用十二月六十日吉凶宜忌

正月

正月 建寅 泰 太簇 自立春正月节,天道南行,宜向南方修造。月厌在戌,月杀在丑。天德在丁,月德在丙。月合在辛,月空在壬,丙辛壬上宜修造、取土。

立春 后太阳 尚在子 神后 雨水 始过壬 登明 为天月将 《授时历》某日躔娵訾之次,用乙辛丁癸时;某日时刻日躔取訾之次,用甲庚丙壬时。

日凶杂忌

八风 丁丑 己酉	四穷 乙亥	胎神	往亡 立春后七日	三不返 庚戌 辛亥
宅龙 占灶	咸池 卯日	财离 辰日	五不遇 戌	绝烟火 辰戌
反激 巳未	离别 丙子	荄龙 未日	四虚败 巳酉	争雄 巳午日
九良 在阶	伏龙 中庭			

四逆:申不行、酉不离、七不出、八不归。

初一		十六	四不祥
初二	小空亡、四方耗、龙禁	十七	六壬空
初三	赤口	十八	小空亡
初四	天休废、四不祥	十九	四不祥
初五	六壬空、月忌	二十	龙禁
初六	瘟星、大空、太乙、死气	廿一	天地凶败、赤口、短星
初七	天地凶败、四不祥、长星	廿二	大空亡、长短星
初八	龙禁	廿三	六壬空　日忌
初九	瘟星出、赤口、天休废	廿四	
初十	小空亡	廿五	
十一	六壬空	廿六	小空亡、龙忌
十二	大乙死气	廿七	赤口
十三	杨公忌	廿八	四不祥
十四	大空亡　月忌	廿九	六壬空
十五	赤口	三十	大空亡

1.①甲子　金○　开义　　天恩、黄道、母仓、益后、生气、上吉、神在。

○宜冠笄、入学、出行、给由、穿井、动土、修筑、祭祀、沐浴、剃头、求医、祀灶、会亲友、牧养、开渠、安碓、出兵。子丑午时吉。

●天火、黑道、重丧、地贼、刀砧。忌赴任、嫁娶、安葬,凶。

2.乙丑　金○　闭制　　天恩、黄道、明堂、续世、天医、神在、明星。

○宜祭祀、求嗣、补垣、修造、动土、给由、开池、纳猫犬、出行、求财、修筑、塞鼠穴、应试、求医、结网、断蚁、作厕、安床。寅卯巳申时吉。

●月杀、火星、归忌、血忌、血支。忌嫁娶、移徙、竖造,凶。

校者注　①　此数字为校者所加。下同。

3.丙寅　火●　建义　　天恩、月德、月恩、要安、满德星、龙德。

○宜安葬、伐木、羊栈、放债、解安宅舍。子丑辰未时吉。

●六不成、月建、蚩尤、黑道、天败。忌祀灶、新船下水。

4.丁卯　火●　除义　　天恩、天德、显星、玉堂、上吉、五全、不将、神在。

○宜修造、动土、出行、移徙、冠笄、天井、祭祀、除服、上官、交易、安葬、嫁娶、立契、求医、修筑、马枋、入仓、栽种、造门、扫舍。寅卯午未时吉。

●朱雀、黑道。忌视事、乘船。

5.戊辰　木○　满专　　金匮、黄道、天医、天恩、天富、金堂、曲星。

○宜词讼、剃头、求医、结网、畋渔。寅辰巳申时吉。

●焦坎、天狗、土瘟、天贼、九空。忌祭祀、嫁娶、造仓。

6.己巳　木○　平义　　天德、黄道、活曜星。

○宜平治道涂、泥饰垣墙。丑辰午未时吉。

●地火、烛火、月火、游祸、龙虎、天罡、荒芜、冰消。忌竖造、嫁娶、盖屋，凡百事不吉。

7.庚午　土○　定伐　　次吉、月财、三合。

○宜冠带、结婚、会亲、出行、竖柱、上梁、上官、赴任、裁衣、收割、养蚕、牧牛马、纳猫犬、设斋、斩草、安碓、断蚁。子丑卯午时吉。

●黑道、死气、官符、四废。忌治病、动土、安产室、栽植、安葬、启攒。

8.辛未　土○　执义　　月德合、黄道、传星、敬心、次吉、神在。

○宜求婚、下定、出行、赴举、动土、捕捉、修厨、祭祀、起工、进人口、栽植、种莳、会亲、牧养、出兵、收捕、畋猎、祈福。卯巳时吉。

●黑道、天瘟、四废。忌开市、出财、上官、交易、服药。

9.壬申　金○　破义　　天德合、月空、明星、普护、神在。

○宜治病、求医、祭祀、破屋坏垣。丑辰巳未时吉。

●黑道、大耗、月破。忌随事不宜。

10.癸酉　金○　危义　　福生、吉庆、上吉、神在。

○宜冠笄、入学、给由、移居、出行、裁衣、安床、入仓、开库、祭祀、竖造、安葬、盖屋、绘像、剃头、作灶、入宅、放债、起工、分居、养蚕、栽种、结网、割蜂、造门、天井、定磉、祈福、开市。寅卯午时吉。

●黑道。忌结婚、治病、词讼、会客。

11.甲戌　火○　成制　　天喜、天医、黄道、神在。

○宜宴会、塞鼠、断蚁、结网、畋渔。寅辰巳申时吉。

●飞廉、重丧、火星、地火、受死、月厌。忌诸事不宜。

12.乙亥　火○　收义　　圣心、幽微星、母仓、六合。

○宜结网、出火、剃头、捕捉、纳财、畋猎。丑辰午时吉。

●黑道、刀砧、河魁、勾绞、丙年上朔。忌凡事不宜。

13.丙子　水○　开伐　　月恩、月德、黄道、母仓、显星、益后、生气、上吉。

○宜入学、求婚、求医、修筑墙垣、出行、求财、会亲、下定、移徙、冠笄、安磉、启攒、立契、穿井、开店肆、天井、开渠、纳财。子丑卯午时吉。

●黑星、天火、刀砧。忌赴任、乘船、裁衣、种植。

14.丁丑　水○　闭伐　　天德、曲星、天医、黄道、续世、上吉、不将、神在。

○宜求婚、交易、祭祀、求嗣、习艺、安床、栽接、补垣、塞穴、伐木、起工、经络、开池、出兵、立寨、应试、裁衣、合帐、作陂池、作厕、筑墙。寅巳亥时吉。

●月煞、血支、归忌、血忌。忌嫁娶、移徙。

15.戊寅　土○　建伐　　天赦、天瑞、满德星、要安、龙德、天仓。

○宜解除宅舍、词讼、堆垛、安葬、伐木、作陂塘、修厕、栽种、作羊栈猪栏、作灶、开池。巳未戌时吉。

●黑道、月建、六不成、大败、蚩尤。忌冠笄、祭祀。

16.己卯　土○　除伐　　　天恩、天德、天瑞、玉堂、不将、神在、五合。

○宜上官、赴任、解除、给由、嫁娶、求婚、修造、动土、立券、交易、冠笄、祭祀、入仓、开库、词讼、伐木、堆垛、天井、马枋、经络、收割、安床、求医、针灸、雕刻、剃头。子寅午未时吉。

●黑道。

17.庚辰　金●　满义　　　天恩、黄道、传星、金堂、天富。

○宜会亲友、求医、结网、畋渔。寅辰巳午酉时吉。

●土瘟、天贼、四废、九空、焦坎、天狗。忌祭祀、开市、嫁娶、安葬、启攒、交易。

18.辛巳　金○　平伐　　　天恩、黄道、活曜、天福。

○宜平治道涂、泥饰垣墙。丑辰午未时吉。

●天罡、龙虎、荒芜、地火、游祸、四废、冰消、丁年上朔。忌百事不宜。

19.壬午　水●　定制　　　天德合、月空、天恩、上吉、神在、三合。

○宜上官、赴任、冠笄、结婚、出行、交易、安葬、竖柱、上梁、入仓、开库、裁衣、行船、斩草破土、伐木、起工、安碓、祈福、纳猫、修造、动土、栽接木、纳畜。丑卯时吉。

●黑道、罪至、死气、官符。忌入宅。

20.癸未　木○　执伐　　　天恩、黄道、敬心、次吉、玉堂、明星。

○宜入学、出行、给由、上官、赴任、结婚、捕捉、进人口、会亲、牧养、畋渔。寅卯辰巳时吉。

●火星、天瘟、小耗。忌安床、竖造。

21.甲申　木○　破伐　　　明星、普护、神在。

○宜祭祀、疗病、破屋坏垣、针灸。子丑未申戌时吉。

●黑道、重丧、大耗、月破。忌凡事不宜。

22.乙酉　木○　危伐　　福生、吉庆星、神在。

○宜祈福、祭祀、解除、安床、竖造、安葬、成服、沐浴、开工、结网、割蜂、剃头、出行。子丑寅卯时吉。

●黑道。忌交易、结婚、移徙、赴任、栽植。

23.丙戌　土○　成宝　　天喜、黄道、月德、月恩、曲星、司命、明星。

○宜安葬、结网、塞鼠穴、断蚁。寅巳申酉时吉。

●月厌、飞廉、受死。忌余事不宜。

24.丁亥　土○　收伐　　天德、幽微星、母仓、圣心、六合、神在。

○宜纳财、祭祀、栽种、收敛货财、整容、针灸、结网、捕捉。丑辰午未时吉。

●黑道、刀砧、河魁、勾绞、戌年上朔。忌嫁娶、出行、安葬。

25.戊子　火○　开制　　母仓、黄道、益后、生气。

○宜入学、出行、求婚、下定、求医、会亲、沐浴、牧养、经络、剃头、修筑垣墙。子午申时吉。

●黑星、天火、刀砧、地贼、不举。忌移徙、裁衣、种植、竖造。

26.己丑　火○　闭专　　黄道、天医、传星、续世、神在。

○宜祭祀、给由、求嗣、祀灶、作厕、塞鼠、断蚁、补垣。卯辰申时吉。

●月煞、血支、归忌、血忌。忌余事不吉。

27.庚寅　木○　建制　　天福、天瑞、要安、满德星、龙德、天仓。

○宜词讼、成服、作破解、安宅舍。子丑辰巳时吉。

●大败、六不成、四废、黑道、蚩尤。忌祭祀、开仓、行船、起土。

28.辛卯　木○　除制　　天福、月德合、玉堂、神在、五合。

○宜受封、赴任、嫁娶、疗病、修造、动土、立券、交易、启攒、词讼、剃头、针灸、祭祀、祈福、冠笄、除灵服、栽种、求婚、作鸡栖。寅午酉时吉。
　　●黑道、四废。忌出行、乘船、移徙。

　　29.壬辰　水●　满伐　　　天福、天富、天德合、黄道、金堂、次吉。
　○宜上官、词讼、剃头、牧养、针灸。丑寅辰巳时吉。
　　●天贼、火星、土瘟、九空、焦坎、天狗。忌嫁娶、竖造、种莳、乘船。

　　30.癸巳　水○　平制　　　天福、活曜星、黄道。
　○宜成服、泥饰垣墙、平治道涂。丑卯午时吉。
　　●天罡、勾绞、荒芜、游祸、地火、冰消、月火、巳年上朔。忌余事不吉。

　　31.甲午　金●　定宝　　　显星、上吉、神在、三合。
　○宜上官、赴任、入学、冠带、结婚、会亲友、出行、纳财、修造、动土、竖柱、上梁、定磉、安碓。子丑卯时吉。
　　●黑道、罪至、重丧、死气、官符。忌治病、立券、启攒、安产室、栽种、安葬。

　　32.乙未　金○　执制　　　黄道、曲星、敬心、玉堂。
　○宜赴举、给由、下定、嫁娶、起工、捕捉、进人口、牧养、畋猎。子寅卯巳时吉。
　　●天瘟、小耗。忌余事不吉。

　　33.丙申　火○　破制　　　普护、明星、月德、月恩、神在。
　○宜祭祀、求医、治病、破屋坏垣。子丑辰未时吉。
　　●黑道、大耗、月破。忌余事不吉。

　　34.丁酉　火○　危制　　　天德、吉庆星、福生、次吉、神在。
　○宜入学、冠笄、移居、安葬、裁衣、安床、出行、入仓、开库、入宅、造门、盖屋、起工、竖造、天井、祭祀、分居、绘塑、牧养、定磉、修造、动土、开池、雕刻、应试、拜封。午未时吉。

●黑道。

35.戊戌　木○　成专　　黄道、天喜、传星。

○宜结网、塞鼠、断蚁。子寅卯午时吉。

●受死、月厌、飞廉。忌余事不吉。

36.己亥　木○　收制　　天福、幽微星、圣心、母仓、六合、不将。

○宜收敛货财、剃头、捕捉、针灸、畋猎。丑辰午未时吉。

●黑道、刀砧、河魁、庚年上朔。忌余事不吉。

37.庚子　土●　开宝　　天福、青龙、黄道、母仓、生气、益后、不将。

○宜结婚、嫁娶、入学、出行、疗病、修置产室、剃头、下定、交易、放牛、牧养、给由、穿井。子丑卯午时吉。

●黑道、天火、地火、四废、刀砧、地贼。忌余事不吉。

38.辛丑　土○　闭义　　天福、黄道、月德合、次吉、续世、天医。

○宜补垣塞穴、作厕、结网、修筑垣墙。卯巳申时吉。

●月煞、火星、四废、归忌、血支。忌余事不吉。

39.壬寅　金●　建宝　　天德合、月空、满德星、要安、龙德、天仓。

○宜解除宅舍、穿牛、种莳、接木、安葬。丑寅巳未时吉。

●六不成、黑道、大败、蚩尤。忌余事不吉。

40.癸卯　金○　除宝　　显星、玉堂、次吉、五合。

○宜上官、赴任、修造、动土、立券、交易、启攒、冠笄、安葬、除服、嫁娶、剃头、疗病、建醮、入仓、开库、养蚕、栽种、破土、天井、雕刻、作酒醋。卯巳午未时吉。

●黑道、朱雀。

41.甲辰　火○　满制　　天富、金匮、黄道、曲星、金堂。

○宜会亲、针灸。辰巳时吉。

●天贼、土瘟、重丧、九空、焦坎、天狗。忌余事不吉。

42.乙巳　火●　平宝　　　天福、天德、黄道、活曜星。
○宜粉饰垣墙、平治道涂。丑卯辰午未时吉。
●游祸、龙虎、天罡、勾绞、荒芜、地火、独火、冰消、辛年上朔。忌余事不吉。

43.丙午　水●　定专　　　月德、月恩、上吉、神在。
○宜上官、赴任、冠带、结婚、出行、纳财、移徙、修造、动土、竖柱、上梁、入仓、开库。子卯午时吉。
●黑道、罪至、死气、官符。

44.丁未　水●　执宝　　　天德、玉堂、黄道、上吉、敬心、神在。
○宜入学、结婚、下定、祭祀、移徙、捕捉、进人口、栽种、牧养、出行、畋猎。寅卯巳申时吉。
●天瘟、小耗。忌余事不吉。

45.戊申　土○　破宝　　　明星、普护、神在。
○宜祭祀、治病、破屋坏垣。丑卯巳未时吉。
●黑道、大耗、月破。忌余事不吉。

46.己酉　土●　危宝　　　天恩、吉庆星、福生、神在。
○宜竖造、安床、祭祀、祈福、破土、安葬、剃头、栽种、解除、设斋、雕刻、割蜂、出行。丑卯辰未时吉。
●玄武、黑道。忌结婚、赴任、移徙、治病、交易、乘船。

47.庚戌　金●　成义　　　天喜、司命、黄道、天恩。
○宜交易、宴会、塞鼠穴。寅辰巳午时吉。
●月厌、受死、四废、飞廉、火星。忌凡事不吉。

48.**辛亥**　金●　**收宝**　　天恩、幽微星、月德合、母仓、六合、圣心。

○宜收敛货财、剃头、给由、行船、开塘、作灶、种莳、栽植、捕捉、牧牛。子辰午未时吉。

●黑道、四废、河魁、刀砧、壬年上朔。

49.**壬子**　木●　**开专**　　天德合、天恩、青龙、黄道、母仓、益后、生气、显星。

○宜入学、出行、交易、冠笄、祈福、治病、经络、剃头、针灸、筑墙、动土、修置产室。子丑卯午时吉。

●黑道、地贼、天火、刀砧。忌赴任、结婚、移徙、苫盖、竖造、安葬。

50.**癸丑**　木●　**闭伐**　　天恩、明堂、黄道、曲星、次吉、续世、天医。

○宜给由、起工、安床、补垣塞穴、经络、祀灶、定磉、作厕、作灶、栽种。寅卯巳申时吉。

●月煞、血支、血忌、月忌。

51.**甲寅**　水●　**建专**　　天仓、满德星、要安、龙德。

○宜安宅舍、伐木。丑卯辰巳时吉。

●黑道、重丧、天败、六不成。忌凡事。

53.**乙卯**　水●　**除专**　　玉堂、神在、五合。

○宜上官、赴任、祭祀、求医、疗病、修造、动土、立券、交易、给由、破土、启攒、剃头、词讼、出火分居、嫁娶、除服、穿井、针灸、安床、造酒、伐木、起工、纳奴婢。子寅卯午时吉。

●黑道。

54.**丙辰**　火○　**满宝**　　天富、金匮、黄道、月德、上吉、金堂、传星。

○宜冠笄、宴会、赴任、针灸。寅辰巳时吉。

●土瘟、天贼、九空、焦坎、天狗。忌余事不吉。

54.丁巳　火○　平专　　天德、天福、黄道、活曜星。

○宜平治道涂、修筑垣墙。丑辰午未时吉。

●龙虎、游祸、天罡、荒芜、独火、地火、冰消、癸年上朔。忌凡事不吉。

55.戊午　土○　定义　　三合、神在、月财。

○宜上官、赴任、冠带、出行、结婚、会亲、祭祀、修造、动土、竖柱、上梁、安碓、裁衣、纳畜、雕刻、作厕。子丑卯午时吉。

●黑道、罪至、死气、官符。忌治病、移徙、安产室、栽植、盖屋、词讼。

56.己未　土○　执专　　玉堂、黄道、敬心、神在。

○宜给由、赴举、祭祀、结婚、进人口、会亲、牧养、捕捉、动土。子寅卯巳时吉。

●天瘟、火星、小耗。忌开市、成服、入宅、修造。

57.庚申　水○　破专　　天福、天岳、明星、普护。

○宜求医、治病、破屋坏垣。丑辰巳时吉。

●黑道、正四废、大耗、月破。忌凡事不吉。

58.辛酉　木○　危专　　月德合、吉庆星、福生、显星、神在。

○宜祭祀、祈福、解除、沐浴、破土、安葬、交易、栽种。寅卯巳午未时吉。

●黑道、正四废。忌移徙、赴任、结婚、起造。

59.壬戌　水○　成伐　　天德合、月空、司命、黄道、天喜、次吉、曲星、三合。

○宜交易、宴会、塞鼠穴。辰巳申酉时吉。

●受死、月厌、飞廉。忌凡事不吉。

60.癸亥　水○　收专　　幽微星、母仓、圣心、六合、神在。

○宜祭祀、收敛财货、栽接、捕捉。丑卯时吉。

●黑道、刀砧、勾绞、甲年上朔。忌词讼、嫁娶、纳畜诸事。

二月

二月 建卯 临 夹钟　　自惊蛰二月节后,天道西南行,宜向西南行,宜修造西南维。月厌在煞、在戊,天德在坤,月德在申,月合在巳,月空在庚,宜申坤庚上修造、取土。

惊蛰 后太阳 春分　尚在亥 始过乾　登明 河魁　为天月将　　《授时历》某日躔娵訾之次,用甲庚丙壬时;某日时刻日躔降娄之次,用艮巽坤乾时。

日凶杂忌

离别癸丑　　财离丑巳　　八风丁丑己酉　　反激己未　　三不返子卯酉日

九良在阶　　咸池子日　　往亡惊蛰后廿四日　　荧龙申日　　五不遇午丑日

宅龙占灶　　灭门辰日　　四穷乙亥日　　绝烟火巳亥　　四虚败己酉日

伏龙中庭　　争雄亥子日　　胎神　　四逆

四逆:申不行、酉不离、七不行、八不归。

初一　小空亡	十六　四不祥、六壬空
初二　赤口、龙禁	十七　小空亡
初三　四方耗	十八　天休废
初四　四不祥、长星、六壬空	十九　天地凶败、短星、四不祥
初五　瘟星入、天空亡、月忌	二十　赤口
初六	廿一　大空亡
初七　天乙、德气、四不祥	廿二　龙禁、六壬空
初八　瘟星出、赤口、天地凶煞	廿三　月忌

（续表）

初九　小空亡	廿四
初十　六壬空	廿五　小空亡
十一　杨公忌	廿六　赤口、龙禁
十二　龙神朝上帝	廿七
十三　天休废、大空亡	廿八　四不祥、六壬空
十四　赤口、月忌	廿九　大空亡
十五	三十　龙神朝北帝

1.**甲子**　**金**○　**收义**　　天恩、月德、司命、黄道、母仓、神在。

○宜祭祀、收敛货财、种莳、栽植、捕捉、剃头。子寅卯时吉。

●天罡、地贼、火星、罪至、刀砧、冰消。忌修造、出行、纳畜。

2.**乙丑**　**金**○　**开制**　　天恩、敬心、生气、天仓、神在、不将。

○宜上官、赴任、祭祀、结婚、嫁娶、求医、疗病、修造、动土、安碓、开渠、穿井、入学、出行、牧养、裁衣、开池、分居、作灶、入宅。寅卯巳申时吉。

●黑道、重丧、九空、焦坎。忌造仓库、安葬、冠笄、启攒。

3.**丙寅**　**火**○　**闭义**　　天恩、黄道、吉庆星、次吉、显星、普护、天医。

○宜入学、出行、给由、赴举、安床、修灶、立券、交易、启攒、起工、定磉、作仓、动土、栽种、收养、破土、补垣塞穴、设帐、修筑。子丑辰未时吉。

●游祸、黑星、血支、归忌。忌嫁娶、治病、入宅。

4.**丁卯**　**火**○　**建义**　　天恩、月恩、黄道、曲星、福生、龙德、神在。

○宜冠笄、祭祀、出行、受封、起染。寅卯午未时吉。

●大火地转煞。忌剃头、穿井、开仓、修筑、动土。

5.**戊辰**　**木**○　**除专**　　天恩、幽微星、神在。

○宜冠除、塞鼠穴、捕鱼。寅辰巳午时吉。

●受死、黑道、独火、蚩尤。忌凡事不吉。

6.己巳　木○　满义　　天德合、圣心、月德合、天富。

○宜结婚、受封、开市、造仓厨、起工、经络、裁衣、剃头、移徙、开张店肆、放债、造酒醋、结网罟、畋猎。丑辰午未时吉。

●黑道、飞廉、土瘟、天狗、乙年上朔。忌嫁娶、出行、动土、竖柱、祭祀、安葬、启攒。

7.庚午　土●　平伐　　黄道、月空、传星、益后。

○宜修造、置产室、泥饰垣墙、平治道涂、针灸、破土、斩草。子丑卯午时吉。

●河魁、勾绞、四废、地火、大败、六不成。忌经络、盖屋。

8.辛未　土○　定义　　满德星、天德、黄道、续世、神在。

○宜入学、祭祀、冠带、求嗣、结婚、会亲、修造、动土、竖柱、上梁、给由、收捕、出行、赴举、入宅、作仓库、安碓、裁衣、安葬、作灶。寅申巳时吉。

●血忌、死气、官符、四废。忌治病、安产室、针刺。

9.壬申　金○　执义　　天德、要安、次吉、神在。

○宜祭祀、解除、破土、安葬、给由、冠笄、剃头。丑辰巳未时吉。

●黑道、小耗。忌结婚、立券、安床、交易。

10.癸酉　金●　破义　　玉堂、黄道、神在。

○宜疗病、破屋坏垣。寅卯午时吉。

●火星、天贼、大耗、月厌、荒芜。忌百事不宜。

11.甲戌　火●　危制　　天德、天岳、明堂、金堂、上吉、神在、活曜星、六合。

○宜入学、裁衣、祭祀、纳采、结婚、安床、出行、立券、交易、经络、动土、上官、捕鱼、教马、祈福、安神、结网、畋猎。寅辰巳亥时吉。

●黑道、月煞、天瘟。忌行船、开仓库、纳财、修造、栽种、纳畜。

12.乙亥　火○　成义　　天喜、母仓、显星、三合。

○宜入学、疗病、修造、上梁、交易、安碓、出行、入宅、出火、作陂、祀灶、穿井、动土、开池、定磉、起染、塑绘、给由、畋猎、捕鱼、栽接。丑辰午时吉。

●黑道、龙虎、刀砧、重丧、丙年上朔。忌嫁娶、栽植、安葬、词讼。

13.丙子　水○　收伐　　黄道、母仓、曲星、不将。

○宜嫁娶、收敛财货、进人口、针灸、捕捉、栽种。子丑午申时吉。

●地贼、天罡、勾绞、罪至、刀砧、冰消。忌安葬、作灶、出行。

14.丁丑　水○　开宝　　天仓、月恩、敬心、生气、不将、神在。

○宜上官、祭祀、结婚、嫁娶、移徙、入学、治病、修造、动土、出行、开渠、穿井、针灸、竖柱、下定、造酒、起筑、栽种。寅卯巳时吉。

●黑道、九空、焦坎。忌修仓、出入财货、安葬、启攒、冠带。

15.戊寅　土○　闭伐　　天赦、青龙、黄道、吉庆星、普护、天瑞、天医。

○宜冠笄、立券、交易、补垣塞穴、词讼、修筑、伐木、起工、竖造、开池、动土、安床、修厨、养蚕、牛栏、作厕。丑巳未时吉。

●黑星、游祸、血忌、归忌。忌嫁娶、远回、入宅、治病、祭祀。

16.己卯　土○　建伐　　天福、黄道、月德合、天恩、天瑞、传星、神在、福生、龙德。

○宜出行、赴举、词讼、祭祀、求婚、放债、起染。子寅午未时吉。

●天地转煞、天火。忌盖造、作灶、安产室。

17.庚辰　金○　除义　　天恩、月空、幽微星、神在。

○宜祭祀、解除、除服。寅辰巳午时吉。

●蚩尤、黑道、受死、四废。忌凡事不宜。

18.**辛巳　金○　满伐**　　天恩、天德合、天福、天瑞、圣心、天富。

○宜会亲、裁衣、经络、词讼、剃头、入仓、开库、开市、开张店肆、开池、作陂、塞鼠、断蚁、补塞垣墙。丑辰午未时吉。

●土瘟、黑道、四废、飞廉、天狗。忌上官、出行、治病、安葬、动土、牛栏。

19.**壬午　木○　平制**　　天恩、金匮、黄道、益后、神在。

○宜祭祀、平治道涂、泥饰垣墙、针灸、斩草。丑卯时吉。

●火星、大败、六不成、河魁、勾绞、地火。忌余事不吉。

20.**癸未　木○　定伐**　　天恩、天德、黄道、满德星、次吉、续世。

○宜入学、冠笄、结婚、会亲、竖柱、上梁、裁衣、纳畜、天井、剃头、交易、下定、出行、作灶。寅卯巳申时吉。

●血忌、死气、官符。

21.**甲申　水○　执伐**　　天德、月德、上吉、显星、要安、神在。

○宜祭祀、出行、上官、解除、给由、修造、动土、安葬、沐浴、剃头、移居、冠笄、修筑、盖屋、捕捉、祈福、作灶、伐木、竖造、畋猎。子丑辰巳未时吉。

●黑道、小耗。忌开仓、安床、结婚、交易。

22.**乙酉　水○　破伐**　　玉堂、黄道、曲星、神在。

○宜疗病、破屋坏垣。子丑寅卯时吉。

●荒芜、月厌、天贼、重丧、大耗。忌凡事不宜。

23.**丙戌　土○　危宝**　　活曜星次吉、六合、金堂、神在、明星、不将。

○宜上官、祭祀、纳采、结婚、出行、移徙、下定、安床、交易、动土、立券、裁衣、结网。子丑寅卯时吉。

●月煞、黑道、天瘟。

24.**丁亥　土○　成伐**　　天喜、月恩、母仓、上吉、不将、神在、三合。

○宜祭祀、交易、治病、裁衣、纳财、栽种、上官、给由、造门、经络、移居、竖造、天井。丑辰午未时吉。

　　●黑道、龙虎、刀砧、戊年上朔。

　　25.戊子　火○　收制　　黄道、母仓、传星、明星。
　　○宜进人口、收敛货财、捕捉、取鱼、求医、剃头。卯巳午时吉。
　　●天罡、勾绞、罪至、刀砧、地贼、冰消。忌作仓、竖造、出行、词讼。

　　26.己丑　火●　开专　　天仓、月德合、敬心、神在、生气、不将。
　　○宜移居、会亲、祭祀、疗病、竖造、下定、经络、祀灶、起染、剃头、出行、求财。子寅卯巳申时吉。
　　●黑道、九空、焦坎。

　　27.庚寅　木○　闭制　　天瑞、天福、月空、普护、黄道、吉庆星。
　　○宜给由、立券、交易、求婚、动土、起土、盖造、冠笄、安葬、补垣塞穴、裁衣、开池。子丑巳未时吉。
　　●黑星、要安、血忌、游祸、四废。

　　28.辛卯　木○　建制　　天福、黄道、福生、龙德、福在。
　　○宜求婚、交易、祭祀、出行、词讼、针灸、穿井、造仓库。子寅卯午时吉。
　　●天地转煞、火星、天火、四废。忌修造、作灶。

　　29.壬辰　水○　除伐　　天德、幽微星、大吉。
　　○宜解除、塞穴、除服、祭祀、祈福、驱邪治病。辰巳亥时吉。
　　●受死、黑道、蚩尤、独火。忌凡事不吉。

　　30.癸巳　水●　满制　　天德合、天福、显星、圣心、天富、次吉。
　　○宜受封、移徙、冠笄、经络、裁衣、纳财、剃头、栽种、雕刻。丑卯午未时吉。
　　●黑道、土瘟、飞廉、巳年上朔。

31.甲午　金○　平宝　　　月德、黄道、曲星、益后、神在。
○宜祭祀、修产室、平治道涂、泥饰垣墙。子丑卯时吉。
●河魁、勾绞、地火、大败、六不成。忌开仓、起工、栽种、盖屋、开池。

32.乙未　金○　定制　　　黄道、满德星、次吉、续世、神在。
○宜祭祀、求嗣、冠带、会亲、绘像、上官、行船、赴任、入学、下定、出行、祈福、作仓库、栏枸、伐木、嫁娶、安床、纳畜、出火、安修碓磨。宜子卯寅巳时吉。
●血忌、死气、官符。忌上梁、作土、安葬、安产室。

33.丙申　火●　执制　　　天德、要安、次吉、神在。
○宜冠笄、给由、祭祀、解除、捕捉、破土、安葬、栽接、种莳、经络、移居、竖造。子丑辰未时吉。
●黑道、小耗。忌余事不吉。

34.丁酉　火○　破制　　　月德、玉堂、黄道、传星。
○宜求医疗病、破屋坏垣。午未时吉。
●月厌、天贼、大耗、荒芜。忌诸事不吉。

35.戊戌　木○　危专　　　活曜星、金堂、六合、明星。
○宜纳采问名、经络、立契、交易、进人口、畋渔、收割、栽种。子寅巳午时吉。
●月煞、黑道、天瘟。忌行船、嫁娶。

36.己亥　木○　成制　　　天福、月德合、母仓、上吉、天喜、不将。
○宜冠笄、入学、疗病、结婚、剃头、修造、动土、竖柱、上梁、交易、造门、行船、盖屋、牧养、移徙、针灸、下定、纳财、安碓、作仓、天井、种莳、栽接、定磉。宜丑辰午未时吉。
●黑道、龙虎、刀砧、庚年上朔。忌嫁娶、安葬、出猪。

37.庚子　土●　收宝　　　天福、司命、黄道、月空、母仓、不将。

○宜冠笄、嫁娶、敛货财、剃头、纳财、教牛、取鱼。子丑卯午时吉。

●天罡、勾绞、罪至、刀砧、地贼、四废、火星。忌修作、起造仓、出行。

38.辛丑　土●　开义　　天福、敬心、生气、天仓。

○宜出行、会亲、婚姻、入学、疗病、修造、动土、开渠、穿井、安碓、剃头、牧养。寅卯巳申时吉。

●黑道、四废、九空、焦坎。忌余事不宜。

39.壬寅　金○　闭宝　　天医、黄道、显星、吉庆星、普护。

○宜冠笄、立券、交易、补垣塞穴、破土、安葬、作厕、断蚁。丑辰巳未时吉。

●黑道、游祸、血忌、归忌。忌祭祀、嫁娶、移徙。

40.癸卯　金●　建宝　　黄道、福生、曲星、龙德。

○宜袭爵受封、出行、交易、求婚、冠笄、起染、造雷火令牌、穿牛、出兵、收捕。寅卯午未时吉。

●天火、月建、天地转煞。忌修造、作灶。

41.甲辰　火○　除制　　月德、幽微星、上吉。

○宜塞鼠、断蚁、会亲、解除、除服、治病。巳亥时吉。

●黑道、受死、独火、月火、蚩尤。忌余事不宜。

42.乙巳　火○　满宝　　天德合、天福、天富、圣心、次吉。

○宜受封、求婚、针灸、养蚕、冠笄、剃头、开市、修造仓库、开店肆。子丑辰未时吉。

●黑道、土瘟、飞廉、重丧、辛年上朔。忌出行、动土。

43.丙午　水●　平专　　金匮、黄道、传星、益后、神在。

○宜祭祀、修产室、针灸、斩草、平治道涂、泥饰垣墙。子丑卯午时吉。

●勾绞、地火、大败、六不成。忌余事不吉。

44.丁未　水●　定宝　　天恩、上吉、天德、黄道、满德星、续世、神在。

○宜祭祀、求嗣、冠带、上官、结婚、会亲、出行、移徙、纳财、修造、动土、上梁、裁衣、安葬、入学、交易、下定、行船、入仓库、祈福、开池、入宅、纳畜、安碓、栽接。寅卯巳申时吉。

●血忌、死气、官符。

45.戊申　土●　执宝　　天德、要安、神在。

○宜祭祀、解除、修造、捕捉、伐木、剃头、动土、盖屋、取鱼、纳表章、栽植、修筑。丑卯辰巳时吉。

●黑道、小耗。

46.己酉　土●　破宝　　天恩、玉堂、黄道、月德合、神在。

○宜求医、治病、破屋坏垣。子寅卯辰时吉。

●月厌、天贼、火星、大耗、荒芜。忌余事不吉。

47.庚戌　金●　危义

天恩、月空、天岳、明星、金堂、活曜星、六合、神在。

○宜纳采问名、祭祀、结婚、安床、交易、立券、动土。辰巳午酉亥时吉。

●黑道、月煞、天罡、四废。忌行船、修仓、嫁娶、入宅。

48.辛亥　金○　成宝　　天恩、母仓、显星、天喜、天医、次吉。

○宜入学、冠笄、结婚、纳财、治病、修造、动土、竖柱、上梁、交易、给由、行船、作灶、入仓、开库、安碓、盖屋、下定、穿井、栽种、安床、设帐。丑辰午未时吉。

●黑道、龙虎、刀砧、四废、壬年上朔。忌嫁娶、安葬。

49.壬子　木○　收专　　天恩、司命、黄道、天瑞、母仓、曲仓。

○宜进人口、收纳财货、剃头、针灸、捕捉。子丑午申时吉。

●天罡、勾绞、罪至、刀砧、地贼、冰消。忌开市、栽种、入库仓、出行。

50.癸丑　木●　开伐　　天恩、敬心、生气、天仓。

○宜入学、结婚、出行、牧养、出火、作灶、竖柱、治病、进人口、起染、起工、定磉、剃头。巳寅卯申时吉。

●勾陈、黑道、九空、焦坎、五虚。忌余事不吉。

51.甲寅　水○　闭专　　天医、月德、吉庆星、青龙、黄道、次吉、普护。

○宜求婚、入学、立券、交易、冠笄、动土、起工、造门、安床、赴举、给由、定磉、启攒。子丑辰未时吉。

●黑星、游祸、血支、归忌。

52.乙卯　水●　建专　　黄道、传星、福生、龙德、神在。

○宜出行、交易、祭祀、袭爵受封、纳奴婢、裁衣、穿牛。子寅卯午时吉。

●天火、天地转煞、重丧。忌余事不宜。

53.丙辰　土○　除宝　　幽微星、次吉、神在。

○宜解除、扫舍、塞鼠。寅酉亥时吉。

●蚩尤、天刑、黑道、受死、月火。忌余事不宜。

54.丁巳　土○　满专　　天德合、月恩、天福、圣心、上吉、天富、神在。

○宜冠笄、移徙、受封、开市、经络、裁衣、种莳、牧养、起染、词讼、栽接。丑辰午未时吉。

●黑道、土瘟、飞廉、癸年上朔。

55.戊午　火○　平义　　天匮、黄道、益后、神在。

○宜祭祀、修产室、泥饰泥墙、治路。卯午申酉时吉。

●火星、河魁、勾绞、地火、大败、六不成。忌余事不吉。

56.己未　火○　定专　　月德合、天德、黄道、满德星、续世、上吉、神在。

○宜上官、赴任、出行、祭祀、结婚、修造、动土、竖柱、上梁、安碓、下定、绘像、作仓、安葬、入宅、设斋、伐木、出火、作灶、盖屋、入学、安床、行船、裁衣、开池、求嗣、纳畜、祈福。寅卯巳时吉。

●血忌、死气、官符。忌安产室、治病。

57.庚申　木○　执专　　天德、月空、天福、要安、显星。

○宜成服、破土、安葬、捕捉、畋猎。丑巳辰时吉。

●黑道、正四废、小耗。忌余事不吉。

58.辛酉　木○　破专　　玉堂、黄道、曲星、神在。

○宜治病、破屋坏垣。子寅午未申酉时吉。

●月厌、天贼、正四废、大耗、荒芜。忌余事不吉。

59.壬戌　水○　危伐　　金堂、活曜星、次吉、明星、六合。

○宜纳采问名、结婚、裁衣、动土、立券、交易、结网、捕鱼、畋猎。辰巳申酉时吉。

月煞、黑道、天瘟、忌余事。

60.癸亥　水○　成专　　天喜、母仓、神在。

○宜祭祀、纳财、起染、入仓、开库、穿井、祀灶、栽植、疗病、安床、设帐、种莳、移徙。午未时吉。

●黑道、龙虎、刀砧、甲年上朔。忌安葬、出行、嫁娶。

三月

三月　建辰
姑洗　夬　自清明三月节后，天道北行，宜向北行，宜修造北方。月厌在申，月煞在未，天德在壬，月德在壬，月德合在丁，月空在丙，宜丙丁壬上修造、取土。

清明
谷雨 后太阳 尚在戌
始过辛 河魁
从魁 为天月将 《授时历》某日躔降娄之次,用巽艮坤乾时;某日时刻日躔大梁之次,用癸乙丁辛时。

日凶杂忌

蛟龙戌日　灭门卯日　亡赢甲戌　反激己未　三不返辰申日

往亡清明后廿四日　离别丙寅　伏龙中庭　八风丁丑己酉　四虚败己酉

财离戌日　四穷乙亥　胎神在门　宅龙占灶　绝烟火子午

咸池酉日　争雄午未　九良占厨　五不遇午日　触水龙丙子

四逆同前

初一　赤口、长星、天地	十六　小空亡、短星、四不祥
初二	十七
初三　瘟星入、六壬空、龙禁	十八
初四　大空、四不祥、四方耗	十九　四不祥、赤口
初五　月忌	二十　大空亡、龙禁
初六　瘟星	廿一　六壬空
初七　四不祥、赤口	廿二　天休废、龙禁
初八　天乙、绝气、中空、龙禁	廿三　月忌
初九　杨公忌、六壬空	廿四　小空亡
初十	廿五　赤口
十一	廿六　龙禁
十二　天地凶败、大空亡	廿七　天休废、六壬空
十三　赤口	廿八　大空亡、四不祥
十四　龙禁、月忌	廿九
十五　六壬空	三十

1.甲子　金○　成义　　　天恩、母仓、圣心、次吉、明星、天仓、天喜、不将、神在。

○宜入学、冠笄、祭祀、纳采、疗病、上梁、交易、安葬、行船、求嗣、给由、进人口、安床、修厨、作灶、盖屋、竖造、作陂、剃头、开池、开井、种莳、定碾、设斋、出行、牧养。子丑寅午时吉。

●天牢、黑道、归忌、刀砧。忌嫁娶、移徙、动土。

2.乙丑　金○　收制　　　天恩、显星、益后、幽微星、神在。
○宜祭祀、纳财、捕捉。子寅卯巳申酉时吉。
●黑道、河魁、荒芜、冰消。忌余事不吉。

3.丙寅　火○　开义　　　天恩、月空、黄道、次吉、曲星、续世、生气。
○宜上官、赴任、受封、袭爵、治病、启攒、交易、牧养、安碓磨、穿井、开渠、栽植、种莳、冠笄、下定、宴会、求医。子丑辰未时吉。
●天贼、血忌。忌造葬、嫁娶、开市。

4.丁卯　火○　闭义　　　天德合、月德合、天恩、要安、上吉、天医、神在。
○宜出行、冠笄、祭祀、祈福、求婚、行船、栽种、入仓开库、造栏橱、修筑。寅卯午未时吉。
●黑道、血支、独火、月火。忌余事不吉。

5.戊辰　木○　建专　　　天恩、黄道、满德星、玉堂、龙德、神在。
○宜祭祀、出行、裁衣、泥饰合宅。寅巳午酉时吉。
●黑道、天瘟、月建。忌开仓、修造、动土、造畜栏。

6.己巳　木○　除义　　　黄道、传星、金堂、母仓、土王后。
○宜受封、袭爵、起工、会亲、扫舍宇、疗病、修造、动土、开市、裁衣、剃头、行船、装载、栽种、竖柱、盖屋、给由、移居、穿井。丑辰午未戌时吉。
●重丧,乙年上朔。

7.庚午　土○　满伐　　天富、月恩、土王后、母仓。

○宜剃头、破土、开市、裁衣、牧牛、安葬、出行、针灸、移徙、造酒、斩草。子卯午时吉。

●黑道、天火、天狗、土瘟。

8.辛未　土○　平义　　活曜星、神在。

○宜祭祀、泥饰垣墙、平治道涂。寅申戌亥时吉。

●月煞、四废、地火、黑道、天罡、勾绞、罪至。忌余事不吉。

9.壬申　金○　定义　　天德、黄道、月德、上吉、敬心、神在。

○宜入学、祭祀、解除、动土、安葬、纳畜、安修碓磨。丑巳未时吉。

●月厌、火星、死气、官符。忌嫁娶、出行、竖造。

10.癸酉　金○　执义　　黄道、次吉、普护、六合、神在。

○宜上官、赴任、给由、赴举、入学、冠笄、解除、治病、捕捉、安葬、作灶、剃头、伐木。午未时吉。

●小耗、咸池。

11.甲戌　火○　破制　　显星、福生、神在、不将。

○宜祭祀、疗病、针灸、破屋坏垣。寅辰巳亥时吉。

●大耗、黑道、九空、焦坎、大败、六不成。忌余事不吉。

12.乙亥　火●　危义　　黄道、母仓、吉庆星、曲星。

○宜捕鱼、结网、畋猎。丑辰戌时吉。

●游祸、受死、刀砧、地贼、丙年上朔。忌凡事不吉。

13.丙子　水○　成伐　　天喜、月空、次吉、母仓、圣心、明星、天仓。

○宜上官、给由、结婚、会亲、出行、治病、修造、动土、入学、冠笄、竖柱、上梁、启攒、祈福、入舍、交易、下定、安床、安葬、盖屋、天井、平基、种莳、栽接、针灸。子卯丑午时吉。

●黑道、归忌、刀砧。忌作灶、入宅、行船。

14.丁丑　水○　收宝　　天德合、月德、益后、幽微星、不将、神在。

○宜针灸、栽种、接花木。巳申戌亥时吉。

●黑道、河魁、勾绞、荒芜、冰消。忌凡事不吉。

15.戊寅　土○　开伐　　天赦、天瑞、传星、黄道、续世、生气。

○宜冠笄、袭爵、受封、上官、下定、立券、交易、会亲、治病、词讼、开渠、穿井。丑辰巳未时吉。

●天贼、血忌。

16.己卯　土●　闭伐　　天恩、天福、天瑞、要安、天医、神在。

○宜祭祀、祈福、交易、冠笄、裁衣、给由、动土、祀灶、入仓、开库、栽种、词讼、补垣塞穴、作厕、马枋、祀灶、修筑、开池、栽接。子寅午未时吉。

●黑道、重丧、血忌、独火、月火。忌修造、移徙、赴任、安葬。

17.庚辰　金○　建义　　天恩、月恩、满德星、龙德、玉堂、黄道、神在。

○宜祭祀、出行、会亲、解除、穿牛。寅辰巳酉时吉。

●黑道、天瘟、四废、月建。忌凡事不宜。

18.辛巳　金●　除伐　　天恩、金堂、明堂、黄道、天瑞、天福、土王后、母仓。

○宜会亲、扫舍、解除、疗病、开市、除服、修合、种莳。丑未时吉。

●火星、丁年上朔、四废、辛年十恶大败。忌嫁娶、出行、安葬。

19.壬午　木●　满制　　天德、月德、土王后、母仓、天恩、天福。

○宜开市、交易、会亲、入仓、开库、裁衣、破土、针灸、种莳、栽接、安葬、剃头。丑午时吉。

●天火、龙虎、黑道、土瘟、飞廉、天狗。忌祭祀、赴任、纳财、移徙、竖柱、上梁、伐木、苫盖。

20. 癸未　木○　平伐　　天恩、活曜星、显星。
○宜泥墙、治路、栽种。卯辰巳申亥时吉。
●黑道、天罡、勾绞、罪至、月煞、地火。忌凡事不吉。

21. 甲申　水○　定伐　　黄道、曲星、敬心、神在。
○宜祭祀、解除、修造、竖柱、上梁、纳畜、破土、安葬、入学、求师、盖屋、作陂、经络、设醮、养蚕、祀灶、裁衣、开池、安碓、伐木、起工、定磉。丑寅辰未时吉。
●月厌、死气、官符。忌嫁娶、移徙、赴任。

22. 乙酉　水●　执伐　　黄道、普护、六合、神在。
○宜上官、赴任、袭爵、受封、解除、求医、治病、赴举、纳财、捕捉、安葬、剃头、沐浴、取鱼、祈福、祭祀、设斋、安香火。宜子丑寅卯午时吉。
●小耗。忌余事不宜。

23. 丙戌　土○　破宝　　福生、月空、神在。
○宜祭祀、针灸、治病、破屋坏垣。寅申酉亥时吉。
●黑道、九空、焦坎、月破、大败、六不成、大耗。忌余事不宜。

24. 丁亥　土●　危伐　　天德合、母仓、玉堂、黄道、月德、上吉。
○宜沐浴、会亲、结网、畋猎。宜丑辰未戌时吉。
●游祸、受死、地贼、戌年上朔。忌余事不宜。

25. 戊子　火○　成制　　天喜、母仓、圣心、明星、天仓、三合。
○宜结婚、纳财、治病、修造、动土、上梁、交易、下定、立券、安床、牧养、经络、天井、会亲、盖屋、修筑、剃头、种莳、栽接花木、雕刻。宜卯巳午未时吉。
●黑道、归忌、刀砧。忌远回、移徙、安葬。

26.**己丑　火●　收专**　　幽微星、益后、神在。

○宜捕捉。子寅卯戌亥时吉。

●黑道、重丧、河魁、勾绞、荒芜、冰消。忌余事不宜。

27.**庚寅　木○　开制**　　天福、天瑞、月恩、黄道、续世、生气。

○宜上官、赴任、受封袭爵、会亲、治病、安葬、下定、词讼、穿井。子丑辰巳时吉。

●天贼、四废、火星、血忌。忌嫁娶、作仓。

28.**辛卯　木●　闭制**　　天福、要安、天医、神在。

○宜祭祀、入仓、开库、立券、交易、破土、启攒、词讼、栽种、造栏枋、羊栈。丑寅巳午时吉。

●黑道、四废、血支、独火。忌结婚、移徙、修造、赴任。

29.**壬辰　水○　建伐**　　天德、月德、黄道、玉堂、天福、显星、满德星、龙德。

○宜出行、交易、裁衣、泥饰舍宇、上官、针灸、种植、穿牛。寅巳时吉。

●黑道、天瘟、月建。忌余事不吉。

30.**癸巳　水○　除制**　　天福、黄道、金堂、曲星、土王后、母仓。

○宜袭爵、受封、解除、求医、疗病、修造、动土、开市、剃头、开池、分居、起工、进人口、会亲、扫舍、作陂、收割、割蜂、竖造、种莳、栽接、修合、除服、冠笄。丑卯午时吉。

●巳年上朔。忌结婚、出行、安葬。

31.**甲午　金○　满宝**　　天富、次吉、土王后、母仓、神在。

○宜会亲、整容、经络、破土、启攒、剃头、开市、栽植、种莳、修作仓库。子丑卯时吉。

●天火、龙虎、黑道、土瘟、飞廉、天狗。

32.乙未　金〇　平制　　　活曜星、神在。

〇宜祭祀、泥墙砌路。子寅卯戌时吉。

●黑道、月煞、罪至、天罡、勾绞、地火。忌凡事不宜。

33.丙申　火〇　定制　　　黄道、月空、传心、敬心、神在。

〇宜入学、安葬、祭祀、解除、破土、入仓、开库、进人口、竖造、雕刻、纳畜、安碓。子丑辰未时吉。

●月厌、死气、官符。忌嫁娶、出行、作灶、移徙。

34.丁酉　火〇　执制　　　天德合、月德合、黄道、普护、神在。

〇宜上官、赴任、祭祀、解除、治病、牧养、捕捉、安葬、冠笄、入学、立券、给由、赴举、伐木、定磉、修造、动土、修筑、出火、畋猎、移徙、祈福、求神。午未时吉。

●小耗。忌嫁娶、开市、交易、下水。

35.戊戌　木〇　破专　　　福生。

〇宜疗病、破屋坏垣。宜寅卯午亥时吉。

●黑道、大耗、九空、焦坎。忌余事不吉。

36.己亥　木〇　危制　　　天富、玉堂、黄道、母仓、吉庆星。

〇宜沐浴、捕鱼、种莳、栽接花木。宜午未戌时吉。

●受死、火星、游祸、重丧、地贼、刀砧、庚年上朔。忌余事不吉。

37.庚子　土〇　成宝　　　天福、月恩、上吉、母仓、圣心、明星、天喜、天仓。

〇宜入学、给由、给财、修造、动土、上梁、交易、牧养、启攒、安床、安葬、疗病、安碓、盖屋、冠笄、下定、行船、求婚、定磉、作灶、剃头、祈福、上官、移徙、词讼、远回、开池。宜子丑卯午时吉。

●黑道、归忌、刀砧、四废。

38.辛丑　土○　收义　　天福、显星、益后、幽微星。

○宜捕捉、取鱼。寅巳申亥时吉。

●黑道、四废、河魁、勾绞、荒芜、冰消。忌余事不吉。

39.壬寅　金○　开宝　　天德、月德、黄道、上吉、曲星、续世、生气。

○宜上官、赴任、袭爵、受封、冠笄、会亲、治病、穿井、造天井、开渠、雕刻、施恩、封拜、上表章、亲民、立券、交易。宜丑辰未戌时吉。

●血忌、天贼。忌嫁娶、安葬、出行、作仓、行船。

40.癸卯　金○　闭宝　　天医、要安、次吉。

○宜立券、交易、破土、启攒、补垣塞穴、作厕、断蚁、安床。宜寅卯午未时吉。

●月害、黑道、血支、独火、月火。忌结婚、出行、牧养。

41.甲辰　火●　建制　　黄道、满德星、玉堂、龙德、上吉。

○宜泥饰舍宇、出行、穿井、修造、畜栏。宜巳亥时吉。

●黑道、天瘟、月建。忌余事不吉。

42.乙巳　火○　除宝　　天福、明堂、黄道、传星、次吉、金堂、土王后、母仓。

○宜冠笄、会亲、祭祀、解除、起工、造门、治病、开市、移徙、竖造、作陂、开池、给由、分居、入宅、绘像、求财、针灸、披剃、安床、种莳、修作仓库。丑辰午未时吉。

●辛年上朔。忌结婚、出行。

43.丙午　水○　满专　　天富、月空、次吉、土王后、母仓、神在。

○宜移徙、出行、剃头、修舍、动土、开市、经络、裁衣、栽种、牧养、破土、安葬。子丑午卯时吉。

●天狗、飞廉、天火、土瘟、龙虎。

1097

44.**丁未**　水○　**平宝**　　天德合、月德合、活曜星、神在。

○宜祭祀、泥墙、治路。巳申戌亥时吉。

●月煞、黑道、天罡、勾绞、罪至、地火。忌余事不吉。

45.**戊申**　土○　**定宝**　　金匮、黄道、敬心、天宝、明星、神在。

○宜祭祀、动土、解除、放债、交易、纳畜、安碓磨。卯巳未戌时吉。

●月厌、火星、死气、官符、五离、地火。忌嫁娶、出行、安床、安葬。

46.**己酉**　土○　**执宝**　　天恩、天德、黄道、普护、六合、神在。

○宜祭祀、袭爵、受封、上官、赴任、入学、普护、解除、疗病、捕捉、畋猎。宜子寅卯辰未时吉。

●重丧、四耗、五离、五虚。忌结婚、交易、移徙。

47.**庚戌**　金○　**破义**　　天喜、天恩、月恩、天医、显星、福生。

○宜祭祀、疗病、破屋坏垣。宜辰巳午未酉时吉。

●黑道、大耗、四废、大败、六不成。忌凡事不吉。

48.**辛亥**　金○　**危宝**　　天恩、玉堂、黄道、母仓、曲星。

○宜会亲、纳财、栽种。丑午未申戌时吉。

●地贼、受死、游祸、刀砧、四废、壬年上朔。忌余事不吉。

49.**壬子**　木○　**成专**　　天德、月德、天恩、月恩、母仓、天瑞、天仓、上吉。

○宜纳财、修造、动土、竖柱、上梁、定磉、盖屋、破土、启攒、安葬、入学、冠笄、安床、作陂、开池、交易、牧养、疗病、行船、种莳、栽接花木。子丑午申时吉。

●黑道、归忌、刀砧。忌结婚、移徙、入官。

50.**癸丑**　木○　**收伐**　　天恩、益后、幽微星。

○宜捕捉、成服。寅巳申戌亥时吉。

●黑道、河魁、勾绞、荒芜、冰消。忌余事不吉。

51.**甲寅　水**○　**开专**　　司命、黄道、传星、续世、次吉、生气、五合。
○宜上官、赴任、袭爵、受封、冠笄、治病、会亲、启攒、开市。子辰巳申戌时吉。
●血忌、天贼。忌作仓开库。

52.**乙卯　水**○　**闭专**　　天医、要安、五合。
○宜祭祀、立券、交易、嫁娶、冠笄、进人口、安床、补垣塞穴、作陂、开池、作灶、破土、安葬。宜子寅卯酉时吉。
●勾陈、黑道、血支。忌结婚、移徙、牧养、栽种。

53.**丙辰　土**○　**建宝**　　黄道、月空、满德星、玉堂、龙德、神在。
○宜祭祀、出行、泥饰宇舍、穿井。宜丑寅亥时吉。
●黑道、天瘟。忌余事不吉。

54.**丁巳　土**○　**除专**　　天德合、月德合、明堂、黄道、土王后、上吉。
○宜祭祀、祈福、动土、解除、栽植、牧养、疗病、进人口、针灸、开市、会亲、拜封、颁诏、招贤亲民、破土、安葬、除服。辰未戌时吉。
●火星、癸年上朔。忌结婚、出行、嫁娶、安碓、作仓。

55.**戊午　火**○　**满义**　　福德、天福、土王后、母仓、神在。
○宜剃头、补垣、开市、经络、整容、种莳、修筑。卯午申酉时吉。
●天火、龙虎、土瘟、黑道、飞廉、天狗。忌移徙、动土、安葬、竖柱。

56.**己未　火**○　**平专**　　上吉、活曜星、显星、神在。
○宜祭祀、泥饰垣墙、治路。宜寅卯戌时吉。
●黑道、月煞、重丧、天罡、勾绞、罪至、地火。忌余事不吉。

57.**庚申　木**○　**定专**　　天福、月恩、金匮、黄道、曲星、敬心、天宝、明星。

　　○宜解除、裁衣、纳畜、破土、安葬、安碓磨、进人口。宜丑辰巳时吉。

　　●月厌、四废、死气、官符。忌结婚、移徙、出行、修造、安床。

58.辛酉　木○　执专　　　天道、黄道、普护、六合、神在。

　　○宜祭祀、解除、治病、捕投、取鱼、安葬、畋猎。宜子寅午未时吉。

　　●正四废、小耗、咸池。忌结婚、交易、移徙、动土、竖柱。

59.壬戌　水○　破伐　　　天德、月德、福生。

　　○宜疗病、破屋坏垣、畋猎。宜辰巳申酉时吉。

　　●黑道、大耗、九空、焦坎、大败、六不成、月破。忌余事不吉。

60.癸亥　水○　危专　　　玉堂、黄道、母仓、传星、神在。

　　○宜捕鱼、结网、畋猎。宜午戌亥时吉。

　　●受死、游祸、地贼、刀砧、甲年上朔。忌余事不宜。

四月

四月　建巳　乾　自立夏四月节后，天道西行，宜向西行，宜修造西方。月
　　　仲吕

厌在未，月煞在辰，天德在辛，月德在庚，月合在乙，月空在甲，宜甲乙庚上修
造、动土。

立夏　后太阳　尚在酉　从魁　为天月将　　《授时历》某日躔大梁之次，宜用
小满　　　　始过庚　传送

甲庚丙壬时；某日时刻日躔实沈之次，宜用甲庚丙壬时。

日凶杂忌

争雄子丑日　　胎神在灶　　财离未日　　八风甲辰甲申　　四虚败甲子日

离别 丙辰日　　咸池 午日　　往亡 立夏后八日　　荌龙 申日　　三不返 寅未日

反激 戊辰日　　灭门 寅日　　九良 在厨　　伏龙 占中堂　　五不遇 丑未日

宅龙 占大门　　四穷 丁亥日　　四逆 同前　　荒芜 申酉日　　绝烟火 丑未日

初一	十六　四不祥
初二　六壬空、龙禁	十七
初三　大空亡	十八　赤口
初四　天休废	十九　大空亡、四不祥
初五　四方耗、月忌	二十　龙禁、六壬空
初六　赤口	廿一
初七　小空亡、杨公忌、四不祥	廿二　龙禁
初八　六壬空、龙禁	廿三　小空亡、月忌
初九　天休废、凶败、长星、天地绝气	廿四　赤口
初十	廿五　短星、凶败、瘟星入
十一　大空亡	廿六　龙禁
十二　赤口	廿七　大空亡
十三	廿八　瘟星出、四不祥
十四　月忌、龙禁、六壬空	廿九
十五　小空亡	三十　赤口

1.甲子　金○　危义　　天恩、次吉、月空、活曜星、神在。

○宜祭祀、嫁娶、出行、安床、剃头、入学、分居、作灶、竖柱、上梁、冠笄、经络、入宅、移居、给由、动土、定磉、盖屋、栽种、裁衣、修造、穿井、下定、安床、设帐、造门。宜子丑寅卯时吉。

●黑道、龙虎。忌出财、治病。

2.**乙丑　金**○　**成制**　　天恩、月德合、上吉、玉堂、黄道、天喜、三合、神在。

○宜入学、纳采、祭祀、治病、交易、动土、安碓、开仓库、安葬、开池、纳畜、放债。宜子寅卯巳申时吉。

●火星、罪至、归忌、月厌对。忌嫁娶、远回、移徙、栽植、乘船。

3.**丙寅　火**○　**收义**　　天德合、母仓、天恩、敬心、天岳、明星。
○宜种植、捕捉。宜子丑辰戌时吉。
●天瘟、黑道、重丧、刀砧、勾绞、独火、天罡。忌诸事不宜。

4.**丁卯　火**○　**开义**　　天恩、显星、母仓、天仓、敬心、生气、神在。
○宜入学、出行、会亲、治病、修造、动土、立券、交易、栽种、启攒、牧养、冠笄、求婚、竖柱、上梁、开渠、穿井、祭祀、行船、盖屋、天井、安碓磨、上官、赴任、斩草、下定。寅卯午未时吉。

●黑道、咸池。

5.**戊辰　木**○　**闭专**　　天恩、司命、黄道、吉庆星、福生、曲直、天医、神在。

○宜出行、移徙、冠笄、修造、动土、祭祀、祈福、交易、栽接、修舍、补垣塞穴、作厕、斩草、起染、堆垛、修造、给由、合帐、结网、断蚁。巳午酉亥时吉。

●月杀、血支。忌余事。

6.**己巳　木**○　**建义**　　月恩、龙德。
○宜安葬、塞鼠、断蚁。丑辰午未时吉。
●黑道、受死、大败、六不成、庚年上朔。忌诸事不吉。

7.**庚午　土**○　**除伐**　　黄道、月德、上吉、幽微星、圣心、吉期、青龙。
○宜上官、赴任、入学、出行、冠笄、解除、疗病、栽木、安床、开仓库、破土、安葬、求嗣、竖柱、上梁、扫舍、移居、栽种、剃头、受封、开池、造栏枋、天井。宜子丑卯午时吉。

●黑道、咸池。忌余事。

8.辛未　土○　满义　　天德、上吉、明堂、黄道、传星、益后、天富。
○宜安产室、进人口。寅申戌时吉。
●月厌、土瘟、天贼、九空、焦坎。忌诸事不吉。

9.壬申　金○　平义　　六合、续世、神在。
○宜泥墙、治路。丑辰巳未时吉。
●黑道、游祸、河魁、勾绞、地火、四废、荒芜、乙庚年十恶大败。忌诸事不吉。

10.癸酉　金○　定义　　满德星、要安、神在。
○宜祭祀、解除、安葬、冠带、剃头、破土、沐浴、经络、作陂、开池、安碓磨、纳畜。寅卯午未时吉。
●黑道、天火、死气、官符。忌结婚等事。

11.甲戌　火○　执制　　黄道、金匮、月空、玉堂、次吉、不将、神在。
○宜祭祀、解除、结婚、进人口、给由、会亲、嫁娶、捕捉、动土、修筑、安床、设帐。宜寅卯辰巳时吉。
●火星、小耗、咸池。忌出行、交易。

12.乙亥　火○　破义　　天仓、月德合、天德、黄道、金堂、不将。
○宜破屋坏垣。宜丑辰戌时吉。
●小耗、月破、丙年上朔。忌凡事不吉。

13.丙子　水○　危伐　　天德合、次吉、活曜星、不将。
○宜入学、出行、起工、盖屋、赴举、冠笄、造猪栏、祈福、沐浴、纳财、裁衣、栽植。宜子丑卯午时吉。
●黑道、龙虎、重丧、致死、五虚。忌嫁娶、作灶。

14.**丁丑　水○　成宝**　　天喜、次吉、曲星、黄道、天宝、明星、天医、三合、神在。

○宜结婚、纳采、治病、入学、祭祀、修造、动土、盖屋、竖柱、上梁、安葬、交易、起工、立券、下定、裁衣、安床、上官、纳财、栽种、经络、设醮、平基、入仓。宜寅卯巳申时吉。

●归忌、罪至。忌远回、移徙、乘船、穿井、起染。

15.**戊寅　土○　收伐**　　天瑞、母仓、敬心、天岳、明星。
○宜栽种、捕捉。宜巳未戌时吉。
●黑道、天瘟、天罡、勾绞、刀砧、月火。忌诸事不宜。

16.**己卯　土○　开伐**　　天恩、月恩、天瑞、天福、母仓、神在、五合、上吉。

○宜入学、祭祀、出行、结婚、会亲、冠笄、下定、治病、交易、给由、竖造、盖屋、经络、牧养、纳财、作仓、祀灶、栽种、雕刻、斩草、剃头、入仓库。子寅午未时吉。

●黑道、九丑、玄武、刀砧。

17.**庚辰　金○　闭义**　　天恩、月德、上吉、司命、黄道、吉庆星、福生、传星、天医。

○宜冠笄、祭祀、祈福、交易、给由、绘像、移居、作厕。寅辰巳酉亥时吉。
●月煞、血忌。忌开仓、种植、牧养、治病。

18.**辛巳　金○　建伐**　　天恩、天瑞、天福、天德、上吉。
○宜塞鼠、断蚁。丑午未戌亥时吉。
●受死、黑道、大败、六不成、丁年上朔。忌随事不吉。

19.**壬午　木○　除制**　　天恩、幽微星、圣心、青龙、黄道、上吉。
○宜上官、赴任、祭祀、冠笄、疗病、剃头、词讼、上表、起工、伐木、交易、针刺、祈福、斩草、栽种、扫舍宇、纳畜、解除、安葬、除服。宜丑寅时吉。

●黑星、四废。忌结婚、移徙、乘船。

20.癸未　木○　满伐　　天富、天恩、明堂、黄道、上吉。

○宜会亲友、进人口、塞穴。丑寅卯申亥时吉。

●火星、天贼、土瘟、四废、焦坎、大败。忌余事不宜。

21.甲申　水○　平伐　　月空、续世、六合、神在。

○宜平治道涂。丑辰巳午未时吉。

●黑道、游祸、河魁、勾绞、血忌、地火、荒芜、冰消。忌凡事不宜。

22.乙酉　水○　定伐　　月德、满德星、要安、神在、显星。

○宜祭祀、受封、冠带、牧养、剃头、动土、破土、安葬、穿牛、沐浴。子丑寅卯时吉。

●黑道、天火、生气、官符。忌余事。

23.丙戌　土○　执宝　　天德合、金匮、黄道、次吉、玉堂、曲星、不将。

○宜祭祀、祈福、解除、结婚、畋猎、会亲、捕捉、纳表章、安床、设帐。寅申酉亥时吉。

●重丧、小耗、地贼。忌余事不宜。

24.丁亥　土○　破伐　　天仓、天德、黄道、金堂、神在。

○宜祭祀、破屋坏垣、针灸。丑辰未戌时吉。

●大耗、月破、戊年上朔。忌余事不宜。

25.戊子　火○　危制　　活曜星、不将。

○宜出行、嫁娶、安床、修造、动土、剃头、冠笄、词讼、盖屋、求婚、经络、立券、竖造、天井、栽种、雕刻、牧养、造猪栏。宜卯巳午时吉。

●黑道、龙虎。忌移徙、出财、治病。

26.己丑　火○　成专　　天喜、天恩、月恩、黄道、传星、次吉、神在。

○宜祭祀、纳采问名、会亲、纳财、治病、交易、上官、下定、安葬、竖造、经络、剃头、雕刻、作灶、起染、入仓、开库、堆垛。宜子寅卯巳亥时吉。

●月厌、归忌、罪至。忌嫁娶、移徙、动土、乘船。

27.庚寅　木○　收制　　天瑞、月德、母仓、天福、敬心、天岳、明堂。
○宜捕捉、种植、结网、成服。子丑辰戌时吉。
●黑道、天罡、勾绞、天瘟、刀砧、月火。忌余事不吉。

28.辛卯　木○　开制　　天德、母仓、天福、普护、生气、神在。
○宜入学、出行、祭祀、结婚、治病、会亲、造门、开仓库、上梁、安碓、修造、动土、嫁娶、立券、交易、栽种、牧养、启攒、剃头、盖屋、冠笄、行船、作酒。宜子寅卯午时吉。
●黑道、刀砧。忌移徙、上官。

29.壬辰　水○　闭伐　　天福、司命、黄道、吉庆星、福生、天医。
○宜斩草、交易、补垣塞穴、安床、合帐、作厕。宜寅巳辰时吉。
●月煞、火星、四废、血支。忌开仓、牧养、安葬、作灶。

30.癸巳　水○　建制　　天福、龙德。
○宜次吉。宜戌亥时。
●黑道、月建、四废、受死、六不成、大败、巳年上朔。忌诸事不宜。

31.甲午　金○　除宝　　天赦、月空、幽微星、显星、圣心、青龙、黄道、次吉、神在。
○宜上官、赴任、解除、疗病、破土、启攒、剃头、移徙、安葬、除服、祈福、祭祀、求嗣、出火、分居、安碓磨、竖造、栽种、进人口、雕刻。宜子丑卯时吉。
●黑星。忌结婚、乘船、开仓。

32.乙未　金○　满制　　天福、月德合、明堂、黄道、益后。
○宜进人口、扫舍宇、开店肆。宜子卯午戌时吉。

●土瘟、天贼、飞廉、九空、焦坎、天狗。忌凡事不吉。

33.丙申　火●　平制　　　天德合、续世、六合。

○宜泥饰墙垣、平治道涂。宜子丑未戌时吉。

●黑道、重丧、游祸、河魁、勾绞、血忌、地火、荒芜、冰消。忌余事不吉。

34.丁酉　火○　定制　　　满德星、次吉、要安、神在。

○宜祭祀、解除、祈福、嫁娶、纳畜、破土、安葬、立券、交易、经络、行船、冠带、伐木、裁衣。宜午未时吉。

●黑道、天火、死气、官符。忌竖柱、作灶、冠笄。

35.戊戌　木○　执专　　　金匮、黄道、传星、玉堂、不将。

○宜会亲、结婚、解除、下定、栽种、进人口、上表章、捕捉。子寅午亥时吉。

●小耗、地贼。忌出行、交易、开市。

36.己亥　木○　破制　　　天福、天德、黄道、月恩、金堂、天仓。

○宜破屋坏垣、针灸。丑辰午未戌时吉。

●大耗、月破、庚年上朔。忌诸事不吉。

37.庚子　土○　危宝　　　天福、月恩、上吉、活曜星。

○宜出行、安床、破土、启攒、上官、入学、赴举、给由、移居、修筑、动土、定磉、竖造、交易、下定、求婚、裁衣、栽种、分居、立券、进人口、起工、穿井、纳畜、造栏枋。子丑卯午时吉。

●黑道、龙虎。

38.辛丑　土○　成义　　　明堂、天福、天德、玉堂、黄道、上吉、天喜。

○宜结婚、纳采问名、纳财、入学、修筑、交易、安葬、安碓、剃头、栽种、牧养、治病。寅卯巳申时吉。

●火星、归忌、罪至。忌移徙。

39.壬寅　金〇　收宝　　母仓、敬心、明星。

〇宜栽种、捕捉、结婚。丑辰未戌时吉。

●黑道、天罡、天瘟、四废、勾绞、月火。忌随事不宜。

40.癸卯　金〇　开宝　　普护、母仓、显星、生气。

〇宜入学、出行、结婚、会亲、治病、修造、动土、立券、交易、开仓、盖屋、上梁、剃头、竖造、下定、嫁娶、开渠、栽植、祀灶、安床。寅卯午未时吉。

●黑道、四废、刀砧。忌穿井、上官。

41.甲辰　火〇　闭制　　天医、月空、司命、黄道、福生、曲星、次吉、吉庆星。

〇宜作厕、断蚁、补垣塞穴、结网、畋猎、修作陂池、祈福、移居、冠笄、出兵、立寨。巳亥时吉。

●月煞、血支。

42.乙巳　火〇　建宝　　月德合、天福、龙德。

〇宜塞鼠、断蚁。子丑辰未戌时吉。

●黑道、受死、大败、六不成、辛生上朔。忌随事不宜。

43.丙午　水〇　除专　　天德合、幽微星、圣心、青龙、黄道、神在。

〇宜上官、赴任、祭祀、祈福、解除、求医、裁衣、词讼、起染、移居、定磉、安床、设帐。子丑巳午时吉。

●黑星、重丧。忌结婚、安葬。

44.丁未　水〇　满宝　　天富、黄道、传星、益后、天医、明堂。

〇宜会亲友、进人口、结婚。巳申戌亥时吉。

●月厌、土瘟、天贼、飞廉、九空、焦坎。忌余事不吉。

45.戊申　土〇　平宝　　续世、六合、不将、神在。

○宜平治道涂。巳未申戌时吉。

●黑道、游祸、河魁、勾绞、地火、血支、荒芜、冰消。忌凡事不吉。

46.己酉　土○　定宝　　天恩、月恩、要安、满德星。

○宜出行、纳财、祭祀、解除、祈福、沐浴、剃头、栽种、牧养、破土、安葬、纳畜。子寅卯辰未时吉。

●九丑、五离、天火、黑道、死气、官符。忌结婚、移徙。

47.庚戌　金○　执义　　天恩、月德、上吉、金匮、黄道、玉堂、神在。

○宜祭祀、解除、结婚、会亲、捕捉、畋猎、上表进章。辰巳午酉时吉。

●火星、小耗、地贼。忌竖柱、作灶、出行、交易。

48.辛亥　金○　破宝　　天恩、月德、黄道、金匮、天仓。

○宜破屋坏垣。丑午未酉亥时吉。

●大耗、月破、壬年上朔。忌诸事不宜。

49.壬子　木○　危专　　天恩、天瑞、活曜星、显星。

○宜出行、交易、栽种。子丑午申时吉。

●黑道、正四废、龙虎。忌余事不宜。

50.癸丑　木○　成伐　　天恩、曲星、玉堂、黄道、天喜。

○宜上官、入学、纳采、结婚、纳财、治病、修造、动土、上梁、交易、安葬、赴举、进人口、作灶、下定、安床、牧养、剃头、穿井、栽植、定磉、入仓库、雕刻、纳奴婢。宜卯巳时吉。

●四废、归忌、罪至。忌嫁娶、移徙、行船。

51.甲寅　水○　收专　　明星、月空、敬心、母仓。

○宜栽种、捕捉、畋猎。子丑辰未戌时吉。

●黑道、天罡、天瘟、刀砧、勾绞、月火。忌凡事不吉。

52.乙卯　水○　开专　　月德合、母仓、普护、生气、神在。

○宜入学、冠笄、祭祀、出行、结婚、修造、动土、盖屋、分居、作灶、竖柱、上梁、造门。子寅卯未时吉。

●黑道、刀砧。忌临官。

53.丙辰　土○　闭宝　　天德合、次吉、司命、黄道、吉庆星、福生。

○宜冠笄、祭祀、祈福、开池、修舍、交易、裁衣、补垣塞穴、作厕、结网、作陂、安床。酉亥时吉。

●月煞、重丧、血忌。忌安葬、开仓。

54.丁巳　土○　建专　　天福、龙德、神在。

○宜塞鼠、断蚁。丑辰午未戌时吉。

●受死、大败、六不成、癸年上朔。忌诸事不吉。

55.戊午　火○　除义　　黄道、幽微星、青龙、圣心、神在。

○宜上官、赴任、袭爵、受封、冠笄、出行、牧养、治病、修造、动土、栽莳。卯午申酉时吉。

●黑星、咸池。忌嫁娶、结婚、移徙、乘船。

56.己未　火○　满专　　天富、月恩、明堂、黄道、益后。

○宜牧养、进人口。子丑卯戌时吉。

●月厌、土瘟、火星、天贼、飞廉、九空、焦坎。忌凡事不宜。

57.庚申　木○　平专　　天福、月德、续世、六合、天富。

○宜成服、平治道涂、泥饰舍宇。丑辰巳时吉。

●黑道、游祸、河魁、勾绞、地火、荒芜、血忌、冰消。忌余事不吉。

58.辛酉　木○　定专　　天德、满德星、要安、神在。

○宜祭祀、解除、冠带、破土、安葬、交易、行船、入学、开店肆、词讼、剃头、纳畜、安碓磨。子寅午未时吉。

●黑道、天火、死气、官符、五离。忌结婚、移居。

59.壬戌　水○　执伐　　金匮、黄道、曲星、玉堂、上吉。

○宜结婚、会亲、修造、动土、捕捉、冠笄、进人口、上表章。宜辰巳申酉时吉。

●小耗、四废、地贼。忌出行、交易、安葬、作灶。

60.癸亥　水○　破专　　天德、天仓、黄道、金堂。

○宜破屋坏垣。午戌亥时吉。

●正四废、大耗、月破、辛年上朔。忌诸事不吉。

五月

五月　建午　姤　蕤宾　　自芒种五月节后，天道西北行，宜向西北行，宜修造西北方。月厌在午，月煞在丑，天德在乾，月德在丙，月合在辛，月空在壬，丙辛壬上宜修造、取土。

芒种后太阳尚在申始过坤　传送小吉　为天月将　　《授时历》某日时躔实沈之次，用甲丙庚壬时；某日时刻日躔鹑首之次，用艮巽坤乾时。

日凶杂忌

争雄未申日	伏龙在堂	离别丁巳日	胎神在身	三不返卯午日
财离寅日	咸池卯日	四穷丁亥日	往亡芒种后廿六日	四虚败甲子日
反激戊辰日	灭门丑日	八风甲辰甲申	荾龙戊日	五不遇寅日
宅龙占天	四逆同前	九良东及水路	绝烟火寅申日	触水龙丙子癸未

初一	六壬空	十六	四不祥
初二	大空亡、龙禁、四方耗	十七	赤口
初三		十八	大空亡、天休废
初四	四不祥	十九	四不祥、六壬空
初五	赤口、月忌、杨公忌	二十	龙禁
初六	小空亡	廿一	
初七	四不祥、六壬空	廿二	小空亡、龙禁
初八	龙禁	廿三	月忌、赤口
初九		廿四	瘟星入
初十	天乙绝气、大空亡	廿五	天地凶败、六壬空、短星
十一	赤口	廿六	大空亡、龙禁
十二		廿七	瘟星出
十三	天休废、六壬空	廿八	四不祥
十四	月忌、龙禁、小空亡	廿九	赤口
十五	天地凶败、长星	三十	小空亡

1.**甲子　金○　破义**　　天恩、金匮、黄道、天富。

○宜破屋坏垣。宜子丑寅卯时吉。

●月破、火星、受死、大耗、天贼、天火、荒芜。忌诸事不吉。

2.**乙丑　金○　危制**　　天喜、天恩、天德、黄道、圣心、吉庆星、神在。

○宜出行、赴举、祭祀、经络、安床、修造、动土、开池、收割、上表章。子寅卯巳申时吉。

●月煞、独火、月火。忌结婚、出财。

3.**丙寅　火○　成义**　　天恩、天德合、月德、母仓、显星、益后、天喜。

○宜上官、赴任、冠笄、下走、结婚、绘像、会亲、出行、入学、求医、修造、动土、竖柱、上梁、交易、安床、安产室、破土、启攒、栽种、造门、定磉、收割、合酱、牧养。子丑辰未时吉。

●黑道、归忌、飞廉、刀砧。

4.丁卯　火○　收义

○宜天恩、玉堂、黄道、幽微星、母仓。

○宜祭祀、捕捉。寅午未酉时吉。

●重丧、河魁、勾绞、九空、焦坎、血忌、刀砧。忌诸事不吉。

5.戊辰　木○　开专　　天恩、月恩、要安、天岳、明星、生气、神在。

○宜入学、出行、祭祀、结婚、上官、作灶、冠笄、治病、牧养、行船、开仓库、求财、裁衣、剃头、雕刻、栽种、收割、试新、穿井、伐木。宜寅辰巳午时吉。

●黑道。

6.己巳　木○　闭义　　福生、天医、玉堂。

○宜祭祀、裁衣、修造、动土、种莳、牧养、修仓、修厨、出兵、收割、作灶、作厕、伐木、移居、堆垛、盖屋、塞穴、穿牛、造畜栏。宜丑辰午未戌时吉。

●黑道、游祸、血支、乙年上朔。忌余事不吉。

7.庚午　土○　建伐　　黄道、满德星、神在。

○宜袭爵、养蚕、收割、出行、教牛、动土。宜丑卯申酉时吉。

●天瘟、月建、月厌、天地转煞。忌余事。

8.辛未　土○　除义　　月德合、上吉、六合、神在。

○宜冠笄、安床、裁衣、行船、入仓、开库、安葬、给由、解除、结婚、会亲、修造、动土、开池、出兵、移居、立券、交易、词讼、栽种、纳畜、竖造、入宅、造门。寅卯申时吉。

●黑道、龙虎。忌服药、上官、嫁娶。

9.壬申　金○　满义　　青龙、黄道、月空、神在。

○宜解除、经络、纳财、开市、破土、安葬、剃头、牧养。丑辰巳未时吉。

●黑道、土瘟、罪至、四废、天狗。忌余事。

10.癸酉　金○　平义　　明堂、黄道、活曜星、敬心、不将、神在。

○宜祭祀、嫁娶、剃头、泥墙、治路。宜卯午时吉。

●地贼、火星、大败、六不成、四废、勾绞。忌余事不吉。

11.甲戌　火○　定制　　天仓、次吉、普护、三合、不将、神在。

○宜祭祀、结婚、冠带、会亲、嫁娶、修造、动土、竖柱、上梁、裁衣、作灶、入学、安葬、安碓、破土、堆垛、定磉、雕刻、出火、纳畜、牧养、结网。宜寅辰巳时吉。

●黑道、死气、官符、蚩尤。忌开仓、临官、治病。

12.乙亥　火○　执义　　天德、显星、次吉、福生、不将。

○宜上官、入学、赴举、出火、起工、给由、修造、祈福、捕捉、剃头、修筑、动土、出兵、应试、沐浴、会亲、裁衣、结网、畋猎。宜丑辰未时吉。

●黑道、小耗、丙年上朔。忌冠笄、交易、嫁娶、栽植、安葬。

13.丙子　木○　破伐　　金匮、黄道、月德、曲星。

○宜破屋坏垣。子丑寅卯时吉。

●月破、火星、受死、大耗、天贼、天火、荒芜。忌诸事不宜。

14.丁丑　水○　危宝　　天德、黄道、吉庆星、圣心、神在。

○宜上官、出行、祭祀、安床、修造、动土、裁衣、纳表、经络、交易、祈福。寅巳申时吉。

●月煞、重丧、独火、月火。忌余事。

15.戊寅　土○　成伐　　天德合、月恩、母仓、天瑞、天喜、上吉、益后。

○宜入学、出行、上官、结婚、会亲、治病、修造、动土、交易、安葬、安产室、冠笄、栽种、求嗣、建醮、安碓磨、合酱。宜丑巳未时吉。

●黑道、归忌、飞廉、刀砧。忌移徙、竖柱、上梁、纳畜。

16.己卯　土〇　收伐　　　天恩、玉堂、黄道、母仓、天瑞、天福。
〇宜祭祀、栽接、捕捉、纳财。子寅午未时吉。

●河魁、勾绞、刀砧、血忌、冰消、九空、焦坎。忌余事不吉。

17.庚辰　金〇　开义　　　天恩、要安、次吉、天岳、明星、生气、神在。
〇宜祭祀、会亲、治病、栽种、剃头、给由、赴举、起染、作灶、下定、冠笄、安床、入仓、开库。寅辰巳午酉时吉。

●黑道。忌出财、上官。

18.辛巳　金〇　闭伐　　　天恩、天瑞、天福、月德、次吉、玉堂、天医。
〇宜入仓、开库、冠笄、词讼、补垣塞穴、堆垛、起染、移居、作陂、栽种。丑辰午未时吉。

●黑道、游祸、血支、丁年上朔。忌出行、安葬。

19.壬午　木〇　建制　　　天恩、月空、龙德、司命、黄道、金堂。
〇宜袭爵、受封、祭祀、纳财、栽种、穿牛。丑卯时吉。

●天地转煞、四废、月厌、火星、天瘟。忌余事不吉。

20.癸未　木〇　除伐　　　天恩、六合、不将。
〇宜冠笄、给由、移居、解除、结婚、会亲、立券、交易、竖造、裁衣、经络、修造、穿井。寅卯辰巳时吉。

●黑道、四废、龙虎。忌嫁娶、乘船、安葬、服药。

21.甲申　水〇　满伐　　　黄道、次吉、不将、神在。
〇宜出行、纳财、解除、嫁娶、移徙、修造、入仓、开库、经络、裁衣、破土、给由、赴举、剃头、泥墙、治路、塞鼠、断蚁。宜丑巳未申戌时吉。

●黑星、土瘟、罪至。忌余事不吉。

22.乙酉　水○　平伐　　明堂、黄道、活曜星、曲星、敬心。

○宜祭祀、剃头、泥墙、治路。子丑寅卯酉时吉。

●天罡、勾绞、大败、六不成、地贼、地火。忌余事不吉。

23.丙戌　土○　定宝　　天仓、月德、上吉、普护、不将、神在。

○宜上官、祭祀、冠带、开池、结婚、会亲、下定、裁衣、纳畜、立券、进人口、伐木。寅辰巳亥时吉。

●黑道、死气、官符。忌修造、动土、作灶。

24.丁亥　土○　执伐　　天德、福生、神在。

○宜祭祀、祈福、捕捉。丑辰未戌时吉。

●黑道、小耗、重丧、朱雀、劫煞、戊年上朔。忌诸事不吉。

25.戊子　火○　破制　　金匮、黄道、月恩、传星。

○宜破屋坏垣。卯午申酉时吉。

●月破、大耗、受死、天贼、荒芜。忌诸事不吉。

26.己丑　火○　专危　　天德、黄道、吉庆星。

○宜祭祀、嫁娶、经络、起染。卯申戌亥时吉。

●月煞、独火、月火。忌余事不吉。

27.庚寅　木○　成制　　天德合、母仓、天瑞、天福、天喜、次吉、益后。

○宜结婚、会亲、出行、入学、治病、修造、动土、冠笄、上梁、定磉、安床、盖屋、安葬、安产室、立券、交易、天井、作陂、下定、合酱。子辰丑巳时吉。

●黑道、归忌、飞廉、刀砧。忌移徙、纳畜、远回。

28.辛卯　木○　收制　　天德、月德合、玉堂、黄道、幽微星。

○宜祭祀、栽植、捕捉。子寅午酉时吉。

●河魁、勾绞、刀砧、九空、血忌、焦坎。忌诸事不吉。

29.**壬辰　水○　开伐**　　天福、月空、要安、天岳、明星、生气。

○宜结婚、出行、入学、治病、修造、动土、安葬、安碓、进人口、下定、穿井、栽种、上表、上官、安床、盖屋、出火、冠笄、裁衣、入仓、开库、作灶、竖柱、上梁、纳畜。寅辰巳时吉。

●黑道、四废。

30.**癸巳　水○　闭制**　　天福、显星、玉堂。

○宜修宅、裁衣、补垣塞穴。宜子戌亥时吉。

●黑道、游祸、血支、四废、巳年上朔。忌出行、安葬、疗病、启攒。

31.**甲午　金○　建宝**　　天赦、司命、黄道、龙德、满德星、金堂。

○宜祭祀、袭爵、受封。宜子卯午时吉。

●月厌、天瘟、天地转煞。忌诸事不吉。

32.**乙未　金○　除制**　　六合、神在。

○宜祭祀、解除、结婚、会亲、立券、交易、剃头、天井、竖造、行船、破土、沐浴、除服、安床、造栏枋、起染、堆垛。子辰卯申时吉。

●黑道、龙虎。忌嫁娶、临官、视事、栽植。

33.**丙申　金●　满义**　　天医、青龙、黄道、月德、上吉、天福、神在。

○宜解除、纳财、给由、放债、冠笄、开市、经络、破土、安葬。子丑辰未时吉。

●黑星、土瘟、罪至。忌诸事不吉。

34.**丁酉　金○　平宝**　　明堂、黄道、活曜星、传星、敬心。

○宜祭祀、栽种、牧养、纳畜、入仓、泥饰垣墙、平治道涂。午未时吉。

●重丧、勾绞、大败、天罡、六不成、地贼。忌余事。

35.**戊戌　水○　定专**　　天仓、月恩、普护、次吉、不将。

○宜上官、冠带、结婚、嫁娶、会亲、出行、移徙、修造、动土、竖柱、上梁、安碓磨、裁衣。宜子寅辰午时吉。

●黑道、死气、官符。忌治病、栽植、安产室。

36.己亥　水○　执伐　　天德、天福、次吉、福生。

○宜出行、移徙、修造、动土、栽植、牧养、捕捉、祈福。宜丑辰午未时吉。

●黑道、小耗、庚年、上朔。忌结婚、交易、启攒、安葬。

37.庚子　水○　破专　　天福、金匮、黄道。

○宜破屋坏垣。子丑申未时吉。

●火星、受死、大耗、天贼、天火、荒芜。忌百事不吉。

38.辛丑　水○　危专　　天喜、天福、月德合、吉庆星、天德、黄道、上吉、圣心。

○宜纳采问名、安床、修造、动土、祭祀、嫁娶、设斋、祈福、结网、起染、上表章。寅辰巳时吉。

●月火、血支、独火。

39.壬寅　金○　成宝　　天德合、月空、显星、母仓、益后、天喜。

○宜结婚、入学、出行、治病、修造、动土、安葬、安产室、立券、交易、破土、定磉、上表章、安碓、栽种、牧养、上官、求嗣、祈福、结网、剃头。宜丑辰巳未时吉。

●四废、黑道、飞廉。忌移徙、远回、上梁。

40.癸卯　金○　收宝　　玉堂、黄道、母仓、幽微星、续世、曲星。

○宜栽种、捕捉。宜寅卯午未时吉。

●河魁、勾绞、四废、血忌、九空、刀砧。忌余事不吉。

41.甲辰　火○　开制　　明星、要安、次吉、生气。

○宜会亲、治病、给由、赴举、词讼、安葬、冠笄、求婚、下定、安床、作灶、起染、天井。辰巳时吉。

　　●黑道。忌出财、乘船、上官、开仓。

　　42.乙巳　火○　闭宝　　天福、玉堂、天医、神在。

　　○宜养蚕、作灶、堆垛、塞穴补垣。子丑辰巳戌时吉。

　　●黑道、游祸、血支、辛年上朔。忌凡事不吉。

　　43.丙午　水○　建专　　传星、司命、黄道、月德、满德星、金堂、神在。

　　○宜祭祀、袭爵、受封。子丑申酉时吉。

　　●月厌、天瘟、天地转煞。忌余事不吉。

　　44.丁未　水○　除宝　　六合、上吉、神在。

　　○宜祭祀、解除、结婚、会客、立券、交易、裁衣、动土、出行、竖造、上梁、修筑、起染、收割、纳奴婢、养蚕、割蜂、堆垛、除服、求医、治病。寅卯巳时吉。

　　●黑道、重丧、龙虎。忌临官、安葬、启攒、服药。

　　45.戊申　土○　满宝　　青龙、黄道、月恩、上吉、不将、神在。

　　○宜袭爵、受封、冠笄、纳财、出行、移徙、修舍、动土、裁衣、开市。丑卯未戌时吉。

　　●黑星、土瘟、罪至、天狗、五畜。忌余事不吉。

　　46.己酉　土○　平宝　　天恩、明堂、黄道、活曜星、敬心。

　　○宜祭祀、剃头、泥墙、治路。子寅卯辰未时吉。

　　●地贼、火星、大败、六不成、天罡、勾绞。忌诸事不吉。

　　47.庚戌　金●　定义　　天恩、普护、次吉、天仓、三合、上吉、神在。

　　○宜祭祀、冠带、结婚、会亲、修造、动土、竖柱、上梁、裁衣、牧养、安碓、放债、作厕。寅辰巳午未时吉。

　　●黑道、死气、官符。忌治病、词讼。

48.辛亥 金○ 执宝 天德合、月德合、天恩、显星、福生上吉。

○宜祈福、修造、捕捉、动土、起工、给由、冠带、剃头、教牛。丑辰午未时吉。

●黑道、小耗、壬年上朔。忌交易、结婚。

49.壬子 木○ 破专 天恩、月空、天瑞、黄道、曲星。

○宜破屋坏垣。子丑午申时吉。

●正四废、大耗、天火、天贼、受死、荒芜。忌凡事不宜。

50.癸丑 木○ 危伐 天喜、天恩、吉庆星、天德、黄道、圣心。

○宜安床、修造、动土、经络、纳采、斩草、破土。卯巳申戌亥时吉。

●四废、独火、月煞、复日、月火。忌结婚、乘船、安葬、冠笄、词讼。

51.甲寅 水● 成专 天德合、母仓、次吉、益后、天喜、天医。

○宜结婚、会亲、出行、入学、造门、修造、动土、立券、交易、安产室、安葬、作灶。子丑辰未戌时吉。

●黑道、归忌、飞廉、刀砧、大煞。

52.乙卯 水○ 收专 玉堂、黄道、幽微星、母仓、续世。

○宜捕捉、祭祀、畋猎。子寅卯酉时吉。

●河魁、勾绞、刀砧、血忌、九空、焦坎、冰消。忌余事不吉。

53.丙辰 土○ 开宝 月德、上吉、要安、天岳、明星、生气、神在。

○宜祭祀、上官、结婚、出行、入学、修造、动土、治病、安葬、裁衣、行船、盖屋、冠笄、开仓库、进人口、下定、安床、安碓、开渠、栽种、穿井、天井、造栏枋、试新。宜寅辰巳时吉。

●黑道。

54.丁巳 土○ 闭专 天福、天医、玉堂、神在。

○宜修舍、裁衣、补垣塞穴、作厕。丑午未戌亥时吉。

●黑道、游祸、重丧、血支、癸年上朔。忌出行、治病、针刺、启攒、安葬。

55.戊午　火○　建义　　司命、黄道、月恩、满德星、金堂、龙德。
○宜祭祀、袭爵、穿牛。卯午申酉时吉。
●天地转煞、天瘟、火星、月厌。忌诸事不吉。

56.己未　火○　除专　　上吉、六合、神在。
○宜祭祀、会亲、结婚、出行、移徙、修造、动土、立券、交易、栽种、牧养、剃头、冠笄、修筑、入宅、安床、行船。子寅巳午时吉。
●黑道、龙虎。忌嫁娶。

57.庚申　木○　满专　　天德、显星、黄道、青龙、上吉。
○宜袭爵、受封、出行、移徙、修造、开市、裁衣、破土、安葬、剃头、放债、纳财、作灶。丑辰巳时吉。
●黑道、罪至、土瘟。忌余事不吉。

58.辛酉　木○　平专　　明堂、黄道、月德合、活曜星。
○宜祭祀、泥墙、治路。子午未申酉时吉。
●地贼、天罡、勾绞、大败、六不成、地火。忌凡事不吉。

59.壬戌　水○　定伐　　天仓、月空、普护、神在。
○宜结婚、会亲、修造、动土、竖柱、上梁、安碓、裁衣、牧养、冠带。子寅午未酉时吉。
●黑道、死气、官符、四废。忌临官、栽植。

60.癸亥　水○　执专　　天德、福生、神在。
○宜祭祀、祈福、捕捉、畋渔。午戌亥时吉。
●黑道、小耗、正四废、朱雀、甲年上朔。忌余事不吉。

六月

六月 建未 遁 林钟　自小暑六月节后，天道东行，宜向东行，宜修造东方。月厌在巳，月煞在戌，天德在申，月德在甲，月合在己，月空在庚，宜甲己庚上修造、取土。

小暑 后太阳 尚在未 始过丁 小吉 胜光 为天月将　《授时历》某日时躔鹑首之次，宜艮巽坤乾时；某日时刻日躔娵訾之次，宜癸乙丁辛时。

日凶杂忌

争雄 丑寅日　伏龙 酉垣　财离 子日　荄龙 丑日　三不返 巳未日

别离 丁巳日　咸池 子日　四穷 丁亥日　胎神 在灶　四虚败 甲子日

反激 伐辰　灭门 子日　八风 甲辰 甲申　绝烟火 卯日　五不遇 卯日

宅龙 在墙　四逆 同前　往亡 小暑后 廿四日　九良星 东及 水路　触水龙 丙子 癸丑

初一	天地凶败、大空亡	十六	四不祥、赤口
初二	龙禁	十七	大空亡
初三	四方耗、龙禁、杨公忌	十八	六壬空
初四	四不祥、赤口	十九	四不祥
初五	小空亡、月忌	二十	天地凶败、短星、龙禁
初六	六壬空	廿一	小空亡
初七	四不祥	廿二	天休废、赤口
初八	龙禁	廿三	瘟星出、月忌
初九	大空亡	廿四	六壬空

（续表）

初十	赤口、长星	廿五	大空亡
十一	天乙绝气	廿六	瘟星出、龙禁
十二	六壬空	廿七	天休废
十三	小空亡	廿八	四不祥、赤口
十四	月忌、龙禁	廿九	小空亡
十五		三十	六壬空

1.**甲子　金○　执义**　　天恩、天德、月德、金堂、上吉、神在。

○宜祭祀、上官、赴任、捕捉、解除、破土。宜子丑寅卯时吉。

●天瘟、九空、焦坎、归忌、小耗、月火、荒芜。忌结婚、嫁娶、移徙、治病、纳财、乘船。

2.**乙丑　金○　破制**　　天喜、天恩、显星、神在。

○宜祭祀、疗病、破屋坏垣。宜寅卯巳申酉时。

●黑道、龙虎、大耗、大败、六不成、独火。忌诸事不吉。

3.**丙寅　火○　危义**　　天恩、金匮、黄道、活曜星、母仓、曲星。

○宜上官、结婚、下定、出行、安床、修造、动土、开市、交易、立券、冠笄、作仓、修筑、给由、出火、赴举、进人口、定磉、起染、栽种、雕刻。子丑辰未时吉。

●游祸、罪至、刀砧。忌治病、安床。

4.**丁卯　火○　成义**　　天恩、母仓、天德、黄道、敬心、次吉、天喜。

○宜冠笄、嫁娶、祭祀、结婚、会亲、治病、立券、交易、破土、启攒、针灸、下定、行船、入仓开库、安碓、动土、修筑、经络、试新、合酱。宜寅卯午未时吉。

●飞廉、天火、刀砧。忌赴任、竖柱、上梁。

5.**戊辰　木○　收专**　　天恩、普护、神在。

○宜捕捉。用丑寅午酉亥时。

●黑道、天罡、勾绞、荒芜。忌随事不宜。

6.己巳　木○　开义　　天德合、月德合、福生、传星、玉堂、黄道、生气、上吉、母仓。

○宜结婚、剃头、牧养、祈福、动土、安碓、治病、上册受封、开渠、穿井、栽种、出兵、拜封、亲民、天井放水。丑寅辰午戌时吉。

●重丧、天贼、乙年上朔。忌移徙、嫁娶、启攒、出行。

7.庚午　土○　闭伐　　天医、月空、天岳、明星、次吉、六合。

○宜补垣塞穴、作厕。丑卯申酉时吉。

●黑道、受死、血支、地贼。忌余事不吉。

8.辛未　土○　建义　　月恩、圣心、龙德、神在。

○宜入仓、出行、雕刻、行船、收割、马枋、放债、安葬、竖柱、上梁、堆垛、出兵、祭祀、收捕、安床、穿井、作厕。寅卯巳时吉。

●黑道、月建、妖星。忌余事不吉。

9.壬申　金○　除义　　司命、黄道、幽微星、益后、神在。

○宜冠笄、求嗣、祭祀、开市、扫舍、给由、解除、破土、安葬、治病。丑辰巳未时吉。

●火星、四废。忌结婚、出行。

10.癸酉　金○　满义　　天富、上吉、续世、天仓、不将、神在。

○宜嫁娶、给由、解除、修舍、开市、经络、裁衣、牧养、破土、安葬、纳财、伐木、起工、安床、造栏栖、盖屋、收割、合酱。宜寅卯午时吉。

●黑道、土瘟、血忌、四废。忌祭祀、出兵、针刺、出行。

11.甲戌　火○　平制　　天德、月德、青龙、黄道、显星、要安。

○宜祭祀、泥墙、治路。宜寅辰巳亥时吉。

●黑道、勾绞、月煞、河魁、地火、冰消。忌余事不吉。

12.乙亥　火○　定义　　明堂、黄道、满德星、曲星、玉堂、三合。

○宜入学、出行、冠笄、结婚、修造、动土、竖柱、上梁、裁衣、上官、下定、作陂、开池、入仓、开库、作灶、安香火、盖屋、修造、定磉、伐木、设斋、起工、纳畜、绘像。丑辰午未时吉。

●死气、官符、丙年上朔。忌嫁娶、治病、栽植、安葬。

13.丙子　水○　执伐　　金堂、次吉。

○宜上官、赴任、解除、捕捉、破土、启攒。宜子丑午申酉时吉。

●黑道、九空、焦坎、小耗、归忌、蚩尤。忌余事不吉。

14.丁丑　水○　破宝　　天喜、神在。

○宜治病、祭祀、破屋坏垣。巳申亥时吉。

●黑道、六不成、大耗、龙虎、大败、独火。忌诸事不吉。

15.戊寅　土○　危伐　　天瑞、活曜星、金匮、黄道、母仓、传星。

○宜结婚、会亲、出行、移徙、安床、修造、动土、立券、交易、冠笄、嫁娶、作灶、修筑、起染、栽种、牧养、披剃、定磉、竖造、进人口、裁衣。辰巳未时吉。

●游祸、罪至、刀砧。忌安葬、启攒、上官。

16.己卯　土○　成伐　　天瑞、天德、月德合、黄道、母仓、天福、敬心。

○宜入学、冠笄、作灶、祭祀、下定、结婚、出行、治病、修造、动土、立券、牧养、剃头、嫁娶、经络、入仓开库、祈福、合酱、安碓、交易、裁衣、栽种、收割、试新、修筑。子寅午未时吉。

●天火、飞廉、重丧、刀砧。

17.庚辰　金○　收义　　天恩、月堂、普护、神在。

○宜捕捉。寅辰巳酉亥时吉。

●黑道、天罡、勾绞、荒芜。忌诸事不吉。

18.辛巳　金○　开伐　　天恩、玉堂、黄道、天瑞、天福、月恩、生气。

○宜祈福、会亲、治病、词讼、剃头、求医、修合药料、栽种、安神、绘像、开市、求婚、施恩、拜封、亲民、试新。丑午未戌亥时吉。

●月厌、天贼、火星、丁年上朔。忌嫁娶、移徙、安葬、启攒、竖柱、作灶、出行。

19.壬午　木○　闭制　　天恩、吉庆星、明星、六合、天医、神在。

○宜破土、补垣塞穴、立券、安葬。宜丑酉时吉。

●黑道、受死、四废、血支、地贼。忌诸事不吉。

20.癸未　水○　除伐　　天恩、显星、圣心、龙德、不将。

○宜结婚、嫁娶、安葬、交易、收割、穿井、入仓开库。寅卯辰巳亥时吉。

●黑道、月建、四废。忌余事不吉。

21.甲申　水○　建伐　　天德、月德、上吉、司命、黄道、幽微星、益后、不将、神在、曲星。

○宜入学、冠笄、解除、嫁娶、治病、修造、动土、造畜栏、开市、破土、安葬、造门房、祈福、受封、出火、作仓、开池、穿井、修筑、栽种、进人口、割蜂、收割、设斋、出行、雕刻、竖造。宜子丑寅辰未时吉。

●忌出行。

22.乙酉　水○　满伐　　天仓、续世、不将、神在。

○宜嫁娶、纳财、修造、动土、开市、经络、裁衣、牧养、破土、安葬、词讼、塞鼠。子丑寅卯午时吉。

●黑道、土瘟、血忌、天狗。忌结婚、祭祀、移徙。

23.丙戌　土○　平宝　　青龙、黄道、要安、神在。

○宜祭祀、泥墙、治路。寅申酉亥时吉。

●月煞、河魁、勾绞、地火、冰消。忌余事不吉。

24.丁亥　土○　定伐　　明堂、黄道、德星、玉堂、传星、次吉、三合。

○宜祭祀、结婚、视事、进人口、纳畜、竖造、上梁、会亲、天井、雕刻、堆垛、断蚁。丑辰午未时吉。

●死气、官符、戌年上朔。

25.戊子　火○　执制　　金堂。

○宜解除、裁衣、栽植、捕捉、上官、赴任、进章、沐浴。宜卯午未时吉。

●独火、黑道、归忌、小耗、天瘟、九空、焦坎、蚩尤、月火。忌余事不吉。

26.己丑　火●　破专　　天德合、月德合、神在。

○宜祭祀、治病、破屋坏垣。子寅卯戌亥时吉。

●黑道、大耗、重丧、龙虎、十恶大败、六不成。忌诸事不吉。

27.庚寅　木○　危制　　天福、金匮、黄道、活曜星、上吉、月空、母仓。

○宜结婚、会亲、安床、修造、动土、开市、交易、破土、安葬、立券、上表、入学、出行、赴举、给由、栽种、养蚕、祭祀、进人口、成服。子丑辰巳时吉。

●火星、游祸、罪至、刀砧。忌治病、竖柱、作灶。

28.辛卯　木○　成制　　天福、月恩、母仓、天德、黄道、敬心、天喜。

○宜祭礼、结婚、会亲、治病、修造、动土、安碓、立券、交易、破土、安葬、启攒、入学、祈福、针灸、冠笄、入仓开库、出行、求婚、下定、嫁娶、进表、结网,宜子寅巳午时吉。

●天火、刀砧、飞廉。忌移徙。

29.壬辰　水○　收伐　　天福、显星、普护。

○宜捕捉、畋猎。辰巳亥时吉。

●荒芜、黑道、天罡、勾绞、四废。忌随事不吉。

30.癸巳　水○　开制　　天福、玉堂、黄道、福生、曲星、生气、母仓。

○宜祈福、袭爵受封、治病、牧养、剃头、结婚、会亲。宜午戌亥时吉。

●月厌、无贼、四废、巳年上朔。忌嫁娶、移徙、出行、动土。

31.甲午　金○　闭宝　天德、月德、吉庆星、天岳、明星。

○宜筑堤、立券、补垣塞穴。子丑卯时吉。

●黑道、受死、血忌、地贼。忌诸事不吉。

32.乙未　金○　建制　圣心、龙德、神在、不将。

○宜祭祀、出行、嫁娶、入仓、开店、竖柱、上梁、交易、收割、教牛马、畜栏、穿井。子寅卯戌时吉。

●黑道、玄武、月建。忌服药、栽植、开仓。

33.丙申　火○　除制　司命、黄道、上吉幽微星、传星、益后、天府、明星。

○宜祭祀、开市、治病、解除、安葬、冠带、入宅、造门、裁衣、上官、冠笄、经络、给由、词讼、竖造、作陂、栽种、盖屋、破土、雕刻、扫舍、分居。宜子丑辰未时吉。

●忌安床、出行、作灶。

34.丁酉　火○　满制　续世、次吉、神在。

○宜绘像、安床、设帐、纳财、动土、修舍、开市、经络、裁衣、交易、安葬、给由、冠笄、沐浴、盖屋、牧养。午未时吉。

●黑道、土瘟、血忌、飞廉、天狗。忌针灸、纳畜。

35.戊戌　木○　平专　青龙、要安、黄道。

○宜结网、泥饰墙垣、平治道涂。宜子寅午亥时吉。

●月杀、黑道、河魁、勾绞、地火、冰消。忌余事不吉。

36.己亥　木○　定制　天德合、月德合、明堂、黄道、上吉、玉堂。

○宜祈福、临官视事、结网、结婚、出行、纳畜、放债、动土、进人口、针灸、下定。丑辰午未戌时吉。

　　●火星、重丧、死气、庚年上朔。

37.庚子　土○　执宝　　天福、月空、次吉、金堂。

○宜上官、赴任、纳表、解除、沐浴、捕捉、破土、启攒。子丑申酉时吉。

　　●黑道、小耗、归忌、天瘟、九空、焦坎、月火。忌余事。

38.辛丑　土●　破义　　天喜、天福、月恩、显星。

○宜治病、破屋坏垣。寅申戌亥时吉。

　　●黑道、龙虎、大败、大耗、六不成。忌余事不吉。

39.壬寅　金○　危宝　　金匮、黄道、活曜星、母仓、曲星。

○宜结婚、会亲、进人口、安床、修造、动土、开市、立券、交易、纳财、破土、安葬、入学。宜丑辰巳未时吉。

　　●游祸、罪至、四废、刀砧、伏罪。忌词讼。

40.癸卯　金○　成宝　　天喜、天德、黄道、母仓、敬心、上吉、明星。

○宜结婚、会亲、治病、立券、交易、破土、启攒、上官、入学、出行、冠笄、下定、嫁娶、入仓库、祀灶、剃头、进人口、合酱、设斋、试新、纳奴婢、斩草。寅卯午未时吉。

　　●天火、四废、刀砧、飞廉。忌竖柱、修造。

41.甲辰　火●　收制　　天德、月德、普护。

○宜纳财。宜用巳亥时吉。

　　●黑道、天罡、勾绞、荒芜。忌百事不吉。

42.乙巳　火○　开宝　　天福、玉堂、黄道、福生、次吉、传星、生气。

○宜祭祀、祈福、收养、下定、动土、剃头、治病、受封、袭爵。子丑辰戌亥时吉。

　　●天贼、地火、月煞、辛年上朔。忌开仓、出行、栽植。

43.丙午　水○　闭专　　天医、吉庆星、天岳、明星、六合、神在。

○宜扫舍、补垣塞穴、立券。子丑申酉时吉。

●黑道、受死、血忌、地贼。忌余事不吉。

44.丁未　水○　建宝　　圣心、龙德、神在。

○宜祭祀、出行、祈福、收割、穿教牛马、堆垛、破土、安葬。巳申戌亥时吉。

●黑道、月建。忌余事不吉。

45.戊申　土○　除宝　　司命、黄道、幽微星、益后、八府、明星、不将。

○宜祭祀、袭爵、受封、解除、嫁娶、治病、开市、安产室、动土、牧养、冠笄、求婚。卯辰巳未时吉。

●火星。忌出行、立券。

46.己酉　土○　满宝　　天恩、天德合、月德合、续世、神在。

○宜受封、解除、出行、纳财、修合、动土、开市、经络、裁衣、栽种、牧养。子寅卯辰未时吉。

●黑道、土瘟、血忌、重丧、天火。忌祭祀、移徙。

47.庚戌　金○　平义　　天恩、月恩、青龙、黄道、显星、要安、神在。

○宜祭祀、泥墙、治路。辰巳午酉亥时吉。

●黑星、月煞、河魁、勾绞、地火。忌余事不吉。

48.辛亥　金○　定宝　　天恩、月恩、满德星、明堂、黄道、玉堂、次吉、曲星。

○宜结婚、会亲、下定、纳财、修造、动土、竖柱、上梁、裁衣、安碓、牧养、纳畜、作灶、进人口、盖屋。丑辰午未时吉。

●死气、壬年上逆。忌余事。

49.壬子　木○　执专　　天瑞、天恩、金堂。

○宜解除、沐浴、捕捉、破土、启攒。子丑午申时吉。

●黑道、正四废、归忌、天瘟、小耗、九空、焦坎、荒芜、月火。忌余事不吉。

50.癸丑　木○　破伐　　天恩。

○宜治病、破屋坏垣。丑寅卯申戌时吉。

●黑道、龙虎、大耗、四废、六不成、大败。忌凡事不吉。

51.甲寅　水○　危专　　天德、月德、母仓、活曜星、金匮、黄道、传星。

○宜上官、结婚、会亲、安床、修造、动土、开市、启攒、安葬、冠筓、入学、下定、作灶、出行、移徙、盖屋、作仓、修筑、出火、入宅、教牛马、开池。宜子丑寅巳未时吉。

●游祸、罪至、刀砧。忌祭祀。

52.乙卯　水○　成专　　天喜、天德、黄道、母仓、敬心、明星、三合、神在。

○宜祭祀、会亲、治病、立券、交易、破土、启攒、安床、入学、出行、冠筓、求婚。子寅卯未时吉。

●天火、刀砧、飞廉。忌修造。

53.丙辰　土○　收宝　　普护、神在。

○宜次吉。用寅酉亥时吉。

●黑道、天罡、勾绞、荒芜。忌诸事不吉。

54.丁巳　土○　开专　　天福、玉堂、黄道、福生、生气、母仓、神在。

○宜祭祀、受封、袭爵、治病、开渠、牧养。丑辰午未戌时吉。

●月厌、火星、天贼、癸年上朔。忌嫁娶、移徙、启攒、安葬。

55.戊午　火○　闭义　　天医、吉庆星、六合、天岳、明星。

○宜作厕、纳财、补塞墙垣。卯午申酉时吉。

●黑道、受死、血支、地贼。忌余事不吉。

56.己未　火○　建专　　天德合、月德合、显星、圣心、龙德、神在。

○宜祭祀、出行、求财、入仓、针灸、收割、纳奴婢、穿井、堆垛木料、开库、穿牛。子寅卯巳时吉。

●黑道、重丧、月建。忌立券、安葬、服药。

57.庚申　木○　除专　　天福、月空、司命、黄道、幽微星、次吉、曲星、益后、上吉。

○宜袭爵受封、给由、盖屋、扫舍、治病、安产室、安葬、动土、破土、起工、竖造、纳畜、入学、冠笄、伐木、造门、修筑、作陂、剃头。宜丑辰巳时吉。

●五虎、五离。忌出行、结婚、下定、开市、栽植。

58.辛酉　木○　满专　　月恩、续世、天仓、上吉。

○宜纳财、修舍、经络、裁衣、破土、安葬、盖屋、交易、行船、祀灶、给由、开市、冠笄。寅午时吉。

●黑道、土瘟、血支。忌结婚、移徙、祭祀、动土。

59.壬戌　水○　平伐　　青龙、黄道、要安、不将。

○宜嫁娶、泥墙、治路。辰巳申酉时吉。

●黑道、月煞、河魁、勾绞、四废、地火、冰消。忌诸事不吉。

60.癸亥　水○　定专　　玉堂、传星、明堂、黄道、满德星。

○宜祭祀、会亲友、纳畜、沐浴、临官视事、进人口。午戌亥时吉。

●正四废、死气、官符、甲年上朔。忌诸事不吉。

七月

七月 建申
夷则 否　　立秋七月节后,天道北行,宜向北行,宜修造北方。月厌在辰,月煞在未,天德在癸,月德在壬,月合在丁,月空在丙,丙丁壬上宜修造、取土。

立秋
处暑 后太阳　尚在午
始过丙　胜光
太乙 为天月将　　《授时历》某日时躔鹑火之次,宜乙辛丁癸时;某日时刻日躔鹑尾之次,宜甲庚丙壬时。

日凶杂忌

争雄 申酉日	伏龙 西墙	九良 在井	荧龙 辰日	三不返 辰巳日
离别 丙子日	咸池 西日	四逆 同前	胎神 子日	四虚败 辛卯日
四穷 辛亥日	灭门 亥日	八风 辛未 丁未	财离 酉日	五不遇 辰日
反激 巳丑日	宅龙 在墙	往亡 立秋后九日	绝烟火 辰戌	

初一　杨公忌	十六　大空亡、四不祥
初二　龙禁	十七　六壬空
初三　赤口	十八
初四　小空亡、休废、四方耗	十九　四不祥
初五　月忌、六壬空	二十　瘟星入、小空亡
初六	廿一　天地凶败、赤口
初七　四不祥	廿二　短星
初八　长星、凶败、大空亡	廿三　瘟星出、月忌、六壬空

（续表）

初九　天休、赤口	廿四　大空亡
初十	廿五
十一　六壬空	廿六　龙禁
十二　天乙绝气、小空亡	廿七　赤口
十三	廿八　小空亡、四不祥
十四　月忌、龙禁	廿九　杨公忌、六壬空
十五　赤口	三十

1.**甲子　金**○　**定义**　　天恩、黄道、青龙、福生、神在。

○宜上官、赴任、冠笄、结婚、修造、动土、祭祀、祈福、裁衣、祀灶、出行、纳奴、安床、经络、作陂、行船、入室、出火、盖屋、定磉、扇架。子丑寅卯时吉。

●黑星、死气、官符、四废。忌治病、安葬、启攒、造仓。

2.**乙丑　金**○　**执制**　　天恩、明堂、黄道、母仓。

○宜捕捉。子寅卯巳酉时吉。

●火星、受死、归忌、小耗。忌凡事不吉。

3.**丙寅　火**○　**破义**　　天恩、月空、圣心。

○宜疗病、破屋坏垣。子丑未戌时吉。

●黑道、大耗、月破、蚩尤。忌余事不吉。

4.**丁卯　火**○　**危义**　　天恩、月德合、吉庆星、益后、显星、上吉、神在。

○宜祭祀、结婚、会亲、入仓、开库、安葬、启攒、放债、雕刻、安修产室、袭爵、受封、起工、竖造、求婚、下定、冠笄、裁种、收割、试新、合酱、起筑。宜午未酉时吉。

●黑道。忌凡事不宜。

5.戊辰　木○　成专　　天恩、天德合、母仓、曲星、次吉、绩世、天喜、黄道。

○宜入学、祈福、求嗣、结婚、竖造、上梁、祭祀、动土、交易、安碓、牧养、裁衣、设帐、伐木、起工、盖屋、进人口、入仓、开库、作灶、定磉。寅辰巳午时吉。

●月厌、血忌、飞廉。忌移徙、嫁娶、出行、针刺。

6.己巳　木○　收义　　天德、黄道、幽微星、要安、六合。
○宜剃头、捕捉、纳财、栽种、收割、纳畜、结网、进人口、整容、收敛货财。丑辰未午时吉。

●河魁、勾绞、刀砧、乙年上朔。忌余事不吉。

7.庚午　土○　开伐　　玉堂、生气、上吉、月财。
○宜求婚、动土、修筑、穿井、冠笄、开池、会亲、剃头、上官、出行、入学、治病。丑卯酉时吉。

●黑道、天火地、刀砧、重丧。忌安葬、作仓。

8.辛未　土○　闭义　　天医、玉堂、黄道、次吉、母仓、金堂、传星。
○宜冠笄、祭祀、修造、动土、上官、出行、交易、分居、竖造、上梁、出火、给由、赴举、修筑、作灶、安碓、开池、定磉、移徙、安庆、安葬。用寅卯时吉。

●月煞、血支。忌出纳、财货、开仓、乘船。

9.壬申　金○　建义　　天仓、月德、月恩、天岳、明星、龙德、神在。
○宜安葬、作厕、祭祀。丑辰巳未时吉。
●黑道、龙虎、大败、六不成。忌诸事不吉。

10.癸酉　金○　除义　　天德、次吉、神在。
○宜裁衣、经络、祭祀、除服、安葬、解除、沐浴、动土、破土。寅卯午时吉。
●黑道、天瘟、罪至、九空、焦坎、咸池、五离、五虚。忌嫁娶、出行、诸事。

11.甲戌　火○　满制　　天富、司命、黄道、母仓、敬心、神在。

○宜纳财、立券、牧养、针灸、会宾、剃头、进人口。寅辰巳亥时吉。

●火星、土瘟、天贼、四废。忌祭祀、嫁娶、乘船、作仓、启攒。

12.乙亥　火○　平义　　活曜星、普护。

○宜平治道涂。丑辰戌时吉。

●黑道、游祸、天罡、勾绞、四废、地火、荒芜、冰消、月火、丙年上朔。忌余事不吉。

13.**丙子　水○　定伐**　　青龙、黄道、月空、次吉、显星、福生。

○宜上官、赴任、冠带、结婚、会亲、沐浴、修造、动土、竖柱、上梁、安碓、裁衣、纳畜、破土、安葬、祈福、伐木、起工、竖造、盖屋、入仓、交易。子丑卯午时吉。

●黑星、死气、官符。忌安产室、作灶。

14.**丁丑　水○　执宝**　　明堂、黄道、月德合、上吉。

○宜捕捉。巳申亥时吉。

●受死、小耗、归忌。忌随事不吉。

15.**戊寅　土○　破伐**　　天德合、天瑞、圣心。

○宜治病、破屋坏垣。巳未戌时吉。

●黑道、大耗。忌凡事不吉。

16.**己卯　土○　危伐**　　上吉、天恩、天瑞、天福、吉庆星、益后。

○宜祭祀、结婚、会亲、立券、交易、安产室。子寅午未时吉。

●黑道。忌诸事不吉。

17.**庚辰　金○　成义**　　天恩、金堂、黄道、传星、续世、母仓、上吉、天喜。

○宜祭祀、纳采问名、求嗣、治病、会亲、交易、栽种、修造、下定、安床、设帐、入仓、开库、祈福、祀灶、雕刻、作灶、竖造、上梁、收割、试新、栽种。子寅辰巳午时吉。

　　●月厌、重丧、飞廉、血忌。忌启攒、安葬、纳畜。

　　18.辛巳　金○　收伐　　天恩、天德、黄道、天福、天瑞、要安、六合。
　　○宜祭祀、作灶、收敛货财、捕捉、剃头、栽植。丑午未戌亥时吉。
　　●河魁、勾绞、刀砧、丁年上朔。忌造畜栏枋,凡事不宜。

　　19.壬午　木○　开制　　天恩、月德、月恩、玉堂、生气、不将、神在。
　　○宜祭祀、结婚、会亲、嫁娶、出行、纳财、入学、治病、修造、取土、安碓、穿井、开池、交易、冠笄。宜丑卯时吉。
　　●黑道、天火、刀砧、地贼。忌赴任、移居、苫盖、启攒、安葬、竖柱、作仓。

　　20.癸未　木○　闭伐　　天恩、天德、次吉、玉堂、黄道、天福、母仓。
　　○宜嫁娶、出行、赴举、交易、祈福、栽接、补垣塞穴。宜寅卯辰巳时吉。
　　●火星、月煞、血支。忌牧养、乘船、作仓、上官。

　　21.甲申　水○　建伐　　天仓、龙德、天岳、明星、满德星。
　　○宜针灸、安葬、祭祀。宜丑辰巳未时吉。
　　●黑道、龙虎、四废、大败、六不成。忌开仓、安床、栽植。

　　22.乙酉　水○　除伐　　显星、不将、神在。
　　○宜祭祀、解除、破土、安葬、除服。子寅丑未时吉。
　　●黑道、罪至、天瘟、九空、四废、焦坎。忌余事不吉。

　　23.丙戌　土○　满宝　　天福、月空、母仓、次吉、司命、黄道、曲星、敬心。
　　○宜补垣塞穴、交易、针灸、牧养。寅申酉亥时吉。
　　●天贼、土瘟、天狗。忌余事不吉。

　　24.丁亥　土○　平伐　　月德合、活曜星、普护。

○宜补墙、治路。丑未申戌时吉。

●黑道、游祸、天罡、勾绞、地火、荒芜、冰消、月火、戊年上朔。忌诸事不吉。

25. 戊子　火○　定制　　天德合、青龙、黄道、福生、三合。

○宜上官、赴任、冠带、结婚、会亲、修造、动土、竖柱、上梁、裁衣、伐木、盖屋、起工、下定、经络、纳畜、修筑、定磉、造畜栏、天井。宜卯巳午时吉。

●黑道、死气、官符、九丑。忌移徙、安产室、栽植。

26. 己丑　火●　执专　　明堂、黄道、母仓、传星。

○宜捕捉。子寅卯戌亥时吉。

●受死、小耗、归忌。忌随事不吉。

27. 庚寅　木○　破制　　天福、天瑞、圣心。

○宜治病、破屋坏垣。子丑辰戌时吉。

●黑道、大耗、重丧、月破。忌凡事。

28. 辛卯　木○　危制　　天福、吉庆星、益后、神在。

○宜祭祀、结婚、给由、天井、词讼、结网、斩草、下定、嫁娶、披剃、安床、栽种、起染、针灸、冠笄、会亲、交易、修置产室、作厕、雕刻、求嗣、起攒。宜寅巳午时吉。

●黑道。

29. 壬辰　水○　成伐　　天福、月德、月恩、金匮、黄道、上吉、天喜、母仓。

○宜纳采问名、结姻、入学、祈福、入仓、开库、治病、动土、安碓、筑墙、交易、牧养。辰巳亥时吉。

●地火、月厌、飞廉。

30. 癸巳　水●　收制　　天德、黄道、幽微星、天福、要安、六合、明星。

○宜嫁娶、剃头、纳财、捕捉、收敛货财、栽植。午戌亥时吉。

●河魁、巳年上朔。忌余事不吉。

31.**甲午　金○　开宝**　　显星、玉堂、生气、不将、神在。

○宜祭祀、嫁娶、结婚、会亲、出行、入学、治病、修造、动土、开渠井、牧养、种莳。子丑卯时吉。

●黑道、四废、天火、刀砧、地贼。

32.**乙未　金○　闭制**　　天医、玉堂、黄道、母仓、曲星、金堂、神在。

○宜祭祀、祈福、修舍、上官、行船、竖造、上梁、入学、赴举、给由、破土、补垣塞穴、移居。宜子寅卯时吉。

●月煞、血支、四废。忌出行、出财、牧养、针灸、作仓、栽种。

33.**丙申　火○　建制**　　天仓、月空、天岳、明星、龙德星、满德星。

○宜祭祀、安葬、收割、放债。子丑未戌时吉。

●黑道、龙虎、大败、六不成。忌凡事。

34.**丁酉　火○　除制**　　月德合、上吉、神在。

○宜祭祀、解除、修造、动土、破土、安葬、上册受封。午未时吉。

●黑道、罪至、天瘟、九空、焦坎。忌赴任、嫁娶、出行、开市。

35.**戊戌　木○　满专**　　天德合、母仓、司命、黄道、传星、天富、敬心。

○宜纳财、交易、进人口、剃头、针灸。卯寅午亥时吉。

●天贼、天瘟、天狗。忌祭祀、作仓、动土。

36.**己亥　木○　平制**　　天福、普护、活曜。

○宜泥墙、治路。丑辰午未戌时吉。

●黑道、天罡、勾绞、游祸、地火、荒芜、庚年上朔、冰消、月火。忌凡事。

37.**庚子　土○　定宝**　　天福、上吉、青龙、黄道、福生、三合。

○宜上官、赴任、冠带、会亲、修造、动土、竖柱、上梁、裁衣、纳畜、出行、起工、入学、出火、交易、安床、盖屋、求婚、纳奴婢、行船、修筑、伐木、定磉、祈福、造畜栏枋。子丑卯午时吉。

●黑道、重丧、死气、官符。

38.辛丑　土○　执义　　天福、明堂、黄道、母仓。

○宜捕捉。宜寅申戌亥时吉。

●火星、受死、小耗、归忌。忌凡事。

39.壬寅　金○　破宝　　月德、月恩、圣心。

○宜求医、破屋坏垣。丑辰未戌时吉。

●黑道、大耗、月破。忌凡事。

40.癸卯　金○　危宝　　天德、次吉、吉庆星、显星、益后。

○宜结婚、会亲、出行、交券、交易、安产室、牧养、起染、移居、给由、披剃、赴举、启攒、冠笄、结网、造酒醋、合酱、入仓、开库、雕刻、放债。宜寅卯午未时吉。

●黑道。忌余事。

41.甲辰　火○　成制　　天喜、金匮、黄道、母仓、曲星、续世。

○宜纳采问名、会亲、求医、交易、下定、词讼、祈福、祀灶、进人口、经络。巳亥时吉。

●地火、月厌、四废、血忌、飞廉。忌嫁娶、出行、远回、移徙、纳财、针灸、种莳、竖造。

42.乙巳　火○　收宝　　天德、天福、黄道、幽微星、要安、六合。

○宜祭祀、针灸、结网、披剃、捕捉、收敛货财。宜子丑辰戌亥时吉。

●四废、刀砧、河魁、勾绞、辛年上朔。忌凡事。

43.丙午　水○　开专　　玉堂、月空、生气、次吉、月财、神在。

○宜祭祀、结婚、会亲、出行、入学、治病、修造、动土、给由、冠笄、祀灶、安碓、开渠、穿井、牧养、祈福、招贤、遣使、修筑。宜子丑申酉时吉。

●黑道、天火、刀砧、地贼。忌赴任、苫盖、造畜栏。

44.**丁未　水●　闭宝**　　明星、天医、月德合、母仓、玉堂、黄道、上吉、神在。

○宜入学、求婚、祭祀、修造、动土、上官、安葬、竖柱、上梁、出火、筑墙、赴举、移居、栽植、冠笄、鸡栖、塞鼠、断蚁、补垣。宜寅卯巳未时吉。

●月煞、血支。忌出财货、牧养、针刺、行船。

45.**戊申　土○　建宝**　　天德合、天赦、龙德、天岳、明星、六合。
○宜收割、造猪椆羊栈、作陂、作厕、祭祀、安葬、出行。宜卯巳未时吉。
●黑道、龙虎、月建、大败、六不成。忌余事不吉。

46.**己酉　土●　除宝**　　天恩、神在。
○宜祭祀、解除、破土、安葬。子寅卯辰未时吉。
●黑道、罪至、土瘟、九空、焦坎。忌凡事不吉。

47.**庚戌　金●　满义**　　天恩、司命、黄道、上吉、母仓、敬心、天富。
○宜捕捉、纳财、交易、牧养、剃头、会亲、进人口。辰巳午酉亥时吉。
●火星、天贼、土瘟、重丧、天狗。忌动土、祭祀、安葬、作仓。

48.**辛亥　金○　平宝**　　天恩、普护、活曜星。
○宜泥墙、治路。丑午未申戌时吉。
●黑道、游祸、天罡、勾绞、地火、荒芜、壬年上朔、月火。忌凡事。

49.**壬子　木○　定专**　　天恩、月恩、月德、天瑞、青龙、黄道、福生、显星。

○宜上官、赴任、冠带、结婚、会亲、出行、纳财、修造、动土、竖柱、上梁、裁衣、安床、安碓、启攒、破土、安葬、出火、入学、作仓库、祈福、交易、伐木、定碓、作厕、起工、修筑。子丑卯午时吉。

　　●黑道、死气、官符。

　　50.癸丑　木○　执伐　　　天恩、天德、次吉、母仓、黄道。

　　○宜捕捉、动土。寅卯巳申戌时吉。

　　●受死、小耗、归忌。忌凡事。

　　51.甲寅　水●　破专　　　圣心。

　　○宜求医、补垣、针灸、破屋。子丑辰未戌时吉。

　　●黑道、正四废、月破、大耗、蚩尤。忌凡事。

　　52.乙卯　水○　危专　　　吉庆星、益后。

　　○宜祭祀、会亲、启攒、求嗣、针灸、结婚、剃头。子酉亥时吉。

　　●黑道、正四废。忌赴任、移徙、竖柱、上梁、出行。

　　53.丙辰　土○　成宝　　　天喜、月空、黄道、母仓、传星、续世、次吉。

　　○宜入学、结婚、治病、修造、动土、裁衣、伐木、安床、安葬、出火、开池、下定、盖屋、竖柱、上梁、作门、开帐、绘像、修筑、立券、入仓、开库、经络。寅辰巳时吉。

　　●月厌、血忌、飞廉。忌出行、移徙、纳畜。

　　54.丁巳　土○　收专　　　天德、月德、天合、黄道、幽微星、要安、六合。

　　○宜收敛货物、结网、祭礼、纳财、捕捉。丑午未申戌时吉。

　　●刀砧、河魁、勾绞、癸年上朔。忌余事。

　　55.戊午　火●　开义　　　天德合、玉堂、生气、月财、神在、不将。

　　○宜祭祀、祈福、宴会、求医、成服、冠笄、开渠、修造、动土、种植、牧养。卯午申酉时吉。

　　●黑道、天火、刀砧、地贼。忌结网、凡事。

56.己未　木○　闭专　　天医、黄道、母仓、金堂。

○宜祭祀、动土、行船、修筑、塞鼠、断蚁。子寅卯戌时吉。

●月煞、火星、血支。忌出行、牧养、竖造、作灶、出财、针灸。

57.庚申　木○　建专　　天福、明堂、天仓、满德、龙德。

○宜收割、修厨、作厕、牛栏、羊栈、放债、修造、出行。丑辰巳时吉。

●黑道、龙虎、重丧、月建、大败、六不成。忌诸事不吉。

58.辛酉　木○　除专　　显星、神在。

○宜解除、沐浴、破土、安葬。子寅卯午未时吉。

●黑道、天瘟、罪至、九空、焦坎。忌余事不吉。

59.壬戌　水○　满伐　　天富、月德、月恩、敬心、曲星、母仓、上吉。

○宜会亲、交易、牧养、披剃、补垣塞穴。辰巳申酉时吉。

●天贼、土瘟、天狗。忌余事不吉。

60.癸亥　水○　平专　　天德、活曜星、普护。

○宜泥墙、治路。午戌亥时吉。

●黑道、游祸、天罡、勾绞、甲巳年十恶大败、甲年上朔。忌诸事不吉。

八月

八月　建酉　南吕　观　　自白露八月节后，天道东北行，宜向东北行，宜修造东北方。月厌在卯，月煞在辰，天德在艮，月德在庚，月合在乙，月空在甲，甲乙庚上修造、取土。

白露　后太阳　尚在巳　太乙　为天月将　　《授时历》某日时刻躔鹑尾之次，秋分　始过巽　天罡　宜甲庚丙壬时；某日时刻日躔寿星之次，宜用乾巽坤艮时。

日凶杂忌

争雄_{寅卯日}　　伏龙_{在井}　　财离_{午日}　　茭龙_{未日}　　三不返_{卯午酉}

离别_{巳辰日}　　咸池_{午日}　　往亡_{白露后十八日}　　胎神_{在厕}　　四虚败_{辛卯}

反激_{巳丑日}　　灭门_{戌日}　　四穷_{辛亥}　　绝烟火_{巳亥}　　五不遇_{巳日}

宅龙_{在灶}　　四逆_{同前}　　八风_{辛未丁未}　　九良星_{巳午}

初一		十六	四不祥
初二	长星、凶败、龙禁、赤口	十七	
初三	小空亡、禁龙	十八	凶败、短星、天休废
初四	四不祥、六壬空	十九	小空亡、短星、四不祥
初五	月忌、长星、四方耗	二十	赤口、龙禁
初六		廿一	六壬空
初七	大空亡、四不祥	廿二	龙禁
初八	赤口、龙禁	廿三	大空亡、月忌
初九		廿四	
初十	六壬空	廿五	
十一	小空亡	廿六	龙禁、赤口
十二		廿七	瘟星入、小空亡、杨公忌
十三	天乙绝气、天休废	廿八	四不祥、六壬空
十四	月忌、龙禁、赤口	廿九	
十五	大空亡	三十	瘟星出

1.甲子　金○　平义　　天空、月空、司命、黄道、玉堂。

○宜祭祀、泥墙、治路。宜子丑寅卯时吉。

●火星、勾绞、大败、六不成、四废、地火。忌余事不吉。

2.**乙丑　金**○　**定制**　　天德、月德合、上吉、母仓、金堂、满德星、神在。

○宜祭祀、结婚、会亲、修造、动土、竖柱、上梁、裁衣、牧养、上官、出行、嫁娶、安床、入宅、出火、纳奴、安碓、盖屋、作灶、纳畜。子寅卯巳申时吉。

●勾陈、黑道、四废、死气、官符。忌冠笄、交易、栽植、纳财。

3.**丙寅　火**○　**执义**　　天恩、天德、次吉、青龙、黄道、显星。

○宜冠笄、会亲、修造、动土、解除、捕捉、破土、启攒、纳表上章。子丑未酉时吉。

●黑道、龙虎、归忌。忌嫁娶、移徙。

4.**丁卯　火**○　**破义**　　天恩、明堂、黄道、曲星、神在。

○宜破屋坏垣、疗病。宜午未申酉时吉。

●月厌、罪至、小耗、荒芜、天贼。忌诸事不吉。

5.**戊辰　木**○　**危专**　　天恩、母仓、活曜星、次吉、六合、天喜。

○宜祭祀、结婚、安床、立券、交易、栽植、下定、裁衣、作灶、起工、起染、雕刻。辰巳午酉亥时吉。

●黑道、日煞、天刑。忌临官、牧养。

6.**己巳　木**○　**成义**。　　天喜、普护、天医。

○宜冠笄、结婚、入学、给由、治病、修造、动土、竖柱、上梁、立券、交易、安碓磨、入仓、开库。宜丑辰午未戌时吉。

●黑道、刀砧、乙年上朔。忌临官、启攒、安葬、造畜栏。

7.**庚午　土**○　**收伐**　　月德、黄道、传星、福生。

○宜针灸、教牛、剃头、捕捉。宜丑寅卯申时吉。

●天罡、勾绞、地贼、刀砧、九空、焦坎、冰消。忌余事不吉。

8.**辛未　土**○　**开义**　　天仓、母仓、黄道、生气。

○宜纳财。寅申戌时吉。

●受死、重丧、五虚。忌百事不吉。

9.壬申　金○　闭义　　天医、圣心、吉庆星、神在。

○宜解除、破土、安葬、补垣塞穴、栽种。丑辰巳未时吉。

●黑道、游祸、天瘟、血支。忌结婚、交易、治病、针灸、纳畜。

10.癸酉　金○　建义　　月恩、玉堂、黄道、龙德、益后。

○宜袭爵、受封、祭祀、出行。宜寅午时吉。

●天地转煞、火星、天火。忌余事不吉。

11.甲戌　火○　除制　　月空、天岳、明星、母仓、幽微星、续世、神在。

○宜上表、冠笄、祭祀、解除、求嗣、动土、栽种、行船、入仓、除服、修舍、给由考满、修筑、扫舍、开池、造畜栏栈。宜寅巳时吉。

●黑道、四废、血忌、独火、月火。忌结婚、修造、开库、针灸。

12.乙亥　火○　满义　　福德、天德合、月德合、上吉、要安、显星。

○宜出行、受封、修舍、开市、裁衣、入学、上官、交易、求婚、行船、入仓、开库、伐木、起工、作门、上册、冠笄、竖柱、祀灶、出火、移居、入宅、披剃、教牛马。宜丑辰午时吉。

●黑道、四废、飞廉、丙年上朔。忌安葬、启攒、栽植。

13.丙子　水○　平伐　　黄道、曲星、玉堂。

○宜泥墙、治路、饰壁、针灸。宜丑午申酉时吉。

●河魁、勾绞、地火、大败、六不成。忌诸事不吉。

14.丁丑　水○　定宝　　满德星、母仓、金堂。

○宜祭祀、结姻、会亲、修造、动土、竖柱、上梁、安碓、裁衣、牧养、安葬、出行、交易、经络、祈福、纳畜、栽植、针灸。宜寅卯巳时吉。

●黑道、死气、官符。忌安产室、临官、剃头、冠笄。

15.戊寅　土○　执伐　　天德、天瑞、青龙、黄道、次吉。

○宜冠笄、解除、会亲、修造、动工、捕捉、平基、起工、竖造、安葬、剃头、进章。巳丑未时吉。

●黑道、归忌、龙虎、小耗。忌凡事。

16.己卯　土●　破伐　　天恩、天瑞、天福、明堂、黄道、传星、神在。

○宜治病、破屋坏垣。子寅午未时吉。

●月厌、天贼、罪至、大耗、荒芜。忌诸事,不吉。

17.庚辰　金○　危义　　天喜、天恩、月德、母仓、活曜星、敬心上吉。

○宜祭祀、纳采问名、立券、交易、上官、下定、竖造、安床、分居、作灶、绘像、启割。寅辰巳时吉。

●黑道、月煞、蚩尤。忌嫁娶、牧养、开仓、种莳。

18.辛巳　金○　成伐　　天恩、天福、天瑞、天医、次吉、普护、不将。

○宜会亲、治病、交易、纳财、开仓库、起染。丑未戌亥时吉。

●黑道、刀砧、重丧、丁年上朔。忌启攒、安葬、盖屋、作牛栏。

19.壬午　木○　收制　　天恩、金堂、黄道、福生。

○宜祭祀、捕捉。丑酉时吉。

●火星、天罡、勾绞、刀砧、九空、焦坎、地贼、冰消。忌余事不吉。

20.癸未　木○　开伐　　天德、月恩、母仓、次吉。

○宜纳财。寅卯辰巳申时吉。

●受死、荒芜。忌诸事不吉。

21.甲申　水○　闭伐　　天医、月空、吉庆星、上吉、圣心、显星、神在。

○宜嫁娶、交易、安葬、破土、上官、伐木、裁衣、经络、作陂、开池、补垣塞穴、设帐、解除。丑辰巳时吉。

●黑道、游祸、天罡、四废。忌结婚、治病、针灸、出行、开仓、纳畜、安床。

22.乙酉　水○　建伐　　玉堂、黄道、月德合、曲星、龙德、益后。
○宜祭祀、受封、袭爵、出行、修置产室。子丑寅酉时吉。
●天火、四废、天地转煞、复丧。忌余事不吉。

23.丙戌　土○　除宝　　幽微星、母仓、天岳、明星、续世。
○宜上官、祭祀、求嗣、解除、修造、动土、栽种、冠笄、雕刻、放牛马。寅申酉亥时吉。
●黑道、血忌、独火。忌余事。

24.丁亥　土○　满伐　　天医、天德合、次吉、要安、天富。
○宜冠笄、给由、经络、开市、词讼、针灸、放债、补垣塞穴。丑辰未戌时吉。
●黑道、土瘟、飞廉、天狗、戌年上朔。忌余事。

25.戊子　火○　平制　　司命、玉堂、黄道、传星。
○宜泥墙、治路。宜用卯时吉。
●河魁、勾绞、六不成、地火、大败。忌诸事不吉。

26.己丑　火●　定专　　满德星、母仓、上吉、金星。
○宜祭礼、作灶、会亲、嫁娶、入仓、开库、放债、纳畜、栽种。子寅卯戌亥时吉。
●黑道、死煞、官符。忌上官、治病、冠笄。

27.庚寅　木○　执制　　天德、青龙、黄道、月德、上吉、天福、天瑞。
○宜上官、会亲、修造、捕捉、冠笄、破土、安葬、定磉、竖柱、盖屋、入学、赴举、行船、给由、修筑。子丑辰巳时吉。
●黑星、龙虎、归忌、小耗。忌结婚、嫁娶、出行、移徙、开市、交易、远行。

28.辛卯　木○　破制　　天福、明堂、黄道、神在。
○宜祭祀、治病、破屋坏垣。子寅午时吉。
●月厌、天贼、火星、重丧、大耗、罪至、荒芜。忌诸事不吉。

29.壬辰　水○　危伐　　天福、活曜星、母仓、敬心、六合、天喜。
○宜纳采问名、结婚、出行、移徙、修造、动土、立券、安床、交易、竖柱、入学、修筑、安葬、安碓、起工、下定、分居、裁衣、作灶、绘像。宜用寅辰巳时吉。
●黑道。忌冠笄、开市、嫁娶。

30.癸巳　水○　成宝　　天福、天恩、显星、普护、天医、不将。
○宜结网、求婚、冠笄、移徙、纳财、入学、治病、修造、动土、竖造、上梁、安碓磨、栽种、牧养。宜午未时吉。
●黑道、刀砧、巳年上朔。忌临官视事、启攒、安葬、作畜栏枋。

31.甲午　金○　收宝　　月空、黄道、曲星、福生。
○宜祭祀、捕捉、剃头。丑卯时吉。
●天罡、勾绞、天空、焦坎、地贼、四废、冰消。忌凡事不吉。

32.乙未　金○　开制　　天仓、月德合、母仓、上吉。
○宜纳财。子丑卯时吉。
●受死、四废。忌诸事不吉。

33.丙申　火○　闭制　　天喜、圣心、吉庆星、神在。
○宜解除、破土、安葬、补垣塞穴、作陂。子丑巳未时吉。
●黑道、游祸、血支、天瘟、十恶。忌结婚、治病、立券、针灸、交易、出行。

34.丁酉　火○　建制　　玉堂、黄道、益后、传星、龙德。
○宜祭祀、袭爵、受封、出行、词讼、伐木、补垣塞穴。午未时吉。
●天火、天地转煞。忌余事不吉。

35.戊戌　木○　除专　　幽微星、母仓、天岳、明星、续世。

○宜冠笄、解除、栽植、除服、修舍、治病。子丑寅亥时吉。

●黑道、血忌、独火、月火。忌余事不吉。

36.己亥　木○　满制　　天福、要安、天德合、次吉、天富。

○宜出行、移徙、修造、动土、竖柱、上梁、盖屋、经络、裁衣、入仓、开库、词讼、针灸。丑卯辰未戌时吉。

●黑道、土瘟、飞廉、天狗、庚年上朔。忌余事不吉。

37.庚子　土○　平宝　　天福、月德、司命、黄道、玉堂。

○宜泥墙、治路、针灸。子丑申酉时吉。

●火星、河魁、勾绞、地火、大败、六不成。忌余事不吉。

38.辛丑　土○　定义　　天福、满德星、母仓、金堂。

○宜结婚、会亲、裁衣、牧养、纳畜、针灸、作厕、栽值。子寅午亥时吉。

●黑道、重丧、死气、官符、勾陈。忌修造、动土、凡事。

39.壬寅　金○　执宝　　天德、青龙、黄道、显星、上吉。

○宜解除、修造、动土、会亲、出行、牧养、纳畜、破土、安葬、入学、剃头、定磉。丑辰未戌时吉。

○龙虎、黑道、小耗、归忌。忌余事。

40.癸卯　金○　破宝　　明堂、黄道、月恩、曲星。

○宜破屋坏垣、治病。寅卯午未时吉。

●月厌、天贼、罪至、大耗、荒芜。忌诸事不吉。

41.甲辰　火○　危制　　月空、母仓、活曜星、六合、敬心、不将。

○宜纳采问名、立券、交易、经络、祈福、祀灶、安帐、收割、移居、起染、畋猎、捕鱼、结网罟。宜巳亥时吉。

●黑道、月煞、四废。忌余事不吉。

42.**乙巳　火○　成宝**　　天福、月德合、上吉、普护、天喜。

○宜祭祀、纳采、疗病、交易、给由、赴举、剃头、安碓、冠笄、针灸、试新、出兵、收捕。子丑辰戌时吉。

●黑道、刀砧、四废、辛年上朔。

43.**丙午　水○　收专**　　金匮、黄道、传星、福生、神在。

○宜祭祀、针灸。子丑申酉时吉。

●天罡、勾绞、刀砧、九空、焦坎、地贼、冰消。忌诸事不吉。

44.**丁未　水○　开宝**　　天仓、天德、黄道、母仓、次吉、生气。

○宜不吉。巳申戌亥时利。

●受死、荒芜。忌诸事不吉。

45.**戊申　土●　闭宝**　　天赦、吉庆星、次吉、圣心、天医、神在。

○宜出行、解除、嫁娶、沐浴、补垣塞穴、伐木、起工、作厕。卯巳戌时吉。

●黑道、游祸、血忌、天瘟。忌结婚、治病、针灸、立券、交易。

46.**己酉　土●　建宝**　　天恩、玉堂、黄道、益后、龙德。

○宜祭祀、出行、袭爵、受封。寅卯辰巳时吉。

●天火、天地转煞、火星。忌诸事不吉。

47.**庚戌　金●　除义**　　天恩、月德、母仓、天岳、明星、上吉、续世。

○宜祭祀、求嗣、上官、解除、修造、动土、栽植。辰巳午酉时吉。

●黑道、独火、血忌、月火。忌结婚、针刺、纳财、牧养。

48.**辛亥　金○　满宝**　　天恩、显星、要安、天德合、次吉、天富。

○宜出行、移徙、沐浴、修造、经络、裁衣、行船、伐木、祀灶、盖屋。丑午未申戌时吉。

●黑道、飞廉、土瘟、重丧、壬年上朔。忌结婚、安葬。

49.壬子 木○ 平专 天恩、天瑞、司命、黄道、曲星、玉堂。

○宜泥墙、治路、针灸。子丑午申时吉。

●河魁、勾绞、大败、地火、六不成。忌余事不吉。

50.癸丑 木○ 定伐 天恩、月恩、满德星、母仓、金堂、次吉。

○宜上官、结婚、出行、会亲、移徙、修造、动土、上梁、裁衣、纳财、牧养、盖屋、出火、放债、雕刻、进人口、嫁娶、安葬、入仓、造栏栈、作厕。宜寅卯巳申时吉。

●黑道、死气、官符。忌治病、词讼、冠带。

51.甲寅 水● 执专 天恩、月空、上吉、青龙、黄道。

○宜会亲、捕捉、破土、启攒、剃头。子丑辰未戌时吉。

●黑道、正四废、龙虎、小耗。忌余事不吉。

52.乙卯 水○ 破专 明堂、黄道、月德合、传星、神在。

○宜破屋坏垣、治病。子寅卯酉时吉。

●月厌、天贼、罪至、四废、大耗、荒芜。忌诸事不吉。

53.丙辰 土○ 危宝 活曜星、母仓、六合、敬心、神在。

○宜祭祀、结姻、安床、纳财、立券、交易、上官、裁衣、起工、竖造、上梁、下定、分居、入宅、安葬、入学、修筑、祀灶、赴举、经络。寅辰巳时吉。

●黑道、蚩尤、月煞。忌嫁娶、牧养、作灶。

54.丁巳 土○ 成专 天福、普护、次吉、天喜、三合、天医。

○宜祭祀、结婚、疗病、竖柱、上梁、交易、入学、冠笄、天井、雕刻、祈福、纳财、收割、安床、赴举、求医、词讼、作厕。宜丑辰午未戌时吉。

●黑道、刀砧、癸年上朔。忌出行、动土、安葬、修栏坊、交易。

55.戊午 火● 收义 金匮、黄道、福生、不将、神在。

○宜祭祀、嫁娶、捕捉。宜卯午申酉时吉。

●火星、天罡、勾绞、九空、焦坎、地火、冰消。忌诸事不吉。

56.己未　火○　开专　　天仓、天德、黄道、母仓。

○宜宴会、纳财。子寅卯戌时吉。

●受死、荒芜。忌诸事不吉。

57.庚申　木●　闭专　　天福、月德、吉庆星、圣心、显星、上吉、神在。

○宜入学、给由考满、解除、出行、破土、安葬、伐木、开库、作陂、补垣、起工。丑辰巳时吉。

●黑道、游祸、天瘟、血支。忌治病、交易、安床、结婚。

58.辛酉　木○　建专　　玉堂、黄道、曲星、龙德、益后、神在。

○宜祭祀、祈福、袭爵、交易、修置产室、出行、穿牛。子寅未时吉。

●天火、月建、重丧、天地转煞。忌余事不吉。

59.壬戌　水○　除伐　　幽微星、明星、母仓、续世。

○宜除服、栽种、收割、塞鼠、断蚁、冠笄、解除、出行、移徙、修造、动土。寅辰巳申时吉。

●黑道、独火、血忌、月火。忌结婚、治病、牧养、针灸。

60.癸亥　水○　满专　　天富、天德合、月恩、要安、神在。

○宜祀灶、收割、剃头、修筑、开市、经络、补垣塞穴、栽种、开池、作陂、祈福、开张、施恩、拜封、修作仓库、塞鼠、断蚁。宜午戌亥时吉。

●黑道、天狗、飞廉、土瘟、五虎、甲年上朔。忌祭祀、嫁娶、上官、上梁、安葬、动土。

九月

九月 建戌 剥 无射　　自寒露九月节后,天道南行,宜向南行,宜修造南方。月厌在寅,月煞在丑,月德在丙,天德在丙,月合在辛,月空在丙,丙辛壬上修造、取土。

寒露 霜降 后太阳 尚在辰 始过乙　天罡 太冲 为天月将　　《授时历》某日时躔辰星之次,宜艮巽坤乾时;某日时刻日躔大火之次,宜丁癸乙辛时。

日凶杂忌

争雄 酉戌日　　伏龙 西南　　财离 亥日　　荄龙 辰日　　三不返 寅未戌

离别 辛未日　　灭门 酉日　　四穷 辛亥日　　九良星 大门　　四虚败 辛卯

反激 巳丑日　　咸池 卯日　　八风 丁未辛未　　往亡 寒露后廿七日　　五不遇 子日

宅龙 在房　　四逆 同前　　胎神 门户　　绝烟火 子午日　　触水龙 丙子

初一	赤口	十六	天地凶败、四不祥、短星
初二	小空亡、龙禁、四方耗	十七	瘟星入、短星
初三	天地凶败、六壬空、长星、龙禁	十八	小空亡
初四	四不祥、长星	十九	四不祥、赤口
初五	月忌	二十	瘟星出、龙禁
初六	大空亡	廿一	六壬空
初七	赤口、四不祥	廿二	天休废
初八	龙禁	廿三	月忌
初九	六壬空	廿四	

（续表）

初十	小空亡	廿五	杨公忌、赤口
十一		廿六	小空亡、龙禁、六壬空
十二	短星	廿七	天休废
十三	赤口	廿八	四不祥
十四	月忌、龙禁、天乙绝气	廿九	
十五	六壬空	三十	大空亡

1.甲子　金●　满义　　天恩、天德、明星、普护、次吉、天富。
○宜冠笄、会亲、开市、经络、行船、剃头、沐浴。子丑寅卯时吉。
●黑道、天火、飞廉、归忌、四废、土瘟。忌嫁娶、移徙、竖柱、上梁、动土。

2.乙丑　金●　平制　　天恩、显星、母仓、活曜星、福生。
○宜祭祀、泥墙、泥壁、治路。子寅卯巳酉时吉。
●黑道、月煞、天罡、勾绞、四废、地火。忌余事不吉。

3.丙寅　火●　定义　　天恩、曲星、司命、黄道。
○宜安产室、破土、启攒。子丑未戌时吉。
●月厌、受死、死气、官符、九空、焦坎。忌余事不吉。

4.丁卯　火○　执义　　天忌、六合、神在。
○宜上官、赴任、修造、动土、求婚、冠笄、祭祀、捕捉、启攒、移居、针灸、上表章。宜寅卯午未时吉。
　●黑道、小耗、咸池、勾陈、大败、五虚。忌结婚、交易、嫁娶、出财、开市、行船、作仓。

5.戊辰　木●　破专　　天恩、青龙、黄道、母仓、益后、神在。
○宜祭祀、安产室、破屋坏垣。寅巳午酉亥时吉。

●黑道、大耗、大败、六不成。忌诸事不吉。

6.己巳 木○ 危义 明堂、黄道、吉庆星、次吉。
○宜结婚、安床、下定、进人口、收割。丑辰午未戌时吉。
●大败、刀砧、血忌、重丧、游祸、地贼、乙年上朔。忌凡事不吉。

7.庚午 土○ 成伐 天喜、要安、月恩、次吉、母仓、天仓、土王后。
○宜上官、结婚、嫁娶、移徙、剃头、纳财、修造、动土、竖柱、上梁、治病、安葬、放学、作仓、出行、安床、给由、赴举、起屋、祀灶、修筑、造门、定磉、交易、砌天井。子丑卯午时吉。
●黑道、刀砧、蚩尤。忌冠笄、词讼。

8.辛未 土○ 收义 天德合、月德合、幽微星、玉堂、母仓。
○宜祭祀、捕捉、纳财。宜申戌时吉。
●黑道、河魁、勾绞、荒芜、冰消。忌余事不吉。

9.壬申 金○ 开义 金匮、黄道、月德、月空、金堂、生气、神在。
○宜祭祀、解除、疗病、上官、冠笄、进人口、动土、披剃。丑辰巳时吉。
●火星、天贼。忌竖柱、作灶、开市、安葬。

10.癸酉 金○ 闭义 天医、天德、黄道、次吉、神在。
○宜出行、移徙、沐浴、修造、动土、经络、给由、赴举、破土、安葬、补垣塞穴、起染、作鸡栖、收割、祀灶、祭祀、安床。寅卯午时吉。
●独火、龙虎、血支、月火。忌赴任、结婚、治病、交易。

11.甲戌 火○ 建制 显星、满德星、龙德、母仓。
○宜造葬、竖造、破土、穿牛、作鸡栏橱、教马、祭祀、盖屋、出行。寅辰巳亥时吉。
●黑道、月建、罪至、四废。忌余事。

12.乙亥　火○　除义　　玉堂、黄道、曲星、次吉、敬心。

○宜袭爵、受封、上官、赴任、给由、进人口、解除、扫舍、沐浴、疗病、开市、裁衣、作灶、冠笄、披剃、求医、会亲友、起工、除服。丑辰戌时吉。

●四废、丙年上朔。忌余事不吉。

13.丙子　水○　满伐　　天德、月德、上吉、天岳、明星、普护、天富。

○宜入学、开市、经络、破土、启攒、交易、针灸、求婚、赴举、冠笄、词讼、放债、沐浴、结婚、宴会、上官、雕刻、塞穴、开池。宜子丑时吉。

●黑道、天火、飞廉、土瘟、归忌、天狗。忌嫁娶、移徙、上梁、赴任、乘船、苫盖。

14.丁丑　水●　平宝　　活曜星、母仓、福生。

○宜祭祀、教马、结网、泥饰垣墙、平治道涂。巳申亥时吉。

●黑道、月煞、地火、天罡、勾绞。忌诸事不吉。

15.戊寅　土●　破义　　司命、黄道、传星、敬心、次吉。

○宜巳未戌时吉。

●月厌、死气、官符、受死、九空、焦坎。忌诸事不吉。

16.己卯　金○　定伐　　天恩、天瑞、天福、六合、圣心、神在。

○宜祭祀、上官、赴任、修造、动土、盖屋、纳表、伐木、词讼、修筑、披剃、冠笄。子寅午未时吉。

●黑道、重丧、小耗。忌移徙、交易、结婚、嫁娶、出财、开市、启攒、行船、安葬。

17.庚辰　土●　执伐　　天恩、月恩、母仓、青龙、黄道、益后。

○宜祭祀、破屋坏垣。宜寅巳申酉亥时吉。

●黑星、大耗、丙年上朔、十恶大败。忌诸事不吉。

18.辛巳　金○　危伐　　天恩、天德合、月德合、上吉、天福。

○宜祈福、求嗣、会亲、嫁娶、交易。丑午未戌亥时吉。

●火星、游祸、刀砧、地贼、血忌、丁年上朔。忌余事不吉。

19.壬午　木○　成制　　天恩、月空、要安、天喜、土王后、母仓、天仓、天医、上吉、神在。

　○宜结婚、出行、修造、动土、竖柱、上梁、交易、安葬、出火、入学、下定、破土、作厕、针灸、作灶、治病、栽种、作仓、定磉、剃头、天井、上表章、祭祀。丑卯时吉。

　●黑道、刀砧。

20.癸未　木●　收伐　　天恩、幽微星、母仓、玉堂、显星。

　○宜次吉。寅卯辰巳亥时吉。

　●黑道、河魁、勾绞、冰消瓦陷、荒芜。忌诸事不吉。

21.甲申　水●　开伐　　金匮、黄道、曲星、金堂、次吉、生气、神在。

　○宜冠笄、上官、赴任、袭爵、受封、剃头、牧养、治病、开渠、针灸、安葬、沐浴。丑巳未申戌时吉。

　●天贼、四废。忌作仓、开市、出行、嫁娶。

22.乙酉　水○　闭伐　　天医、天德、黄道、神在。

　○宜祭祀、解除、沐浴、修造、破土、补垣塞穴、裁衣、设帐、合帐。子丑寅卯时吉。

　●龙虎、血支、四废、独火、月火。忌余事。

23.丙戌　土○　建宝　　天德、月德、母仓、龙德、满德、神在。

　○宜祭祀、出行、伐木、进人口、出财、起染、立券、冠笄、作陂塘、造畜栏。寅申酉亥时吉。

　●黑道、月建、罪至。忌凡事。

24.丁亥　土○　除伐　　玉堂、黄道、传星、敬心、神在。

○宜祭祀、开市、解除、治病、扫舍、上官、裁衣、词讼、针灸、进人口、雕刻、除服、作厕、堆垛、起染、割蜂、移居、会亲友。丑辰未戌时吉。

●戊年上朔。忌余事不吉。

25.戊子　火○　满制　　天富、天岳、明星、普护、上吉。
○宜开市、经络、进人口、词讼、披剃。卯午申时吉。
●黑道、天火、土瘟、飞廉、归忌、天狗。忌嫁娶、移徙、动土、竖柱、上梁、安葬。

26.己丑　火●　平专　　母仓、活曜星、福生。
○宜祭祀、泥墙、治路。子寅卯戌亥时吉。
●黑道、月煞、天罡、勾绞、重丧、土火。忌凡事不吉。

27.庚寅　木○　定制　　天福、天瑞、月恩、司命、黄道。
○宜会亲友、破土、安葬。子丑辰巳时吉。
●火星、月厌、受死、死气、官符、九空、焦坎。忌百事不吉。

28.辛卯　木○　执制　　天福、天德合、月德合、六合、圣心、神在。
○宜上官、赴任、纳财、修造、动土、捕捉、破土、启攒、祭祀、祈福、冠笄、入学、针灸、安床、起工、盖屋、入宅、词讼、给由、修筑、求婚、嫁娶、作灶、修厨、斩草。寅卯午时吉。
●黑道、小耗。忌移徙、交易。

29.壬辰　水○　破伐　　天福、月恩、青龙、黄道、显星、母仓、益后。
○宜安产室、破屋坏垣。辰巳亥时吉。
●黑道、大耗、大败、六不成。忌余事不吉。

30.癸巳　水●　危伐　　天福、明堂、黄道、续世、母仓。
○宜结婚、嫁娶、捕鱼、安产室。午戌亥时吉。
●天瘟、地贼、游祸、刀砧、血忌、巳年上朔。忌余事不吉。

31.甲午 金○ 成宝 天喜、要安、母仓、三合、天医、神在。

○宜祭祀、结婚、剃头、纳财、治病、修造、破土、启攒、竖柱、上梁、上官、交易、动土、移居、安碓、设斋、收割、会亲友、整容、进人口、给由。宜丑寅卯时吉。

●黑道、刀砧、蚩尤、四废。忌赴任、冠笄、造栏枋。

32.乙未 金○ 收制 幽微星、玉堂、母仓、神在。

○宜捕捉。子寅卯巳时吉。

●黑道、四废、河魁、勾绞、荒芜、冰消。忌诸事不吉。

33.丙申 火● 开制 天德、金匮、黄道、月德、传星、金堂、生气。

○宜上官、赴任、祭祀、治病、进人口、牧养、穿井、沐浴、开渠、解除、施恩拜封、颁诏、袭爵、遣使。子丑辰未戌时吉。

●天贼。忌结婚、嫁娶、乘船、交易、出行、作仓、开市。

34.丁酉 火○ 闭制 天医、天德、黄道、神在。

○宜祭祀、修舍、补垣、给由、起染、解除、词讼、作厕。午未时吉。

●龙虎、血忌、独火、斧头煞、月火。忌结婚、治病、交易。

35.戊戌 木○ 建专 母仓、龙德、满德星。

○宜雕刻、收割、作厕、起染、堆垛、修造、穿牛、造畜栏。子寅午亥时吉。

●黑道、月建、罪至。忌余事不吉。

36.己亥 木● 除制 天福、玉堂、黄道、敬心、次吉。

○宜袭爵、受封、上官、赴任、词讼、解除、沐浴、治病、开市、栽种、进人口、披剃。丑辰午未时吉。

●火星、重丧、庚年上朔。忌余事。

37.庚子 土● 满宝 天福、月恩、天岳、明星、上吉、天富。

○宜冠笄、破土、启攒、进人口、针灸、行船、披剃、交易、开市、修作仓库、开池塘。子丑申酉时吉。

●黑道、天火、飞廉、归忌、天狗。忌余事不吉。

38.辛丑　土○　平义　　天德合、月德、福生、显星、天福、母仓。

○宜结网、泥饰墙垣、平治道涂。宜寅申戌亥时吉。

●黑道、天罡、勾绞、月煞、地火。忌余事不吉。

39.壬寅　金○　定宝　　司命、黄道、月空、曲星。

○宜破土、安葬、会亲友、动土。丑辰巳未时吉。

●月厌、受死、死气、官符、九空、焦坎。忌余事不吉。

40.癸卯　金○　执宝　　圣心、六合、次吉。

○宜上官、赴任、出行、移徙、修造、动土、栽植、牧养、斩草、破土、启攒、入学、冠笄、天井、修筑、起工、盖屋、进人口、定磉。寅卯午未时吉。

●黑道、小耗。忌嫁娶、开市、交易、乘船、作仓。

41.甲辰　火○　破制　　母仓、黄道、益后。

○宜破屋坏垣。巳亥时吉。

●黑星、大耗、四废、六不成、大败。忌余事不吉。

42.乙巳　火○　危宝　　天福、明堂、黄道。

○宜求嗣、祭祀、经络、结网。子丑辰亥时吉。

●天瘟、游祸、四废、辛年上朔、地贼、庚年十恶大败。忌余事不吉。

43.丙午　水●　成专　　天德、月德、上吉、要安、天喜、天仓、母仓。

○宜上官、结婚、纳财、治病、修造、动土、竖柱、上梁、交易、破土、安葬、剃头、进人口、入仓开库、安碓。祭祀、入宅、嫁娶、出火、安床、出行、入学、进章、作门、穿井。子丑卯午时吉。

●黑道、刀砧、月忌。忌作灶。

44.丁未　水●　收宝　　幽微星、母仓、六合、玉堂、神在。

○宜捕捉。巳午戌亥时吉。

●黑道、河魁、勾绞、荒芜、冰消。忌诸事不吉。

45.戊申　土○　开宝　　天赦、金匮、黄道、上吉、金堂、生气、神在。

○宜上官、赴任、冠笄、披剃、解除、袭爵、受封、动土、疗病、祭祀、开渠。卯巳未戌时吉。

●火星、天贼。忌余事。

46.己酉　土○　闭宝　　天恩、天德、黄道、天医、神在。

○宜祭祀、解除、沐浴、修造、动土、栽种、补垣塞穴、筑堤、作陂。子寅卯辰未时吉。

●黑道、龙虎、重丧、独火、月火、血支。忌结婚、嫁娶、交易、立券、行船、启攒、安葬。

47.庚戌　金●　建义　　天恩、月恩、显星、满德星、龙德、母仓。

○宜祭祀、出行、竖造、雕刻、作厕、穿牛。宜寅辰巳午时吉。

●黑道、月建、罪至。忌余事不吉。

48.辛亥　金○　除宝　　天德合、月德合、上吉、曲星、敬心、玉堂、黄道、天岳、明星。

○宜上官、赴任、解除、扫舍、治病、冠笄、堆垛、安葬、考满、造门、盖屋、进人口、会亲、割蜂、除服、起筑、祈福、披剃、修厨、作灶。丑辰午未时吉。

●壬年上朔。忌余事不吉。

49.壬子　木○　满专　　天恩、天瑞、月空、天岳、明星、普护、天富。

○宜出行、启攒、开市、经络、裁衣、破土、诉讼、交易、冠笄、牧养、剃头、进人口、教牛。子丑午申时吉。

●黑道、天火、飞廉、土瘟、归忌。忌余事不吉。

50.癸丑　木○　平伐　　　天恩、母仓、活曜星、福生。

○宜泥墙、治路、作灶、穿井、造羊栈。寅卯巳申戌时吉。

●黑道、月煞、天罡、勾绞、地火。忌余事不吉。

51.甲寅　水○　定专　　　司命、黄道、传星。

○宜破土、启攒、会亲。宜子辰未申戌时吉。

●月厌、受死、正四废、死气、官符、九空、焦坎。忌余事不吉。

52.乙卯　水○　执专　　　六合、圣心、神在。

○宜祭祀、上官、赴任、捕捉、破土、启攒、针灸、斩草。丑寅卯酉时吉。

●大败、黑道、正四废、小耗。忌余事不吉。

53.丙辰　土○　破宝　　　天德、青龙、黄道、月德、母仓、益后。

○宜祭祀、安产室、破屋坏垣。寅申亥时吉。

●黑道、大耗、大败、六不成。忌余事不吉。

54.丁巳　土○　危专　　　天福、黄道、明星、续世、吉庆星、益后。

○宜求嗣、结婚、进人口。丑辰午未戌时吉。

●火星、游祸、血忌、刀砧、地贼、天瘟。忌余事不吉。

55.戊午　火○　成义　　　天喜、要安、母仓、天仓、三合、天医、神在。

○宜祭祀、嫁娶、剃头、纳财、疗病、修造、动土、竖柱、上梁、交易、入学、作仓、立券、雕刻、安碓、裁衣、定磉。子丑卯巳时吉。

●黑道、刀砧、重丧、九丑、蚩尤。忌移徙、启攒、安葬、上官、造枋。

56.己未　火○　收专　　　幽微星、母仓、玉堂、显星、神在。

○宜祭祀、纳财、捕捉。子寅卯戌时吉。

●黑道、河魁、勾绞、重丧、荒芜、冰消。忌余事不宜。

57.庚申　木○　开专　　天福、金匮、黄道、月恩、曲星、金堂、生气、次吉。

○宜袭爵、受封、上官、赴任、解除、求医、成服、剃头、词讼、祀灶、进人口。宜丑辰巳时吉。

●天贼。忌嫁娶、出行、作仓、开市。

58.辛酉　木○　闭专　　天德合、月德合、黄道、天医、神在。

○宜祈福、解除、沐浴、冠笄、给由、赴任、交易、修造动土、入仓开库、行船、造作堤、破土、纳猫犬、祀灶、作厕、补塞、教牛马、求婚、起染、收割。子寅卯午未时吉。

●龙虎、血支、独火、月火。忌余事。

59.壬戌　水○　建伐　　月空、满德星、母仓、龙德。

○宜出行、冠笄、起染、收割。辰巳申酉时吉。

●月建、黑道、罪至。忌余事不吉。

60.癸亥　水○　除专　　玉堂、黄道、传星、敬心、天德、明星。

○宜祭祀、扫舍、开市、解除、祈福、求嗣、治病、收割、移居、堆垛、起染、披剃、出兵、会亲友、进人口、割蜂、塞鼠、断蚁。宜午戌亥时吉。

●甲年上朔。忌余事不吉。

十月

十月　建亥　坤　　自立冬十月节，天道东行，宜向东行，宜修造东方。月厌
　　　应钟　　　在丑，天德在乙，月煞在戌，月德在甲，月合在己，月空在庚，宜甲己庚上修造、取土，大吉。

立冬　后太阳　尚在卯　太冲　　《授时历》某日时躔大火之次，宜
小雪　　　始过甲　功曹

丁癸乙辛时;某日时刻日躔析木之次,宜甲庚丙壬时。

日凶杂忌

争雄 卯辰日	伏龙 西南	财离 卯日	荽龙 甲日	三不返 戌申亥
离别 丙午日	咸池 十日	往亡 立冬后十日	胎神 门户	四虚败 午寅
反激 戊戌日	灭门 申日	四穷 癸亥	九良星 大门	五不遇 丑日
宅龙 在堂	四逆 同前	八风 甲寅甲戌	绝烟火 丑未	触水龙 丙子癸丑癸未

初一　长星、凶败、小空亡	十六　四不祥、瘟星出
初二　六壬空、龙禁	十七　小空亡
初三　四方耗	十八　赤口
初四　天休废	十九　四不祥
初五　大空亡、月忌	二十　龙禁、六壬空
初六　赤口	廿一　大空亡
初七　四不祥	廿二
初八　六壬空、龙禁	廿三　杨公忌、月忌
初九　天休废、小空亡	廿四　赤口
初十	廿五　小空亡
十一	廿六　龙禁
十二　瘟星入、赤口	廿七
十三　大空亡	廿八　四不祥
十四　凶败、龙禁、短星、月忌	廿九　大空亡
十五　　天乙绝气	三十　赤口

1.甲子　金○　除义　　天赦、天恩、上吉、月德、幽微星、要安、神在。

○宜上官、赴任、解除、出行、移徙、疗病、修造、动土、栽种、牧养、盖屋、竖造、进人口、安葬、作灶、分居、入学、安床、冠笄、造门、给由、入宅、祭祀、设醮、定日、开池。子丑寅卯时吉。

●黑道。忌结婚、乘船。

2.乙丑　金○　满制　　天德、天恩、月恩、黄道、玉堂。

○宜会亲、披剃、牧养、塞鼠穴。子卯寅巳申酉时吉。

●月厌、天贼、火星、飞廉、土瘟、天狗。忌余事不吉。

3.丙寅　火○　平义　　天恩、天岳、明堂、六合、金星。

○宜平治道涂。子丑未戌时吉。

●黑道、四废、河魁、勾绞、流祸、荒芜、地火、冰消。忌余事不吉。

4.丁卯　火○　定义　　天恩、显星、满德星、次吉、神在。

○宜祭祀、冠带、结婚、会亲、嫁娶、下定、针灸、行船、纳畜、动土。午未申酉时吉。

●黑道、龙虎、四废、天火、死气、官符。忌余事。

5.戊辰　木○　执专　　天恩、司命、黄道、曲星、天符、明星。

○宜祭祀、解除、纳财、结姻、捕捉、剃头、纳表进章。巳寅午酉亥时吉。

●罪至、小耗、地贼。忌余事不吉。

6.己巳　木○　破义　　月德合、敬心。

○宜求医、破屋坏垣。丑寅辰午戌时吉。

●黑道、月破、大耗、乙年上朔。忌余事不吉。

7.庚午　土○　危伐　　天德、月空、次吉、活曜星、青龙、黄道、普护、不将。

○宜入宅、冠笄、给由、赴举、破土、安葬、出行、嫁娶、裁衣、分居、作仓、祈福、作灶、起工、安床、伐木、盖屋、下定、修筑、动土、穿井、纳畜、造畜栏、进人口、造门、设灶。宜子丑卯午时吉。

●黑星。

8.**辛未　土○　成义**　　月财、天喜、天医、明堂、黄道、福生、传星、神在、三合。

○宜入学、结网、动土、竖柱、上梁、立券、交易、上官、修造、牧养、冠笄、安葬、裁衣、安床、伐木、造门、会亲、进人口、绘像、栽种、作灶、定磉、造畜栏、穿井、开池。寅申戌时吉。

●忌嫁娶、治病。

9.**壬申　金○　收义**　　母仓。
○宜塞鼠、捕捉。宜丑辰巳未时吉。
●黑道、受死、天罡、勾绞、刀砧、重丧、月火。**忌诸事不吉。**

10.**癸酉　金○　开义**　　母仓、上吉、圣心、生气、神在。
○宜出行、修造、动土、安葬、牧养、冠笄、求财、给由、入学、放债、安碓、开渠、穿井、种植、造酒醋、求医、祀灶、起染、祭祀、解除、除服、竖柱、上梁、收割。寅卯午时吉。

●黑道、刀砧。忌造畜栏、结婚、立券、交易。

11.**甲戌　火○　闭制**　　天医、月德合、吉庆星、金匮、黄道、益后、神在。
○宜祭祀、出行、求嗣、上官、经络、开池、动土、修筑、补垣塞穴、断蚁、作厕、结网。寅辰巳时吉。

●月煞、火星、血支。忌牧养、种莳、出财。

12.**乙亥　火○　建义**　　天德、月恩、黄道、龙德、续世。
○宜袭爵、受封、纳奴婢、砍伐树木、穿牛。丑辰戌时吉。
●天瘟、血忌、九空、丙年上朔、大败、六不成。忌诸事不吉。

13.丙子 水○ 除伐 幽微星、显星、要安、次吉。

○宜上官、出行、治病、冠笄、裁衣、修作、栽种、入仓开库、移居、安葬、竖柱、上梁、出火、给由、交易、词讼、求婚、扫舍、纳奴婢、修造椆栏、除服。子丑卯午时吉。

●黑道、四废、白虎。忌结婚、启攒、破土、乘船。

14.丁丑 水○ 满宝 天富、玉堂、黄道、曲星、天□、明星。

○宜会亲、进人口、补垣塞穴、断蚁、修造、造寿木、开生坟。巳申亥时吉。

●地火、天贼、土瘟、飞廉、四废、归忌。忌余事不吉。

15.戊寅 土○ 平伐 天瑞、天岳、明星、金堂、六合。

○宜平治道涂、泥饰墙垣、造寿木、开生坟。巳未戌时吉。

●黑道、荒芜、游祸、河魁、勾绞、冰消。忌余事不吉。

16.己卯 土○ 定伐 天恩、天瑞、天福、月德合、满德星。

○宜祭祀、冠带、结姻、会亲、嫁娶、剃头、安碓、经络、上册受封、苫盖、裁衣、纳畜、动土、斩草。宜用子寅午未时吉。

●黑道、天火、龙虎、死气、官符。忌余事不吉。

17.庚辰 金● 执义 天恩、司命、黄道、传星、月空、天德合、天府、明星。

○宜祭祀、祈福、解除、捕捉、祀灶、雕刻、披剃、赴举、结网。寅巳申酉亥时吉。

●地贼、罪至、小耗。忌余事不吉。

18.辛巳 金○ 破伐 天恩、天瑞、天福、敬心、天仓。

○宜祭祀、治病、破屋坏垣。丑午未戌亥时吉。

●黑道、大耗、月破、丁年上朔。忌余事不吉。

19.壬午 木○ 危制 天恩、活曜星、青龙、黄道、普护、上吉、神在。

○宜嫁娶、裁衣、安床、伐木、词讼、交易、下定、修路、动工、起工、造门、上梁、求医、冠笄、栽种、纳畜、雕刻、设帐、割蜂、穿井、求财、宴会、作造鸡栖。丑卯时吉。

●黑道、重丧。忌移徙、治病。

20.癸未　木○　成伐　　天恩、明堂、黄道、上吉、福生、天喜。
○宜结婚、纳财、入学、交易、给由、安葬、下定、安碓、纳采、造酒酱、进人口、祈福、动土、开池、穿井、牧养、披剃。寅卯巳时吉。
●月火、火星。忌嫁娶、出行、赴任、治病。

21.甲申　水●　收伐　　月德、母仓、上吉、神在。
○宜捕捉、畋猎。子丑辰巳未时吉。
●黑道、受死、天罡、勾绞、月火、刀砧。忌诸事不吉。

22.乙酉　水●　开伐　　天德、月恩、地仓、显星、圣心、生气、神在。
○宜上官、出行、沐浴、纳财、入学、治病、修造、动土、牧养、冠笄、安葬、纳表、剃头、安碓、开渠井、种莳、竖柱、上梁、求婚、纳采、栽种、出行、求财。子丑寅卯午时吉。
●黑道、刀砧。忌结婚、移徙。

23.丙戌　土●　闭宝　　天医、金匮、黄道、吉庆星、益后、曲星。
○宜祭祀、修舍、安产室、求嗣、裁衣、开市、起染、结网、捕猎、作厕、补塞。寅申酉时吉。
●月煞、四废、血支。忌种植、牧养。

24.丁亥　土○　建伐　　天德、黄道、续世、龙德。
○宜祭祀、施恩、拜封、穿牛。丑辰未戌时吉。
●四废、天瘟、血忌、九空、戌年上朔、大败、六不成。忌余事不吉。

25.戊子　火○　除制　　幽微星、要安。

○宜上官、赴任、解除、出行、沐浴、治病、披剃、动土、竖柱、定磉、天井、穿牛、求医、盖屋、栽种、起染、猪椆、除服。子午申时吉。

●黑道。忌结婚、移徙、乘船。

26.己丑　火●　满专　　天富、月德合、传星、玉堂、黄道。

○宜会亲、补垣塞穴、祀灶、修造、开池。子寅卯戌亥时吉。

●月厌、天贼、归忌、土瘟、天狗、飞廉。忌余事不吉。

27.庚寅　木○　平制　　天德合、月空、天福、明星、金堂、六合。

○宜成服、平治道涂。子丑辰戌时吉。

●黑道、荒芜、河魁、勾绞、游祸、地火。忌余事不吉。

28.辛卯　木○　定制　　天福、满德星、神在。

○宜祭祀、结婚、冠带、入学、行船、动土、剃头、启攒、安碓、纳畜、破土、嫁娶、招贤、词讼、针灸、斩草。宜子寅午酉时吉。

●黑道、天火、龙虎、死气、官符。忌移徙、治病、栽植、作灶、安产室。

29.壬辰　水○　执伐　　天福、司命、黄道、天府、明星。

○宜结婚、嫁娶、裁衣、种植、捕捉、畋猎、解除、针灸、上表章、结网。辰巳亥时吉。

●火星、小耗、重丧、罪至、地贼。忌诸事不吉。

30.癸巳　水○　破制　　天福、敬心、天仓。

○宜治病、破屋坏垣。午戌亥时吉。

●黑道、大耗、月破、巳年上朔。忌余事不吉。

31.甲午　金○　危宝　　青龙、黄道、月德、显星、上吉、活曜星、普护、神在。

○宜祭祀、受爵、出行、移徙、修造、动土、给由、赴任、分居、交易、起工、伐木、剃头、雕刻、牧养、纳畜、祀灶、破土、安葬、启攒、祈福、设斋。宜子丑卯时吉。

　　●黑星。忌治病、开仓。

　　32.乙未　金○　成制　　　天德、曲星、明堂、黄道、福生、月财、上吉、天喜、神在。

　　○宜结婚、纳财、入学、修造、动土、竖柱、上梁、出火、入宅、祭祀、种莳、牧养、移徙、分居、苫盖、出行、求财、纳采、给由、安床、作灶、交易、裁衣、破土、安葬、安碓磨。子寅卯巳时吉。

　　●忌嫁娶、赴任、远行、治病、栽植、乘船。

　　33.丙申　火○　收制　　　母仓、次吉、神在。

　　○宜捕捉。子丑未戌时吉。

　　●黑道、受死、四废、天罡、勾绞,甲巳年十恶大败。忌诸事不吉。

　　34.丁酉　火○　开制　　　母仓、次吉、圣心、生气、神在。

　　○宜入学、出行、解除、修造、动土、安碓、上梁、冠笄、安葬、起工、行船、装载、沐浴、纳表章、入仓、开库、开渠、穿牛、栽种。宜午未时吉。

　　●黑道、四废、刀砧、朱雀。忌结婚、立券、交易。

　　35.戊戌　木○　闭专　　　明星、天医、金匮、黄道、吉庆星、传星、益后。

　　○宜修舍、安产室、补垣塞穴。宜子寅午亥时吉。

　　●月煞、血支。忌针灸、作仓、开市、割蜂。

　　36.己亥　木○　建制　　　天福、天德、黄道、月德合、龙德。

　　○宜袭爵、受封、出行、穿牛。未戌时吉。

　　●天瘟、血忌、九空、庚年上朔、大败、六不成。忌余事不吉。

　　37.庚子　土●　除宝　　　天福、天德合、月空、次吉、幽微星、要安。

　　○宜上官、赴任、解除、疗病、启攒、出行、移居、盖屋、入宅、造门、定磉、竖柱、上梁、除服、给由、冠笄、雕刻、交易、开仓库、安床、裁衣、纳畜、经络、造栏稠栈。子丑午辰时吉。

　　●黑道。忌余事。

　　38.辛丑　土○　满义　　　天福、玉堂、黄道、天富。

　　○宜会亲、补垣塞穴、披剃、修作陂池。寅申戌亥时吉。

　　●月厌、火星、天贼、飞廉、天瘟、归忌、天狗。忌余事不宜。

　　39.壬寅　金○　平宝　　　六合、天岳、明星、金堂。

　　○宜平治道涂。丑辰未戌时吉。

　　●黑道、荒芜、游祸、勾绞、河魁、地火、重丧、冰消。忌百事不宜。

　　40.癸卯　金○　定宝　　　满德星、上吉、显星。

　　○宜冠笄、结姻、嫁娶、剃头、纳畜、破土、启攒、安碓、动土、会亲。寅卯午未时吉。

　　●黑道、天火、龙虎、死气、官符。忌治病、栽植、安产室、赴任、苫盖、修造、裁衣、竖柱。

　　41.甲辰　火○　执制　　　黄道、月德、上吉、曲星。

　　○宜解除、捕捉、会亲、针灸、畋猎。宜寅巳亥时吉。

　　●罪至、小耗、丙辛年十恶大败、地贼。忌动土、交易、开市、出行。

　　42.乙巳　火●　破宝　　　天福、月恩、天德、上吉、敬心、天仓。

　　○宜祭祀、疗病、破屋坏垣。子丑辰戌时吉。

　　●黑道、大耗、月破。忌余事不吉。

　　43.丙午　水●　危专　　　青龙、黄道、活曜星、次吉、普护。

　　○宜祭祀、安床、伐木、栽种、祀灶、安葬、针灸、祈福、畋猎。宜子丑卯午时吉。

　　●黑星、正四废、五虚。忌余事不吉。

44.丁未　水○　成宝　　天喜、明堂、黄道、福生、传星、神在。

○宜结姻、纳采问名、纳财、修造、动土、竖柱、上梁、盖屋、交易、伐木、起工、出火、入宅、牧养、入学、纳畜、安修碓磨、破土、安葬、启攒、作寿木、开生坟、安香火。寅卯巳申时吉。

●四废。忌嫁娶、行船。

45.戊申　土○　收宝　　母仓、神在。

○宜捕捉、畋猎。卯未申戌时吉。

●黑道、受死、天罡、勾绞、刀砧、月火。忌余事不吉。

46.己酉　土○　开宝　　天恩、月德合、母仓、神在、圣心、生气、上吉。

○宜入学、出行、修造、动土、治病、牧养、安葬、栽植、祭祀、开渠、穿井。子寅卯辰未时吉。

●黑道。忌移徙、交易。

47.庚戌　金○　闭义　　天恩、天德、月空、金匮、黄道、次吉、天医、益后。

○宜祭祀、祈福、求嗣、补垣塞穴。辰巳午申亥时吉。

●火星、月煞、血支。忌牧养、栽种、动土、作仓开库、针刺、治病。

48.辛亥　金○　建宝　　续世、天恩、天德、黄道、龙德。

○宜袭爵、受封、穿牛。丑午未辰戌时吉。

●血忌、天瘟、九空、壬年上朔、六不成。忌余事不吉。

49.壬子　木○　除专　　天恩、天瑞、幽微星、要安、显星。

○宜上官、赴任、解除、出行、治病、裁衣、栽种、词讼、竖造、出火、盖屋、冠笄、纳畜、堆垛、定磉、雕刻、起染、除服、修合药料、经络。子丑卯午时吉。

●黑道、九丑、咸池、重丧。忌结婚、嫁娶、移徙、安葬。

50.癸丑　木○　满伐　　天恩、玉堂、黄道、曲星、天富。

○宜会亲、补垣、剃头、栽种、修池、作陂。寅卯巳申戌时吉。

●月厌、天贼、土瘟、血忌、飞廉、天狗。忌余事不吉。

51.甲寅 水● 平专 月德、天岳、明星、上吉、金堂。

○宜平治道涂。子丑辰未戌时吉。

●黑道、游祸、河魁、勾绞、冰消。忌诸事不吉。

52.乙卯 水○ 定专 天德、月恩、满德星。

○宜祭祀、冠带、结姻、会亲、出行、剃头、纳财畜、破土、启攒、动土、针灸、嫁娶。子卯酉时吉。

●黑道、龙虎、天火、死气、官符。忌竖柱、盖屋、赴任。

53.丙辰 土○ 执宝 黄道、次吉、传星、明星、神在。

○宜祭祀、结婚、捕捉、畋猎、伐木、纳表上章。寅辰巳时吉。

●罪至、四废、小耗、地贼。忌出行、动土、开市、交易。

54.丁巳 土○ 破专 天仓、天福、敬心、神在。

○宜祭祀、治病、破屋坏垣。丑辰午未戌时吉。

●黑道、正四废、大耗、月破、癸年上朔。忌余事不吉。

55.戊午 火○ 危义 青龙、黄道、活曜星、普护、神在。

○宜祭祀、袭爵、受封、安床、伐木、畋猎、雕刻、定磉、冠笄、安葬、栽种。卯午申酉时吉。

●黑道。忌移徙、赴任、盖屋、治病。

56.己未 火○ 成专 天喜、月德合、上吉、明堂、黄道、福星、神在。

○宜祭祀、祈福、纳采问名、结网、纳财、入学、上官、给由、冠笄、下定、交易、祀灶、进人口、种植、牧养、安碓、破土、安葬、安香火。子寅卯巳时吉。

●火星。忌嫁娶、赴任、出行、修造、治病。

57.庚申　木〇　收专　　天德合、月空、金匮、黄道。

〇宜捕捉、畋猎。丑辰未时吉。

●黑道、受死、天罡、勾绞、刀砧、独火、月火。忌余事不吉。

58.辛酉　木〇　开专　　显星、母仓、生气、神在、上吉、圣心。

〇宜入学、出行、祭祀、解除、沐浴、修造、动土、治病、上章、安葬、修筑、冠笄、竖造、行船、安碓、天井、定磉、牧养、入宅。子寅午未时吉。

●黑道、刀砧。忌移徙、结婚、上官。

59.壬戌　水〇　闭伐　　明星、天医、金匮、黄道、吉庆星、曲星、益后。

〇宜修舍、裁衣、安产室、补垣塞穴、起染、冠笄、合帐、结网。辰巳申酉时吉。

●月煞、重丧、血支。忌出行、纳财、作灶。

60.癸亥　水〇　建专　　天德、黄道、续世、龙德。

〇宜祭祀、破土。午戌亥时吉。

●天瘟、血忌、九空、焦坎、大败、六不成、甲年上朔。忌诸事不吉。

十一月

十一月 建子 复 黄钟　　自大雪十一月节后，天道东南行，宜向东南行，修造东南方。天德在巽，月厌在子，月煞在未，月德在壬，月合在丁，月空在丙，丙丁壬上修造、取土。

大雪 后太阳 尚在寅 始过艮　功曹 大吉　为天月将　　《授时历》某日时刻日躔析木之次，宜甲庚丙壬时；某日时刻日躔星纪之次，宜艮巽坤乾时。
冬至

日凶杂忌

争雄 戊亥	伏龙 西南	财离 申日	葵龙 子日	三不返 酉日
离别 丙午	咸池 酉日	往亡 大雪后十日	胎神 在灶	四虚败 寅午
反激 戊戌	灭门 未日	四穷 癸亥	九良 中庭	五不遇 申日
宅龙 在堂	四逆 同前	八风 甲寅甲戌	绝烟火 寅申	触水龙 丙子、癸丑、癸未

初一 六壬空	十六 天乙绝气、小空亡
初二 龙禁	十七 赤口
初三	十八 天休废
初四 大空亡、四不祥、四方耗	十九 四不祥、六壬空
初五 赤口月忌	二十 大空亡、龙禁
初六	廿一 杨公忌
初七 四不祥、六壬空	廿二 短星
初八 小空亡、龙禁	廿三 赤口、月忌
初九	廿四 小空亡
初十 天地凶败、瘟星出	廿五 六壬空
十一 赤口	廿六 龙禁
十二 大空亡、长星、瘟星入	廿七
十三 天休废、六壬空	廿八 大空亡、四不祥
十四 天地凶败、龙禁、月忌	廿九 赤口
十五 天地凶败、瘟星出	三十

1.甲子　金○　建义　　天赦、天恩、月恩、金匮、黄道、龙德。

○宜祭祀、袭爵、受封、给由考满、赴举、交易、放债、进人口、收捕、出兵、出行、作灶。子丑寅卯时吉。

　　●月建、火星、天地转煞。忌结婚、开市。

　　2.乙丑　金○　除制　　天恩、天德、黄道、六合、普护、次吉、明星、神在。
　　○宜祭祀、解除、出行、移徙、结婚、给由、下定、裁衣、会亲、修造、动土、开池、交易、治病、行船、栽种、牧养、纳猫犬、入仓库、扫舍宇、上官、招贤、除服。子寅卯巳时吉。
　　●天瘟。

　　3.丙寅　火○　满义　　天恩、月空、显星、福生。
　　○宜出行、纳财、修造、动土、开市、立券、裁衣、交易、经络、求婚、上官、安床、作仓、伐木、给由、定磉、会亲、纳聘、冠笄、绘像、扫宇、修厨、动土、启攒。子丑辰未时吉。
　　●黑道、土瘟、四废、归忌、天狗。忌远回、移徙。

　　4.丁卯　火○　平义　　天恩、月德合、曲星、玉堂。
　　○宜泥饰墙垣、平治道路、针灸。子未申酉时吉。
　　●受死、四废、天罡、勾绞、地贼、大败、六不成。忌余事不吉。

　　5.戊辰　木○　定专　　天恩、天岳、明星、圣心、天仓、神在。
　　○宜祭祀、冠笄、结姻、会亲、纳财、修造、动土、竖柱、上梁、雕刻、下定、行船、猪栏、裁衣、纳畜、天井、人口、安修碓磨。寅辰巳午时吉。
　　●黑道、死气、官符。忌治病、安产室、上官。

　　6.己巳　木○　执义　　天德、益后、不将。
　　○宜移居、嫁娶、修造、动土、安产室、给由、剃头、捕捉、畋猎。丑辰午未时吉。
　　●黑道、小耗、乙年上朔。忌出行、结婚、安葬、交易。

　　7.庚午　土○　破伐　　黄道、传星、续世。

○宜疗病、破屋坏垣。丑卯申酉时吉。

●大耗、天贼、天火、血忌、荒芜。忌余事不吉。

8.辛未　土○　危义　　要安、吉庆星、神在。

○宜祭祀、纳采问名、安床、冠笄、出火、伐木、起染、交易、畋猎。寅申戌时吉。

●黑道、月煞、独火、月火。忌结婚、动土、治病。

9.壬申　金○　成义　　天德合、月德、天喜、青龙、黄道、上吉。

○宜入宅、冠笄、祭祀、伐木、治病、安葬、上官、下定、作灶、移居、祈福、剃头。丑辰巳未时吉。

●黑道、飞廉、刀砧、九空、焦坎。忌结姻、开市、立券、交易、动土、竖柱、上梁、造畜栏。

10.癸酉　金○　收义　　黄道、幽微星、母仓、金堂。

○宜祭祀、纳财、栽种、捕捉、畋猎。寅卯午时吉。

●火星、河魁、勾绞、刀砧、重丧、冰消。忌开市、结婚、动土、上梁。

11.甲戌　火○　开制　　月恩、上吉、生气、神在。

○宜祭祀、结姻、移徙、纳财、入学、给由、栽种、修造、动土、披剃、祀灶、起染、出行。寅辰巳亥时吉。

●黑道、龙虎、蚩尤。忌余事不吉。

12.乙亥　火○　闭义　　天医、显星、次吉。

○宜出行、补垣、修造、动土、栽衣、牧养、入仓开库、求医、出火、筑墙、移徙、安床、设帐、造畜栏、栽种、堆垛、作厕、塞鼠、断蚁、进人口。宜卯辰巳时吉。

●黑道、游祸、罪至、血支、丙年上朔。忌治病、针灸、安葬。

13.丙子　水○　建伐　　金匮、黄道、月空、满德星、曲星、龙德、敬心。

○宜袭爵、受封、给由、穿牛、进人口、造畜栏。子丑午申酉时吉。

●月厌、四废、天地转煞。忌余事不吉。

14.丁丑　水○　除宝　　天德合、月德、黄道、六合、普护、神在。

○宜入学、出行、祭祀、解除、结婚、会亲、交易、治病、动土、立券、上官、进表、行船、教牛马、祈福、进人口、起工、嫁娶、裁衣、经络、设斋、扫舍、作寿木、开生坟。寅卯巳时吉。

●天瘟、四废。忌安葬、启攒。

15.戊寅　土○　满伐　　天富、天瑞、天福。

○宜会亲、出行、纳财、裁衣、修造、开市、立券、交易、冠笄、词讼、起工、安葬、定磉、经络、造酒。丑巳未时吉。

●黑道、土瘟、归忌、天狗。忌嫁娶、移徙、动土、作仓、祭祀、远回。

16.己卯　土○　平伐　　天恩、天瑞、天福、黄道。

○宜泥墙治路。子寅午未时吉。

●受死、天罡、勾绞、地贼、大败、六不成、地火。忌诸事不吉。

17.庚辰　金○　定义　　天恩、天岳、明星、圣心、次吉、天仓、神在。

○宜祭祀、会亲、纳财、冠笄、作灶、堆垛、纳畜。寅辰巳酉亥时吉。

●黑道、死气、官符。忌临官、治病、安葬。

18.辛巳　金○　执伐　　天恩、天德、天瑞、天福、益后、次吉。

○宜冠笄、会亲、捕捉、求嗣、求婚、剃头。丑未戌亥午时吉。

●黑道、小耗、丁年上朔。忌裁衣、安葬、启攒、开市、交易。

19.壬午　木○　破制　　天恩、月德、司命、黄道、续世。

○宜治病、破屋坏垣。丑酉时吉。

●火星、大耗、天火、血忌、天贼、荒芜。忌诸事不吉。

20.癸未　木○　危伐　　天恩、要安、吉庆星。

○宜纳采问名、入学、冠笄、出火、交易、起染、安床、裁衣、栽种、经络。巳亥时吉。

●黑道、月煞、重丧、独火。忌结姻、治病、安葬、立券。

21.甲申　水○　成伐　　天德合、青龙、黄道、月恩、母仓、上吉。

○宜上官、出行、祭祀、入学、定磉、伐木、安葬、移徙、动土、竖造、上梁、入宅、出火、作灶、盖屋。子丑辰巳未时吉。

●黑道、飞廉、刀砧、九空、焦坎。忌结姻、安床、作栏。

22.乙酉　水○　收伐　　明堂、黄道、幽徽星、母仓、金堂、曲星。

○宜祭祀、纳财、剃头、捕捉、畋猎。子丑寅卯酉时吉。

●河魁、勾绞、冰消瓦陷、刀砧。忌余事不吉。

23.丙戌　土○　开宝　　月空、生气、神在。

○宜给由考满、祭祀、安碓、会亲、结婚、入学、修造、动土、牧养、开渠。寅申酉亥时吉。

●黑道、龙虎、四废。忌余事不吉。

24.丁亥　土○　闭伐　　天医、月德合、次吉、神在。

○宜安床、设帐、给由、考满、补垣塞穴、作厕、结网、畋渔。丑辰未戌时吉。

●黑道、游祸、四废、罪至、血支、戊年上朔。忌临官、治病。

25.戊子　火○　建制　　金匮、黄道、敬心、龙德、明星。

○宜袭爵、受封、词讼、放债、穿牛、造令牌雷尺。卯午申时吉。

●月厌、天地转煞。忌余事不吉。

26.己丑　火○　除专　　天德、六合、黄道、普护、神在。

○宜祭祀、立券、交易、解除、会亲、治病、扫舍、入仓、开库、栽种、进人口、除服。子寅卯戌亥时吉。

●天瘟。忌嫁娶、上官、冠笄。

27.庚寅　木○　满制　　天福、天瑞、次吉、福生、天福。

○宜出行、开市、求财、交易、立券、裁衣、安葬、词讼.起工、修造、动土、竖柱、上梁、定磉、平基、盖屋、泥饰、求婚、冠笄、绘像、安床、造栏、入学、作仓库、剃头。子丑辰巳时吉。

●黑道、土瘟、归忌、天狗。忌嫁娶、移徙。

28.辛卯　水○　平制　　天福、玉堂、黄道、活曜星。

○宜泥墙治路。子寅午酉时吉。

●火星、受死、天罡、勾绞、天败、大败、六不成。忌诸事不吉。

29.壬辰　水○　定伐　　天福、月德、天岳、明星、圣心、天仓、上吉。

○宜上官、冠带、嫁娶、会亲、结婚、纳财、裁衣、入学、安葬、动土、作灶、交易、经络、牧养、设帐、出火、进人口、针灸、造栏枋。辰巳时吉。

●黑道、死气、官符。忌修造、竖柱上梁、安产室、治病。

30.癸巳　水●　执制　　天德、天福、显星、次吉、益后。

○宜冠笄、剃头、修造、安产室、捕捉、裁衣、畋猎。午酉亥时吉。

●黑道、重丧、小耗、巳年上朔。忌结婚、安葬、开市、出行、交易。

31.甲午　金○　破宝　　黄道、月恩、曲星、续世。

○宜治病、破屋坏垣。子丑亥时吉。

●大耗、天贼、血忌、天火、荒芜。忌诸事不吉。

32.乙未　金○　危制　　要安、吉庆星、天喜、神在。

○宜祭祀、出行、伐木、安床、修造、动土、冠笄、纳采、祈福、雕刻、起染、斩草、栽植、移徙、畋猎。子寅卯戌时吉。

●黑道、月煞、独火。忌结婚、治病、出财、牧养。

33.丙申 火○ 成制 天德合、青龙、黄道、月空、母仓、玉堂。

○宜祭祀、伐木、解除、治病、安葬、嫁娶、冠笄、移居、竖造、入宅、经络。子丑辰未时吉。

●黑道、飞廉、四废、刀砧、九空。忌凡事。

34.丁酉 火○ 收制 明堂、黄道、月德合、母仓、幽微星、金堂。

○宜祭祀、纳财、栽种、捕捉、畋猎。午未时吉。

●四废、刀砧、河魁、勾绞、冰消。忌余事不吉。

35.戊戌 木○ 开专 生气。

○宜会亲、栽植、剃头。子午申亥时吉。

●黑道、龙虎、蚩尤、荒芜。忌诸事不吉。

36.己亥 木○ 闭制 天福、天医。

○宜沐浴、裁衣、收割、修筑、堆垛、补垣塞穴、作厕。丑辰午未时吉。

●黑道、游祸、血支、罪至、上朔。忌上官、治目、安葬、冠笄。

37.庚子 土○ 建宝 天福、黄道、满德星、敬心、龙德。

○宜受封、袭爵、给由、赴举、穿牛、造雷尺令牌。子丑申酉时吉。

●火星、月厌、地天转煞。忌竖柱、盖屋、作灶。

38.辛丑 土○ 除宝 天德、天福、黄道、六合、普护。

○宜结婚、会亲、解除、治病、交易、动土、立券、进人口、栽种、扫舍、除服、祈福。寅申戌亥时吉。

●天瘟。忌余事不吉。

39.壬寅 金○ 满宝 天富、显星、月德、福生、上吉。

○宜出行、纳财、修造、动土、立券、交易、破土、安葬、入学、作仓、起工、剃头、修厨、塞鼠、收捕、裁衣、开池、会亲、雕刻、扫舍。丑辰巳未时吉。

●黑道、土瘟、归忌、天狗。忌嫁娶、出财、祭祀、远回。

40.癸卯　金○　平宝　　玉堂、黄道、活曜星。

○宜平治道涂。寅卯午未时吉。

●受死、天罡、勾绞、大败、六不成、重丧、地贼、地火。忌百事不吉。

41.甲辰　火○　定制　　天仓、月恩、天岳、明星、圣心。

○宜结姻、会亲、纳财、安葬、嫁娶、冠笄、作灶、天井、纳畜、堆垛、种植、结网。巳亥时吉。

●黑道、死气、官符。忌治病、安产室、上官。

42.乙巳　火○　执宝　　天福、天德、益后、上吉、神在。

○宜给由、冠笄、求嗣、祭祀、种植、捕捉、针灸、作灶、畋猎、结网、捕鱼。子丑辰戌亥时吉。

●黑道、小耗、辛年上朔。忌余事。

43.丙午　水○　破执　　黄道、月空、传星、续世。

○宜治病、破屋坏垣。子丑申酉时吉。

●荒芜、大耗、四废、天贼、天火、血忌。忌诸事不吉。

44.丁未　水○　危宝　　天喜、月德合、吉庆星、要安、神在。

○宜纳采问名、安床、修造、动土、伐木、上官、赴任、开池井、交易。巳申戌亥时吉。

●黑道、月煞、四废、独火、月火。忌结婚、治病、牧养、启攒、安葬。

45.戊申　土○　成宝　　天喜、天德合、黄道、母仓、玉堂、次吉。

○宜祭祀、冠笄、动土、剃头、定磉、造酒、求医、盖屋、修造、起工、伐木、牧养、祈福、作灶、祀灶、治病、修筑、破土、安葬、立券、交易。宜丑卯午未时吉。

●黑道、飞廉、刀砧、九空、焦坎。忌启攒、结婚、安床。

46.**己酉　土○　收宝**　　天恩、明堂、黄道、母仓、幽微星、金堂。

○宜祭祀、纳财、捕捉、安葬、栽种、进人口。子寅卯辰未时吉。

●火星、河魁、勾绞、刀砧、冰消。忌余事不吉。

47.**庚戌　金●　开义**　　天恩、次吉、生气、神在。

○宜祭祀、结姻、动土、修造、开渠井、牧养、安碓、起工、雕刻、剃头、出行、求财。辰巳午未亥时吉。

●黑道、龙虎、蚩尤。忌余事不吉。

48.**辛亥　金○　闭宝**　　天恩、次吉、显星、天医。

○宜沐浴、给由、裁衣、修筑、行船、动土、栽种、补垣塞穴。丑午未申时吉。

●黑道、罪至、游祸、血支、壬年上朔。忌安葬、冠笄、临官。

49.**壬子　木○　建专**　　天恩、月德、天瑞、敬心、金匮、黄道。

○宜袭爵、受封、造雷尺令牌。子丑午申时吉。

●月厌、天地转煞。忌余事不吉。

50.**癸丑　木○　除伐**　　天恩、天德、黄道、上吉、六合。

○宜结婚、会亲、治冠、交易、裁衣、立券、伐木、出行、下定、入学、进人口、开仓库、经络、安机、栽重、扫舍宇、除服、祈福。寅巳申戌时吉。

●天瘟、重丧。忌启攒、安葬、动土、乘船、冠笄。

51.**甲寅　水●　满专**　　天富、福生、上吉、月恩、天医。

○宜出行、纳财、开市、交易、裁衣、破土、启攒、上官、词讼、入学、安葬、开池、作陂、作仓、造门、安床、求婚、下定、牧养、经络、冠笄、起造、修厨、定磉、平基、剃头。子丑辰寅时吉。

●黑道、土瘟、归忌、天狗。

52.**乙卯　水○　平专**　　玉堂、黄道、活曜星。

○宜泥墙治路。子寅卯酉时吉。

●受死、天罡、勾绞、地火、大败、六不成、地贼。忌诸事不吉。

53.丙辰　土○　定宝　　天仓、月恩、天岳、明星、圣心。

○宜结婚、会亲、修造、动土、竖柱、上梁、纳财、裁衣、修造、入学、伐木、修筑、泥饰、行船、作陂、经络、牧养、定磉、祭祀、祈福、造畜栏。宜寅酉亥时吉。

●黑道、四废、死气、官符。忌安产室、作灶、栽植。

54.丁巳　土○　执专　　天德合、月德合、上吉、天福、益后、神在。

○宜祭祀、安产室、捕捉、安碓、畋猎。宜辰巳午未戌时吉。

●黑道、正四废、癸年上朔。忌结婚、出行、交易、安葬、竖柱。

55.戊午　火○　破义　　黄道、续世、神在。

○宜祭祀、治病、破屋坏垣。卯午申酉时吉。

●火星、大耗、天火、血忌、天贼、荒芜。忌诸事不吉。

56.己未　土○　危专　　要安、吉庆星、神在。

○宜祭祀、纳采问名、安床、修筑、雕刻、招贤、穿井、起染、伐木、动土、畋猎、设斋、祈福、结网罟、作厕。子寅卯戌时吉。

●黑道、月煞、独火、月火。忌余事不吉。

57.庚申　木○　成专　　天道合、黄道、母仓、天福、次吉、天喜、玉堂。

○宜入学、治病、伐木、牧养、安葬、盖屋、泥饰、竖柱、上梁、下定、出火、冠笄、作灶、祭祀、拜封、表章、设斋、祈福、种植、作陂、开池、起工、动土、定磉、修筑。丑辰巳时吉。

●黑道、九空、刀砧、飞廉。忌结婚、开市、立券、交易。

58.辛酉　水○　收专　　母仓、幽微星、曲星、黄道、金堂、月财。

○宜祭祀、栽种、结网、教马、捕捉、进人口、纳财、畋猎。子寅午未时吉。

●刀砧、河魁、勾绞、冰消。忌余事不吉。

59.壬戌 水○ **开伐** 月德、生气、上吉。

○宜入学、结婚、造门、修造、动土、安碓、起工、会亲、剃头、起染、开渠、收割、造酒、穿井、割蜂、牧养、栽植。宜辰巳申酉时吉。

●黑道、龙虎、荒芜、蚩尤。忌余事不吉。

60.癸亥 水○ **闭专** 天医。

○宜堆垛、补垣塞穴、作厕、合帐。宜午戌亥时吉。

●黑道、重丧、游祸、血支、甲年上朔。忌诸事不吉。

十二月

十二月 建丑 大吕 临 自小寒十二月节后,天道西行,宜向西行,修造西方。

月厌在亥,月煞在辰,天德在庚,月德在庚,月合在乙,月空在甲,甲乙庚上修造、取土。

小寒 大寒 后太阳 尚在丑 始过癸 大吉 神后 为天月将 《授时历》某日时刻日躔星纪之次,宜艮巽坤乾时;某日时刻日躔玄枵之次,宜癸乙丁辛时。

日凶杂忌

争雄 辰巳日	伏龙 在灶	财离 巳日	葵龙 巳日	三不返 丑戌亥
离别 癸巳日	咸池 午日	往亡 小寒后二十日	胎神 在床	四虚败 寅午
反激 戌戌	灭门 午日	四穷 癸亥	九良星 中宫	五不遇 酉日
龙宅 占堂	四逆 同前	八风 甲寅 甲戌	绝烟火 卯日	触水龙 丙子

初一		十六	四不祥、赤口
初二	龙禁	十七	天乙绝气

（续表）

初三	大空亡	十八	六壬空
初四	四不祥、赤口	十九	四不祥、大空亡、杨公忌
初五	四方耗、月忌	二十	龙禁
初六	六壬空	廿一	
初七	小空亡、四不祥	廿二	天休废、赤口
初八	绝禁	廿三	小空亡、月忌
初九	天地凶败、长星	廿四	六壬空
初十	赤口	廿五	天地凶败、短星
十一	大空亡、瘟星入	廿六	龙禁
十二	六壬空	廿七	天休废、大空亡
十三		廿八	四不祥、赤口
十四	龙禁、月忌、瘟星出	廿九	
十五	小空亡	三十	六壬空

1.**甲子** **金**○ **闭义** 天恩、天赦、月空、吉庆星、续世、上吉。

○宜祭祀、出行、立券、交易、上官、给由、经络、牧养、伐木、动土、沐浴、起染、雕刻、修筑、补垣塞穴。子丑寅卯时吉。

●黑道、血支、血忌。忌余事。

2.**乙丑** **金**○ **建制** 天恩、天德合、月德合、显星、龙德、要安。

○宜祭祀、开池、天井、求婚、安宅舍、除服、作栏栖、放债、安床、起染、穿牛、出行。寅巳时吉。

●黑道、月建。忌余事。

3.**丙寅** **火**○ **除义** 天恩、幽微星、曲星、黄道、玉堂、次吉。

○宜袭爵受封、嫁娶、扫舍、立券、治病、修造、交易、上官、出行、冠笄、求婚、下定、定床、造门、分居、出火、行船、纳畜、盖屋、解除、破土、启攒、除服、竖造、上梁。子丑辰未时吉。

　　●四废。忌祭祀、作灶。

　　4.丁卯　火○　满义　　天恩、天福、黄道、金堂、天仓、神在。
　　○宜受封袭爵、会亲、嫁娶、纳财、破土、交易、裁衣、祀灶、行船、牧养、塞穴、经络、修作仓库、开池、作陂、启攒。午未申酉时吉。
　　●四废、天瘟、土瘟、天狗。忌祭祀、安葬、动土。

　　5.戊辰　木○　平专　　天恩、神在。
　　○宜祭祀、泥墙、治路。寅巳午酉亥时吉。
　　●黑道、龙虎、月煞、地火、河魁、勾绞、冰消。忌诸事不吉。

　　6.己巳　木○　定义　　玉堂、黄道、满德星、传星、母仓。
　　○宜结姻、会亲、修造、动土、竖柱、上梁、裁衣、纳畜、冠笄、作灶、定磉、盖屋、起土、求亲、下定、安修碓磨。丑辰午巳时吉。
　　●罪至、重丧、死气、官符、九空、乙年上朔。忌嫁娶、启攒、开市、种植、安产室。

　　7.庚午　土○　执伐　　天德、月德、天岳、明星、上吉、敬心、母仓。
　　○宜祭祀、给由、上官、赴任、修造、动土、进人口、解除、词讼、伐木、捕捉。丑卯申酉时吉。
　　●黑道、小耗、独火、咸池、月火。忌结婚、开市、交易、出财、乘船。

　　8.辛未　土○　破义　　上吉、月恩、普护、神在、天喜。
　　○宜祭祀、破屋坏垣。寅申戌时吉。
　　●黑道、大耗、大败、六不成。忌余事不吉。

　　9.壬申　金○　危义　　母仓、黄道、福生、活曜星、神在。
　　○宜祈福、伐木、开市、破土、安葬、给由、剃头、祀灶、入仓、开库、解除。

丑辰巳未时吉。

●火星、游祸、刀砧。忌余事不吉。

10.癸酉　金●　成义　　天喜、母仓、次吉、天医。

○宜破土、安葬、补垣塞穴。寅午时吉。

●黑道、飞廉、受死、天火、刀砧。忌诸事不吉。

11.甲戌　火●　收制　　黄道、月空、显星、圣心、神在。

○宜畋猎、捕捉。寅巳亥时吉。

●黑道、天罡、勾绞、荒芜。忌诸事不吉。

12.乙亥　火●　开义　　天德合、月德合、明堂、黄道、上吉、曲星、生气、益后。

○宜上官、入学、结姻、祀灶、剃头、动土、牧养、开渠、穿井、求医、进人口、治病、教牛马、祈福、沐浴、宴会。丑辰戌时吉。

●天贼、丙年上朔。忌嫁娶、出行、移徙、安葬、栽种、作仓、开市。

13.丙子　水●　闭伐　　天医、吉庆星、六合、续世。

○宜给由、词讼、沐浴、立券、交易、补垣塞穴、合帐、启攒。申酉时吉。

●黑道、四废、血支、血忌、归忌、蚩尤。忌嫁娶、移徙、动土。

14.丁丑　水○　建宝　　天富、龙德、要安、神在。

○宜祭祀、针灸、解除、安宅舍、教牛马、作寿木、开生坟、穿井。巳申亥时吉。

●黑道、月建、四废。忌余事不吉。

15.戊寅　土○　除伐　　天瑞、幽微星、金匮、黄道、玉堂、不将、传星、次吉。

○宜修造、伐木、起工、定磉、上梁、盖屋、祈福、求嗣、冠笄、嫁娶、求婚、披剃、作灶、造门、动土、裁衣、交易、除服、纳畜、修造栏坊、破土。辰巳时吉。

●劫煞。忌余事。

16.己卯　土○　满伐　　天恩、天瑞、天福、天仓、黄道、金堂、神在。
○宜会亲、嫁娶、纳财、修造、开市、裁衣、交易、求婚、给由、牧养、经络、伐木、开池。子寅午时吉。
●天瘟、土瘟、重丧、天狗。忌凡事。

17.庚辰　金○　平义　　天恩、天德、月德。
○宜祭祀、泥墙、治路、结网。寅辰巳酉亥时吉。
●黑道、龙虎、河魁、勾绞、月杀、地火、冰消。忌余事不吉。

18.辛巳　金○　定伐　　天恩、天瑞、天福、月恩、玉堂、黄道。
○宜会亲友、下定、纳畜。丑午未戌时吉。
●火星、罪至、死气、九空、焦坎、丁年上朔。忌余事不吉。

19.壬午　水○　执制　　天恩、天岳、明星、敬心、母仓、神在、上吉。
○宜祭祀、上官、赴任、冠笄、剃头、解除、动土、伐木、捕捉、畋猎。宜丑酉时吉。
●黑道、小耗、咸池、独火、月火。忌结婚、开市、交易、移徙、出财、乘船。

20.癸未　木○　破伐　　天恩、显星、普护、天喜。
○宜破屋坏垣、治病。寅卯辰巳申时吉。
●黑道、大耗、大败、六不成。忌凡事不吉。

21.甲申　水○　危伐　　黄道、月空、母仓、次吉、活曜星、福生、曲仓。
○宜出行、纳表、修造、动土、开市、安葬、上官、入学、起工、造门、入宅出火、移徙、分居、作灶、作仓、给由、交易、盖屋、修造、竖柱、上梁、天井、定磉、造酒醋。宜子丑辰未时吉。
●游祸、刀砧。

22.乙酉　水○　成伐　　天德合、月德合、母仓、天医。

○宜成服、塞穴、断蚁、畋猎、解除。子丑寅酉时吉。

●黑道、飞廉、天火、受死、刀砧。忌余事不吉。

23.丙戌　土○　收宝　　黄道、圣心。

○宜祭祀、捕捉、畋猎。寅申酉亥时吉。

●黑星、四废、天罡、勾绞、荒芜。忌诸事不吉。

24.丁亥　土○　开宝　　明堂、黄道、传星、上吉、生气、益后、神在。

○宜会亲、治病、祀灶、祈福、出行、祭祀。丑辰未戌时吉。

●四废、月厌、天贼、戊年上朔。忌移徙、安葬、嫁娶、作仓、开市。

25.戊子　火○　闭制　　天医、吉庆星、六合、续世。

○宜沐浴、立券、交易、词讼、起染。卯巳申时吉。

●黑道、血支、血忌、地贼、蚩尤。忌余事不吉。

26.己丑　火○　建专　　天富、龙德、要安、神在。

○宜祭祀、解除、安宅舍、放债、交易、穿牛、造畜栏。子寅卯戌亥时吉。

●黑道、重丧、月厌。忌余事不吉。

27.庚寅　木○　除制　　天德、月德、幽微星、金匮、黄道、天福、天瑞、上吉、玉堂。

○宜会亲、袭爵、扫舍、给由、进人口、入学、冠笄、求医、词讼、祈福、行船、装载、披剃、破土、安葬、除服、治病、修合药料。子丑寅午时吉。

●土星。忌凡事。

28.辛卯　木○　满制　　天福、月恩、金堂、天德、黄道、天仓、神在。

○宜会亲、嫁娶、破土、启攒、开市、交易、裁衣、给由、行船、纳财、经络、牧养、针灸、入仓、开库、进人口、塞鼠、断蚁、开池、作陂、入学。子寅午时吉。

●天瘟、土瘟、天狗。忌祭祀、移徙、动土。

29.**壬辰 水○ 平伐** 天福、显星。

○宜泥墙、治路。辰巳亥时吉。

●黑道、河魁、勾绞、龙虎、月煞、地火、冰消。忌凡事不吉。

30.**癸巳 水○ 定制** 天福、玉堂、黄道、满德星、曲星。

○宜结姻、会亲、修造、动土、竖柱、上梁、冠笄、嫁娶、安碓磨、裁衣、起工、纳畜、栽种、进人口。丑卯午时吉。

●罪至、死气、官符、九空、巳年上朔。忌开市、治病、安产室、安葬、栽种、乘船。

31.**甲午 金○ 执宝** 月空、天岳、明星、次吉、敬心、母仓。

○宜祭祀、上官、出行、移徙、修造、动土、破土、启攒、冠笄、披剃、伐木、捕捉、畋猎、栽种。子丑卯时吉。

●黑道、小耗、咸池、独火、月火。忌结婚、开市、交易、出财、乘船。

32.**乙未 金○ 破制** 天德合、月德合、普护、神在、天喜。

○宜祭祀、破屋坏垣。子寅卯戌时吉。

●黑道、大耗、大败、六不成。忌余事不吉。

33.**丙申 火○ 危制** 黄道、母仓、活曜星、福星、传星、次吉、神在。

○宜赴举、给由、冠笄、词讼、入仓开库、造门、结网、起工、修造、安葬、入学、归火、祈福、解除、开市、伐木、作陂、开池、盖屋、斩草、破土。子丑巳未时吉。

●游祸、四废、刀砧。忌余事不吉。

34.**丁酉 火○ 成制** 天喜、母仓、天医。

○宜破土、安葬、成服。午未时吉。

●黑道、四废、刀砧、受死、飞廉、天火。忌余事不吉。

35.戊戌　木○　收专　　黄道、圣心。

○宜捕捉、纳财、栽种。子寅午亥时吉。

●黑道、天罡、勾绞、荒芜。忌余事不吉。

36.己亥　木○　开制　　天福、明堂、黄道、生气、益后。

○宜袭爵受封、治病、上官、沐浴、剃头、结婚、牧养、开渠、穿井、栽种。丑辰午未戌时吉。

●火星、月厌、天贼、重丧、庚年上朔。

37.庚子　土○　闭宝　　天福、明堂、黄道、生气、吉庆星、续世、六合。

○宜上官、给由、沐浴、立券、交易、启攒、纳猫犬、求嗣、起染、修筑垣墙。子丑申酉时吉。

●黑道、归忌、蚩尤。

38.辛丑　土○　建义　　天福、要安、月恩、龙德、显星、天富。

○宜针灸、雕刻、穿井、解除、安宅舍、穿牛、造畜栏、出行、求财、安床、作仓库。寅申戌亥时吉。

●黑道、月建。忌余事不吉。

39.壬寅　金○　除宝　　玉堂、黄道、幽微星、曲星、次吉。

○宜袭爵受封、求医、作陂、开池、破土、安葬、起工、动土、定磉、竖柱、上梁、作仓、分居、移徙、作灶、安床、冠笄、嫁娶、披剃、解除、交易、入学、割蜂、雕刻、会亲友。

●五虚、劫煞、天贼。

40.癸卯　金○　满宝　　天仓、天德、黄道、次吉、金堂。

○宜入学、上官、出行、袭爵、受封、给由、会亲、纳财、开市、立券、交易、经络、裁衣、行船、入仓开仓、开池、塞鼠、断蚁、牧养、启攒、嫁娶。丑辰未戌时吉。

●天瘟、土瘟、天狗。忌祭祀、动土、词讼。

41.甲辰　火●　平制　　月空、次吉。

○宜泥饰、治路、结网、畋猎。巳亥时吉。

●黑道、龙虎、河魁、勾绞、月煞、月火、冰消。忌凡事不吉。

42.乙巳　火○　定宝　　天德合、月德合、玉堂、黄道、满德星、上吉、神在。

○宜祭祀、祈福、会亲、纳畜、作灶、盖屋、冠笄、穿井、竖柱、上梁、取蜜。子丑辰午未时吉。

●死气、焦坎、九空、辛年上朔。忌安葬、嫁娶、开市、治病、种植。

43.丙午　水●　执专　　明星、敬心、土旺后、母仓、神在。

○宜祭祀、上官、伐木、解除、捕捉、畋猎。子丑卯午时吉。

●黑道、小耗、咸池、正四废、独火、月火。忌结婚、交易、竖柱、上梁。

44.丁未　水●　破宝　　普护、神在。

○宜祭祀、治病、破屋坏垣。巳申戌亥时吉。

●黑道、大耗、四废、大败、六不成。忌余事不吉。

45.戊申　土○　危宝　　黄道、福生、活曜星、母仓、次吉。

○宜祈福、开市、伐木、披剃、冠笄、动土、入仓、开库、修筑、栽种、解除、沐浴。卯巳未戌时吉。

●火星、游祸、刀砧。忌结婚、立券、安葬、裁衣、牧养、修造栏枋。

46.己酉　土●　成宝　　天恩、母仓、天富、天医。

○宜解除、沐浴、塞鼠穴、结网。子寅卯辰未时吉。

●黑道、受死、飞廉、重丧、刀砧、天火。忌余事不吉。

47.庚戌　金●　收义　　天恩、天德、月德、青龙、黄道、显星、圣心。

○宜捕捉。辰巳午酉亥时吉。

●忌诸事不吉。

48.**辛亥　金○　开宝**　　天恩、月恩、曲星、明堂、黄道、益后、生气。
○宜袭爵受封、栽种、祀灶、披剃、沐浴、纳财、牧养、开渠。丑午未申戌时吉。
　●天贼、月厌、壬年上朔。忌嫁娶、移徙、出行。

49.**壬子　木○　闭专**　　天恩、天瑞、吉庆星、天医、续世、六合。
○宜立券、交易、词讼、经络、启攒、起染、纳畜、作厕、补塞、断蚁、鸡栖。子丑午未时吉。
　●黑道、归忌、蚩尤、血忌、血支。忌嫁娶、移徙、赴任、动土、治病、针刺。

50.**癸丑　木○　建伐**　　天恩、要安、龙德、天富。
○宜解安宅舍、交易、出行、安床、穿牛、造畜栏。寅巳甲戌时吉。
　●黑道、月建。忌余事不吉。

51.**甲寅　水○　除专**　　玉堂、黄道、幽微星、传星、次吉。
○宜会亲、出行、上官、移徙、扫舍、治病、修造、作仓、立券、交易、入宅、分居、出火、作灶、造门、安床、冠笄、结婚、嫁娶、给由、词讼、裁衣、起工、定磉、求嗣、进人口、斩草、安葬、除服、开池、作陂、修厨、栽种、教牛、竖造、上梁、造栏栖。宜子丑寅辰时吉。

52.**乙卯　水○　满专**　　天德合、月德合、黄道、金堂、天仓、神在。
○宜给由考满、出行、纳财、入学、开市、交易、裁衣、破土、启攒、结婚、嫁娶、经络、伐木、牧养、入仓、开库、行船、开池、塞鼠、宴会、作陂、鸡栖。子寅卯酉时吉。
　●天瘟、土瘟、天狗。忌余事不吉。

53.**丙辰　土○　平宝**　　不将、神在。
○宜祭祀、嫁娶、泥墙、治路。寅酉亥时吉。

●黑道、龙虎、河魁、勾绞、四废、月煞、地火、冰消。忌诸事不吉。

54. 丁巳 土○ 定专 天福、玉堂、黄道、满德星、上吉。
○宜祭祀、结姻、会亲、牧养、纳畜。辰巳午未戌时吉。
●火星、正四废、罪至、死气、九空、癸年上朔。忌余事不吉。

55. 戊午 火○ 执义 明星、敬心、母仓、神在。
○宜祭祀、上官、修造、动土、裁衣、伐木、解除、畋猎、捕捉。卯午申酉时吉。
●黑道、小耗、咸池、独火、月火。忌余事不吉。

56. 己未 火○ 破专 显星、普护、神在。
○宜祭祀、治病、破屋坏垣。子寅卯戌时吉。
●黑道、小耗、重丧、大败、六不成。忌余事不吉。

57. 庚申 木○ 危专 天德、月德、黄道、活曜星、司命、母仓、曲星、福生上吉。
○宜上官、解除、给由、修造、动土、开市、伐木、破土、安葬、天井、冠笄、修筑、盖屋、造门、出火、入宅、竖造、上梁、修厨、作灶、穿井、雕刻、入仓、开库、分居。辰巳时吉。
●游祸。

58. 辛酉 木○ 成专 天医、天喜、月恩、母仓、神在。
○宜解除、破土、安葬。宜子寅午未时吉。
●黑道、飞廉、受死、天火、刀砧。忌余事不吉。

59. 壬戌 水○ 收伐 黄道、圣心。
○宜捕捉、畋猎。辰申酉时吉。
●黑星、天罡、勾绞、荒芜。忌诸事不吉。

60.**癸亥**　水○　**开专**　　　黄道、传星、生气、益后、神在。

○宜祭祀、袭爵、治病、会亲、祀灶、剃头、开渠、牧养、沐浴。午戌亥时吉。

●月厌、天贼、地火、甲年上朔。忌结婚、嫁娶、开市、移徙、安葬、修造、作仓、出行。

（新镌历法便览象吉备要通书卷之十四终）

新镌历法便览象吉备要通书
日用吉凶卷之十五

潭阳后学　魏　鉴　汇述

制神煞总法

神煞例多,凡制伏之法不同。若干犯以干制,支犯以支制,纳音犯以纳音制,化气犯以化气制,飞宫犯以飞宫制,三合犯以三合制,坐宫犯以坐宫制之。此说最为确论。五行生旺能制休囚,吉神则置于生旺,凶神则置于休囚。

诸杀所属泊宫生旺休囚法:以五虎遁寻杀方所属何音,便以月建入中宫,看他生旺休囚何如。

假如杀属木,泊为震巽木宫为得令,泊于坎水宫为扶杀,不可用也。泊于乾兑金宫为受制,泊于离火宫为泄气,泊于坤艮中土宫为财帛,俱可用也。余仿此。

制年克山家法

假如甲子年作水土山,遁得戊辰木运,逢金年谓之年克山家。宜用正月建,丙寅火制之,或火日火时火命作主,火命匠人皆可制。又须克杀休囚制神有气,其月日时克,仿此。

时用集宜

（谓六十日时家吉凶神煞等事）

鬼谷子九仙合数推时法

歌曰：河图甲己子午九，乙庚丑未八当首。丙辛寅申七数真，

丁壬卯酉六相亲。戊癸辰戌五为次，己亥原来数当四。

其法合数日，则干支俱用，时则止用，支不用干。如用子，用未时，支干相配合，得二十六数，乃大吉，仙是也，余仿此。甲得九数，子亦九数，未时系八数。

吉仙凶神合数立成

○十三日光仙，○十四日天仙，

○十五日光仙，○十六金玉仙，

○十七灭门仙，○十八德天仙，

○十九天凶神，○二十地凶神，

●廿一祭国仙，●廿二地藏神，

●廿三丧门神，○廿四送神仙，

○廿五大善仙，○廿六大吉仙，

●廿七吊客神。

上吉神，如上官、出行、移居、入宅、起居、修营，所作百事大吉利。

支生干义 甲子日 日上吉金	日奇门	开门吉 乾太阴吉 巽杜门 青龙吉	惊 门 兑天乙吉 震伤 门 天符凶	咸 池 中 凶	生门吉 艮太乙吉 坤死 门 招摇凶	景门平 离摄提凶 坎休 门 轩辕平

●青帝生　●甲不开仓　●子不问卜

《玄女经》曰：甲子日四孟玄武主，四仲朱雀主，四季白虎主，并不可起造修营入宅。

甲子　金匮、黄道、福德、月仙、福星贵人、水星、时建

丑　　天德、黄道、宝光、天乙贵人、六合、武曲、太阴。

寅　　福星贵人、入禄、五符、驿马、左辅、喜神、木星。●大杀白虎、黑道。

卯　　玉堂、黄道、少微、天开、喜神。●天罡、时刑、计都。

辰　　三合、武曲。●天牢、黑道、锁神、寡宿、土星。

巳　　●玄武、黑道、天狱、五鬼、罗睺。

午　　司命、黄道、凤辇、日仙、金星。●时破、五鬼、五不遇。

未　　天乙贵人、太阳。●勾陈、黑道、地狱、时害。

申　　青龙、黄道、太乙、天贵、三合。截路空亡。

酉　　明堂、黄道、明辅、天官贵人、唐符、贪狼、水星。截路空亡、河魁。

戌　　国印、右弼。●天刑、黑道、旬中空、孤辰。

亥　　左辅。●朱雀、黑道、天讼、旬中空。

干克制制乙丑日日中平金	日奇门	开门吉乾咸池凶巽杜平门天符凶	惊门平兑太阴吉震伤门平招摇平	青　　龙中　吉	生门吉艮天乙吉坤死门凶轩辕平	景门吉离太乙吉坎休门吉摄提凶

●地哑日　　●乙不栽植　　●丑不冠带

《阴阳历法》云：宜婚姻聘送，利益进人口。

丙子　天乙贵人、六合、太阳。●天刑、黑道。

丑　　福星贵人、金星。●朱雀、黑道、天讼时建、飞廉。

寅　　金木柜、黄道、月仙、福德。●五鬼罗睺。

卯　　天德、黄道、宝光、入禄、五符。●五鬼、土星。

辰　　●白虎、黑道、天杀、河魁、计都。

巳　　玉堂、黄道、少微、天开、木星。●寡宿、五不遇。

午　　贪狼。●天牢、黑道、锁神、时害、截路空。

未　　右弼、木星。玄武、黑道、天狱、时破、截路空。

申　　司命、黄道、凤辇、日仙、天官、太乙、贵人、左辅。

酉　　三合。勾陈、黑道、地狱。

戌　　青龙、黄道、太乙、天贵、唐符、武曲、喜神、金星。●天罡、时刑、旬中空。

亥　　明堂、黄道、贵人、明辅、驿马、国印、喜神。●孤辰、旬中空。

支生干义丙寅日日上吉火	日奇门	开门吉乾青龙吉巽杜门平招摇平	惊门平兑咸池凶震伤门平轩辕平	天　　符中　凶	生门吉艮太阴吉坤死门凶摄提凶	景门中离天乙吉坎休门吉太乙吉

●天聋阴阳日　●朱雀入中宫　●丙不作灶　●寅不祭祀

《玄女经》曰：甲子旬四孟六合，利丙寅作宅，大吉。

戊子　青龙、黄道、天官贵人、福星、太乙、天贵、贪狼、唐符。●孤辰五鬼。

丑　　明堂、黄道、明辅、贵人、国印、右弼、太阴。●五鬼。

寅　　水星。●天刑、黑道、时建。

卯　　贪狼。●朱雀、黑道、天讼。

辰　　金匮、黄道、福德、月仙、右弼、太阳。●截路空、五不遇。

巳　　天德、黄道、入禄、宝光、五符、左辅、水星。●天罡、时害、截路空、
　　　时刑、火星。

午　　三合。●白虎、黑道、天杀、寡宿●罗睺。

未　　玉堂、黄道、天开、少微、武曲。●土星。

申　　驿马、天喜。●天牢、黑道、锁神、时破、计都。

酉　　天乙贵人、喜神、木星。●玄武、黑道、天狱。

戌　　司命、黄道、三合、凤辇、日仙、太阴。●旬中空。

亥　　天乙贵人、六合、水星。●勾陈、黑道、地狱、河魁、旬中空。

支生干义丁卯日日大吉火	日奇门	伤门凶乾天符凶巽惊门平轩辕平	生门吉兑青龙吉震死门平摄提凶	招　　摇中　平	景门平艮咸池凶坤休门吉太乙吉	开门吉离太阴吉坎杜门吉天乙吉。

●阴阳合地哑日　　●丁不剃头　　●卯不穿井　　●离窠

《玄女经》曰:利四孟仲并青龙、金匮、入宅,天地开造,宅子孙富贵,四季不吉。

庚子　司命、黄道、凤辇、日仙。●天罡、时刑、火星。

丑　　唐符、武曲、水星。●勾陈、黑道、地狱、孤辰。

寅　　青龙、黄道、太乙、天贵、国印、左辅、太阴。●截路空。

卯　　明堂、黄道、贵人、明辅、福德、木星。●时建、截路空、五不遇。

辰　　武曲。●天刑、黑道、时害、计都。

巳　　驿马。●朱雀、黑道、天讼、土星。

午　　金匮、黄道、福德、月仙、入禄、五符、喜神。●河魁、罗睺

未　　天德、黄道、宝光、三合、喜神、金星。●寡宿。

申　　●白虎、黑道、天杀。

酉　　玉堂、黄道、少微、天开、贪狼、福星、天乙贵人。时破。

戌　　六合、右弼、木星。●天牢、黑道、锁神、五鬼、旬中空。

亥　　天德、黄道、宝光、天乙贵人、三合、左辅、太阴。●玄武、黑道、旬中空、天狱、五鬼。

干支同和戊辰日日大吉木	日奇门	伤门平乾招摇平巽惊门凶摄提凶	生门吉兑天符凶震死门凶太乙吉	轩　辕 中　平	景门吉艮咸池凶坤休门制太阴吉	开门吉离青龙吉坎杜平门太阴吉

●天聋日戊辰日和日　　●大杀白虎入中宫　　●离窠破群　　●戊不受田
●辰不哭泣

《玄女经》曰:戊辰天梁地柱崩陷之日,又为三十年大败之日,不宜起造,杀家长。

壬子　三合、唐符。●天右、黑道、锁神、截路空。

丑　　天乙贵人、国印。●玄武、黑道、天狱、河魁、截路空。

寅　　司命、黄道、凤辇、日仙、驿马、金星。●孤辰、五不遇。

卯　　天官贵人、太乙、太阳。●勾陈、黑道、地狱、时害。

辰　　青龙、黄道、太乙、天贵。●时建、时刑火。

巳　　明堂、黄道、明辅、贵人、入禄、五符、喜神。

午　　贪狼、太阴。●天黑黑道。

未　　天乙贵人、右弼、木星。朱雀、黑道、天讼、天狱、天罡。

申　　金匮、黄道、福德、月仙、福星贵人、三合、左辅。●寡宿、五鬼、计都。

酉　　天德、黄道、宝光、六合。●五鬼、土星。

戌　　武曲。●白虎、黑道、大杀、时破、旬中空。

亥　　玉堂、黄道、少微、天开、金星。●旬中空。

支生干义 己巳日 日大吉木	日奇门	伤门平 乾轩辕平 巽惊门吉 太乙吉	生门吉 兑招摇平 震死门凶 天乙吉	摄　　提 中　凶	景门平 艮天符凶 坤休门制 太阴吉	开门制 离青龙吉 坎杜门平 咸池凶

○己巳义日吉　　　●巳不破券　　　●巳不远行　　　●离窠

《玄女经》曰:己巳地良开日起造,出文人发身大富。

甲子　天乙贵人、贪狼。●白虎、黑道、天杀。

丑　　玉堂、黄道、少微、天开、三合、右弼、唐符、太阴。●五不遇。

寅　　天官贵人、国印、喜神、木星。●天空、黑道、锁神、天罡、时害。

卯　　贪狼、喜神。●玄武、黑道、天狱、孤辰、计都。

辰　　司命、黄道、风辇、日仙、右弼。

巳　　左辅。●勾陈、黑道、地狱、时建、五鬼。

午　　青龙、黄道、太乙、天贵、入禄、五符、金星。●五鬼。

未　　明堂、黄道、明辅、福星贵人、武曲、太阳。

申　　天乙贵人、六合。火星、天刑、黑道、河魁、截路空。

酉　　三合。●朱雀、黑道、天讼、寡宿、截路空。

戌　　金匮、黄道、福德、月仙、太阴。

亥　　天德、黄道、宝光、驿马、木星。●旬中空、时破、五不遇。

支克干伐 庚午日 日大凶土	日奇门	死门凶 乾摄提凶 巽生门吉 天乙吉	景门平 兑轩辕平 震休门吉 太阴吉	太　乙 中　吉	开门吉 艮招摇平 坤杜门凶 咸池凶	伤门凶 离天符凶 坎惊门吉 青龙吉

●庚不经络　●午不苫盖

《玄女经》云：四孟仲六合主之,造屋入宅,进益公爵男女,食禄二千石。

丙子　金匮、黄道、福德、月仙、金星。●时破、五不遇。

丑　　天德、黄道、宝光、天乙贵人、武曲。●时害、罗睺。

寅　　三合、左辅。白虎、黑道、天杀、五鬼、土星。

卯　　玉堂、黄道、少微、天开、唐符。●河魁、五鬼、计都。

辰　　国印、喜神、武曲、木星。●天牢、黑道、锁神、孤辰。

巳　　太阴。●玄武、黑道、天狱。

午　　司命、黄道、凤辇、日仙、天宫、福星贵人、水星。●时建、时刑、截
　　　路空。

未　　天乙贵人、六合。●勾陈、黑道、地狱、截路空、火星。

申　　青龙、黄道、太乙、天贵、入禄、驿马、五符、太阳。

酉　　明堂、黄道、贵人、明辅、贪狼、金星。●天罡。

戌　　三合、喜神、右弼。●天刑、黑道、寡宿、旬中空、五不遇、罗睺。

亥　　左辅。●朱雀、黑道、天讼。

支生干义 辛未日 日大吉上	日奇门	死门凶 乾太乙吉 巽生门吉 太阴吉	景门平 兑摄提凶 震休门吉 咸池凶	天　乙 中　吉	开门吉 艮轩辕凶 坤杜门平 青龙吉	伤门平 离招摇平 坎惊门凶 天符凶

○大明日　　　　　●辛不合酱　　　　　●未不服药

《玄女经》曰:辛未日利四孟主之起屋大吉,进益二千石外财,六年渐渐
　　　　进益。

戊子　木星。●天刑、黑道、时害、五鬼。

丑　　太阴、库珠。朱雀、黑道、天讼、时破、时刑、五鬼。

寅　　金木柜、黄道、福德、月仙、天乙贵人、水星。

卯　　天德、黄道、宝光、三合。火星。

辰　　唐符。白虎、黑道、天杀、天罡、截路空。

巳　　玉堂、黄道、少微、天开、天官贵人、福星、国印、驿马、金星。孤辰、
　　　截路空。

午　　天乙贵人、六合。天牢、黑道、锁神、罗睺。

未　　右弼。玄武、黑道、天狱、时建、土星。

申　　司命、黄道、凤辇、日仙、左辅、喜神。●计都。

酉　　入禄、五符、喜神、木星。●勾陈、黑道、地狱、五不遇。

戌　　青龙、黄道、太乙、天贵、武曲、太阴。●河魁、旬中空。

亥　　明堂、黄道、贵人、明辅、三合、水星。●寡宿、旬中空。

支生干义壬申日日上吉金	日奇门	死门凶乾天乙吉巽生门凶咸池凶	景门吉兑太乙吉震休门吉青龙吉	太　阴中　吉	开门凶艮摄提凶坤杜门凶天符凶	伤门凶离轩辕凶坎惊门凶招摇凶

○大明地虎不食日　●江河离　●离窠　●壬不决水　●申不安床

《选择成书》曰：起屋主家破人亡，娶妇主杀夫，此日葬利益田蚕，吉。

庚子　青龙、黄道、太乙、天贵、三合、贪狼。●寡宿、火星。

丑　　明堂、黄道、贵人、明辅、左辅、水星。

寅　　驿马、太阴。●天刑、黑道、时破、截路空、时刑。

卯　　天乙贵人、贪狼、木星。●朱雀、黑道、截路空、天讼、时害。

辰　　金匮、黄道、福德、月仙、福星贵人、三合、右弼。●计都。

巳　　天德、黄道、宝光、天乙贵人、六合、左辅。●河魁、土星。

午　　天官贵人、唐符、喜神。●白虎、黑道、天杀、孤辰、罗睺。

未　　玉堂、黄道、少微、天开、国印、喜神、武曲、金星。

申　　太阳。●天牢、黑道、锁神、五不遇、时建。

酉　　●玄武、黑道、天狱、火星。

戌　　司命、黄道、凤辇、日仙、水星。●旬中空、五鬼。

亥　　入禄、五符、太阴。●勾陈、黑道、地狱、天罡、时害、五鬼、十恶、大
　　　败、禄陷空亡。

支生干义癸酉日日大吉金	日奇门	景门吉乾太阴吉巽休门吉青龙吉	天门吉兑天乙吉震开门吉天符凶	咸　　池中　凶		惊门平艮太乙吉坤伤门凶招摇凶	生门吉离摄提凶坎死门凶轩辕平

　　●大明地虎不食日　●江河离　●癸不词讼　●酉不会客　●又不
出鸡

　　《玄女经》曰:壬申、癸酉日,天地离散空亡,四仲勾陈主,四季朱雀白虎
　　　　　主,造屋凶。

壬子　司命、黄道、凤辇、日仙、入禄、五符。●河魁、截路空、土星。

丑　　福星贵人、三合、武曲。●勾陈、黑道、地狱、寡宿、截路空、
　　　罗睺。

寅　　青龙、黄道、太乙、天贵、左辅、金星。

卯　　明堂、黄道、福星、明星、天乙贵人、太阳。●时破。

辰　　六合、武曲。●天刑、黑道、火星。

巳　　天官、天乙贵人、三合、喜神、水星。●朱雀、黑道、天讼。

午　　金匮、黄道、福德、月仙、太阴。●天罡。

未　　天德、黄道、宝光、唐符、木星。●孤辰、五不遇。

申　　国印。●白虎、黑道、天杀、五鬼、计都。

酉　　玉堂、黄道、少微、天开、贪狼。●时建、时刑、五鬼、土星。

戌　　右弼。●天牢、黑道、锁神、时害、罗睺。

亥　　驿马、喜神、左辅、金星。玄武、黑道、天讼、旬中空。

干克支制甲戌日日中吉火	日奇门	景门金乾咸池凶巽休门土天符凶	杜门土兑太阴吉震开门吉招摇平	青　　龙中　吉		惊门火艮天乙吉坤伤门木轩辕平	生门吉离太乙吉坎死门凶摄提凶

●黑帝死　　　　●甲不开仓　　　　●戌不吃犬

《玄女经》曰：甲戌日起屋利，子孙富贵，招进南方财帛。不利女子，娶妇俱凶。

甲子　福星贵人、水星。●玄武、黑道、锁神。

丑　　天乙贵人、太阴。●天牢、黑道、天狱、天罡。

寅　　司命、黄道、凤辇、日仙、福星贵人、入禄、五符、三合、喜神、木星。●寡宿。

卯　　六合、喜神。勾陈、黑道、地狱、计都。

辰　　青龙、黄道、太乙、天贵。●时破、土星。

巳　　明堂、黄道、贵人、明辅。●五鬼罗睺。

午　　三合、贪狼、水星。●天刑、黑道、五鬼、五不遇。

未　　天乙贵人、右弼、太阳。●朱雀、黑道、天讼、河魁、时刑。

申　　金匮、黄道、福德、月仙、驿马、左辅。●孤辰、旬中空、截路空、火星。

酉　　天德、黄道、宝光、天官贵人、唐符、水星。●时害、截路空。

戌　　国印、武曲、太阴。●白虎、黑道、天杀、时建。

亥　　玉堂、黄道、少微、天开、水星。

支生干义 乙亥日 日大吉火	日奇门	景门吉 乾青龙吉 巽休门吉 招摇平	杜门凶 兑咸池凶 震开门吉 轩辕凶	天　符 中　凶	惊门平 艮太阴吉 坤伤门平 摄提凶	生门吉 离天乙吉 坎死门凶 太乙凶

●朱雀入中宫　　●乙不栽种●亥不嫁娶●又不出猪

《玄女经》曰：乙亥日起屋利益子孙富贵，招进南方财帛。安葬不利。

丙子　天乙贵人、贪狼、太阳。●白虎、黑道、天杀。

丑　　玉堂、黄道、少微、天开、福星贵人、右弼、金星。

寅　　六合。●天牢、黑道、锁神、河魁、五鬼、罗睺。

卯　　八禄、三合、五符、贪狼。●玄武、黑道、天狱、寡宿、五鬼、土星。

辰　　司命、黄道、凤辇、日仙、喜神、右弼。●计都。

巳　　驿马、左辅、木星。●勾陈、黑道、地狱、时破。

午　　青龙、黄道、太乙、天贵、太阴。●截路空。

未　　明堂、黄道、贵人、明辅、三合、武曲、水星。●截路空。

申　　天官贵人、天心、贵人。●天刑、黑道、天罡、时害、大罡、五不避。

酉　　太阳。●朱雀、黑道、天讼、孤辰、旬中空。

戌　　金匮、黄道、福德、月仙、唐符、喜神、金星。

亥　　天德、黄道、宝光、国印。●时建、时刑、离暇。

支克干为丙子日伐日凶水	日奇门	休门吉 乾天符凶 巽景门平 轩辕平	开门吉 兑青龙吉 震杜门平 摄提凶	招　摇 中　凶	伤门平 艮咸池凶 坤惊门平 太乙吉	死门凶 离太阴吉 坎生门吉 天乙吉

●天聋日　　　　●丙不作灶　　●子不问卜

《玄女经》曰:起工主伤人,作屋吉。《成书阴阳历》云:此日不宜起屋,主
　　大凶。

戊子　金匮、黄道、福德、月仙、天官、福星贵人、唐符。●时建、五鬼。

丑　　天德、黄道、福德、六合、国印、武曲、太阴。●五鬼。

寅　　福星贵人、驿马、左辅、水星。●白虎、黑道、天杀。

卯　　玉堂、黄道、少微、天开。●天罡、时刑、火星。

辰　　三合、武曲、太阳。●天牢、黑道、锁神、寡宿、截路空、五不遇。

巳　　入禄、五符、金星。●玄武、黑道、天讼、截路空。

午　　司命、黄道、凤辇、日仙。●时破、罗睺。

未　　●勾陈、黑道、地狱、时害、土星。

申　　青龙、黄道、太乙、天贵、三合、喜神。●旬中空、计都。

酉　　明堂、黄道、贵人、明辅、天乙贵人、贪狼、喜神。●河魁。

戌　　右弼、太阴。●天刑、黑道、孤辰。

亥　　天乙贵人、左辅、水星。●朱雀、黑道、天讼。

干生支为 丁丑日 宝日吉水	日奇门	休门吉 乾招摇平 巽景门平 摄提凶	开门吉 兑天符凶 震杜门水 太乙吉	轩　　辕 中　凶	伤门平 艮青龙吉 坤惊门平 天乙吉	死门凶 离咸池凶 坎生门吉 太阴吉

○大明日　●大杀白虎入宫　●天上大空亡　●丁不剃头　●丑不冠带

《玄女经》曰：起屋合天和吉。

庚子　六合。●天刑、黑道、火星。

丑　唐符、水星。●朱雀、黑道、天讼、时建。

寅　金匮、黄道、福德、月仙、国印、太阴。●截路空。

卯　天德、黄道、宝光、木星。●截路空、五不遇。

辰　●白虎、黑道、天杀、河魁。

巳　玉堂、黄道、少微、天开、三合。●寡宿土星。

午　入禄、五符、喜神、贪狼。天牢、黑道、锁神、时害。

未　右弼、喜神、金星。●玄武、黑道、天狱、时破。

申　司命、黄道、凤辇、日仙、左辅、太阳。

酉　三合、福星、天乙贵人。●勾陈、黑道、地狱、旬中空。

戌　青龙、黄道、太乙、天贵、武曲、水星。●天罡、时刑、五鬼。

亥　明堂、黄道、明辅、天官贵人、天乙贵人、驿马。●孤辰。

支克干为 戊寅日 伐日凶土	日奇门	休门吉 乾轩辕平 巽景门吉 天乙吉	开门吉 兑招摇平 震杜门火 太乙吉	摄　　提 中　凶	伤门凶 艮天符凶 坤惊门平 太阴吉	死门凶 离青龙吉 坎生门吉 咸池凶

○人民合日　●天上大空亡　●离窠日　●戊不受田　●寅不祭祀

《玄女经》曰：土谷东禁三千大败之日，又红纱杀造葬，家长子孙必伤
　　　　病死。

壬子　青龙、黄道、太乙、天贵、唐符、贪狼。●孤辰、截路空。

丑　明堂、黄道、明辅、天乙贵人、国印、右弼。●截路空。

寅　金星。●天刑、黑道、时建、五不遇。

卯　天官贵人、贪狼、太阳。●朱雀、黑道、天讼。

辰　金匮、黄道、福德、月仙、右弼。●火星。

巳　天德、黄道、宝光、入禄、五符、喜神、左辅、水星。●天罡、时害、时刑。

午　三合、太阴。●白虎、黑道、天杀、寡宿。

未　玉堂、黄道、少微、天开、天乙贵人、武曲、水星。

申　福星贵人、驿马。●天牢、黑道、锁神、时破、旬中空、五鬼。

酉　司命、黄道。●玄武、黑道、天狱、五鬼、土星。

戌　司命、黄道、凤辇、日仙、三合。●罗睺。

亥　六合金星。●勾陈、黑道、地狱、河魁。

支克干为己卯日伐日凶土	日奇门	生门吉乾摄提凶巽死门凶天乙吉	休门吉兑轩辕平震景门平太阴吉	太　乙 中　吉	杜门平艮招摇平坤开门吉咸池凶	惊门土离天符凶坎伤门凶青龙吉

●大明地哑人民合日　●九丑破群　●巳不破券　●卯不穿井

《玄女经》曰:己卯天地败散之日,不可造屋,主杀妻。

甲子　司命、黄道、凤辇、日仙、天乙贵人、水星。●天罡、时刑。

丑　唐符、武曲、太阴。●勾陈、黑道、地狱、孤辰。

寅　青龙、黄道、天乙、天贵、天官、唐符、国印、喜神、左辅木星。

卯　明堂、黄道、贵人、明辅、喜神。●时建、计都。

辰　武曲、喜神。●天刑、黑道、时害、土星。

巳　驿马。●朱雀、黑道、天讼、五鬼、罗睺。

午　金匮、黄道、福德、月仙、入禄、五符、金星。●河魁、五鬼。

未　天德、黄道、宝光、福星贵人、三合、太阳。●寡宿。

申　天乙贵人。●白虎、黑道、天杀、截路空、火星。

酉　玉堂、黄道、少微、天开、贪狼、水星。●时破、旬中空、截路空。

戌　右弼、六合、太阴。●天牢、黑道、锁神。

亥　三合、左辅、木星。●玄武、黑道、天狱、五不遇。

支生干义 庚辰日 日大吉金	日奇门	生门吉 乾太乙吉 巽死门凶 太阴吉	休门吉 兑摄提凶 震景门平 咸池凶	天 乙 中 吉	杜门平 艮轩辕平 坤开门吉 青龙吉	惊门平 离招摇平 坎伤门凶 天符凶

●庚不经格　●辰不哭泣

《玄女经》曰：此日宜造作、上梁大吉。不利嫁娶、埋葬。

丙子　三合、金星。●天牢、黑道、锁神、五不遇。

丑　天乙贵人。玄武、黑道、天狱、河魁、罗睺。

寅　司命、黄道、凤辇、日仙、驿马。●孤辰、五鬼、土星。

卯　唐符。●勾陈、黑道、地狱、时害、五鬼。

辰　青龙、黄道、太乙、天贵、国印、水星。●时建、时刑。

巳　明堂、黄道、贵人、明辅、太阴。●天刑、黑道、截路空。

午　天官、福星贵人、贪狼、水星。●朱雀、黑道、天讼、天罡、截路空。

未　天乙贵人、右弼。

申　金匮、黄道、福德、月仙、入禄、五符、三合、太阳、左辅。●寡宿、旬中空、禄陷、十恶大败、空亡。

酉　天德、黄道、宝光、六合、金星。

戌　武曲、喜神。●白虎、黑道、天杀、时破、罗睺、五不遇。

亥　重堂、黄道、少微、天开。●土星。

支克干为 辛巳日 伐日凶金	日奇门	生门吉 乾天乙吉 巽死门凶 咸池凶	休门吉 兑太乙吉 震景门吉 青龙吉	太 阴 中 吉	杜门凶 艮摄提凶 坤开门吉 天符凶	惊门凶 离轩辕平 坎伤门凶 招摇平

●地哑日　●离窠日　●辛不合酱　●巳不远行

《玄女经》曰：辛巳日大宜起屋上梁吉。不利葬埋，嫁娶凶

戊子　贪狼、木星。●白虎、黑道、天杀、五鬼。

丑　玉堂、黄道、少微、天开、三合、右弼、太阴。●五鬼。

寅　　天乙贵人、水星。●天牢、黑道、锁神、时害、天罡。

卯　　贪狼。●玄武、黑道、天狱、孤辰。

辰　　司命、黄道、凤辇、日仙、唐符、右弼、太阳。●截路空。

巳　　天官、福星贵人、国印、左辅、金星。●勾陈、黑道、地狱、时建、截路空。

午　　明堂、黄道、太乙、天贵、天乙贵人。●罗睺。

未　　明堂、黄道、贵人、明辅、武曲。●土星。

申　　六合、喜神。●天刑、黑道、河魁、时刑、计都。

酉　　入禄、五符、三合、喜神。●朱雀、黑道、寡宿、旬中空、十恶大败、禄陷、五不遇、空亡、天讼。

戌　　金匮、黄道、福德、月仙、太阴。

亥　　天德、黄道、宝光、驿马、水星。●时破。

干克支制 壬午日 日中吉水	日奇门	惊门吉 乾太阴吉 巽伤门火 青龙吉	死门凶 兑天乙吉 震生门制 天符凶	咸　　池 中　凶	休门制 艮天乙吉 坤景门平 招摇平	杜门凶 离摄提凶 坎开门吉 轩辕平

大明地虎不食日　●壬不决水　●午不苦盖

《玄女经》曰:起造合天和地宁大吉。葬埋利益吉

庚子　金匮、黄道、福德、月仙。●时破、火星

丑　　天德、黄道、宝光、武曲、水星。●时害。

寅　　三合、左辅、太阴。●白虎、黑道、天杀、截路空。

卯　　玉堂、黄道、少微、天开、天乙贵人、水星。●河魁、截路空。

辰　　福德、贵人、武曲。●天牢、黑道、锁神、孤辰、计都。

巳　　天乙贵人。●玄武、黑道、天狱、王星。

午　　司命、黄道、凤辇、日仙、天官贵人、唐符、喜神。●时建、时刑、黑道。

未　　六合、国印、喜神、金星。●勾陈、黑道、地狱。

申　　青龙、黄道、贵人、明辅、贪狼、太阳。●旬中空、五不遇。

| 酉 | 明堂、黄道、天贵、天乙、驿马。●天罡。 |

酉　　明堂、黄道、天贵、天乙、驿马。●天罡。

戌　　三合、右弼、水星。●天刑、黑道、寡宿、五鬼。

亥　　入禄、五符、左辅、太阴。●朱雀、黑道、天讼、五鬼。

支克干为 癸未日 伐日凶木	日奇门	惊门凶 乾咸池凶 巽伤门凶 天符凶	死门凶 兑太阴吉 震生门制 招摇平	青　　龙 中　　吉	休门制 艮天乙吉 坤景门平 轩辕平	杜门平 离大乙吉 坎开门吉 摄捉凶

　　●癸不词讼　　●未不服药

《玄女经》曰：四季利起造，四孟仲并凶，不利。

壬子　　入禄、五符。●天刑、黑道、时害、截路空。

丑　　福星贵人。●朱雀、黑道、天讼、时破、截路空、时刑。

寅　　金匮、黄道、福德、月仙、金星。

卯　　天德、黄道、宝光、天乙、福星贵人、三合、太阳。

辰　　●白虎、黑道、天杀、天罡、火星。

巳　　玉堂、黄道、少微、天开、入禄、天乙贵人、驿马、喜神、水星、孤辰。

午　　六合、贪狼、太阴。●天牢、黑道、锁神。

未　　右弼、唐符、木星。●玄武、黑道、天狱、时建、五不遇。

申　　司命、黄道、凤辇、日仙、左辅、国印。●五鬼、计都。

酉　　勾陈、黑道、地狱、旬中空、五鬼。

戌　　青龙、黄道、天贵、太乙、武曲。●河魁、五不遇、罗睺。

亥　　明堂、黄道、贵人、明辅、三合、金星。●寡宿。

支克干为 甲申日 伐日凶水	日奇门	惊门火 乾青龙吉 巽伤门平 招摇平	死门凶 兑咸池凶 震生门制 轩辕平	招　　摇 中　　凶	休门制 艮太阴吉 坤景门平 摄捉凶	杜门平 离天乙吉 坎开门吉 太乙吉

大明地虎不食日●天地离●朱雀入中宫●甲不开仓●申不安床

《玄女经》曰：此日起屋，子孙富贵，宜田蚕。《成书》云：秋不利，葬吉。

甲子　青龙、黄道、太乙、天贵、福星贵人、三合、贪狼、水星。
　　　　●寡宿。

丑　　明堂、黄道、贵人、明辅、天乙贵人、右弼。●天刑、黑道、时破、
　　　时刑。

卯　　贪狼、喜神。●朱雀、黑道、天讼、计都。

辰　　金匮、黄道、福德、月仙、三合、右弼。●土星。

巳　　天德、黄道、宝光、六合、左辅。●河魁、五鬼、罗睺。

午　　●白虎、黑道、大杀、孤辰、旬中空、五鬼、五不遇。

未　　玉堂、黄道、少微、天开、天乙贵人、武曲、太阳。

申　　●玄武、黑道、锁神、时建、截路空、火星。

酉　　天官贵人、唐符。●天牢、黑道、天狱、截路。

戌　　司命、黄道、凤辇、日仙、国印、水星。

亥　　木星。●勾陈、黑道、地狱、天罡、时害。

支克干伐 乙酉日 日大凶水	日奇门	杜门凶 乾天符凶 巽开门吉 轩辕平	伤门吉 兑青龙吉 震惊门凶 摄提凶	招　　摇 中　凶	死门凶 艮咸池凶 坤生门吉 太乙吉	休门吉 离太阴吉 坎景门火 天乙吉

●地虎不食日●九丑●九土鬼●天地离●乙不栽植●酉不会客●又不
出鸡

《玄女经》曰:此日起造,子孙富贵,益田蚕吉。

丙子　司命、黄道、凤辇、日仙、天乙贵人、太阳。●河魁。

丑　　福星贵人、三合、武曲、金星。●勾陈、黑道、地狱、寡宿。

寅　　青龙、黄道、太乙、天贵、左辅。●五鬼、罗睺。

卯　　明堂、黄道、贵人、明辅、入禄、五符。●时破、五鬼、土星。

辰　　三合、武曲。●天刑、黑道、计都。

巳　　三合、木星。●朱雀、黑道、天讼、五不遇。

午　　金匮、黄道、福德、月仙、太岁。●天罡、截路空。

未　　天德、黄道、宝光、水星。●孤辰、旬中空、截路空。

申　天乙贵人。●白虎、黑道、天杀、火星。

酉　玉堂、黄道、少微、天开、贪狼、太阳。●时建、时刑。

戌　唐符、右弼、喜神、金星。●天牢、黑道、锁神、时害。

亥　驿马、国印、左辅。●玄武、黑道、天狱、罗睺。

干生支宝丙戌日日大吉上	日奇门	杜门平乾招摇平巽开门吉摄提凶	伤门凶兑天符凶震惊门水太乙吉	轩　　辕中　平	死门凶艮青龙吉坤生门吉天乙吉	休门吉离咸池凶坎景门反吟太阴吉

●大杀白虎入中宫　　●丙不作灶　　●戌不吃犬

《玄女经》曰:此日不宜起造、婚姻、出行。

戊子　天官、福星贵人、唐符、木星。●天牢、黑道、锁神、五鬼。

丑　国印、太阴。●玄武、黑道、天狱、天罡、五鬼。

寅　司命、黄道、凤辇、日仙、福星贵人、水星。●寡宿。

卯　●勾陈、黑道、锁神、火星。

辰　青龙、黄道、太乙、天贵、太阳。●时破、截路空、五不遇。

巳　明堂、黄道、贵人、明辅、入禄、五符、金星。●截路空。

午　贪狼。●天刑、黑道、旬中空、罗睺。

未　右弼。●朱雀、黑道、天讼、河魁、时刑、土星。

申　金匮、黄道、福德、月仙、驿马、喜神、左辅。●孤辰、计都。

酉　天德、黄道、天乙贵人、宝光、喜神、木星。●时害。

戌　武曲、太阴。●白虎、黑道、天杀、时建。

亥　玉堂、黄道、少微、天开、天乙贵人、水星。

支克干伐丁亥日日大凶土	日奇门	杜门平乾轩辕平巽开门吉摄提凶	伤门凶兑天符凶震惊门火太乙吉	招　　摇中　凶	死门凶艮天符凶坤生门吉太阴吉	休门火离青龙吉坎景门金咸池凶

○大明日　　●丁不剃头　●亥不嫁娶又不出猪

《玄女经》曰：不宜起造、婚姻、葬埋凶。

庚子 贪狼。●白虎、黑道、天杀、火星。

丑 玉堂、黄道、少微、天开、唐符、右弼、水星。

寅 六合、国印、太阴。●天牢、黑道、锁神、河魁、截路空。

卯 三合、贪狼、木星。●玄武、黑道、天狱、寡宿、截路空、五不遇。

辰 司命、黄道、凤辇、日仙、右弼。●计都。

巳 驿马、左辅。●勾陈、黑道、地狱、时破。

午 青龙、黄道、太乙、天贵、入禄、五符、喜神。●十恶大败、禄陷、空亡、罗睺。

未 明堂、黄道、贵人、明辅、三合、武曲、喜神。●旬中空。

申 太阳。●天刑、黑道、天罡、时害。

酉 福星、天乙贵人。●朱雀、黑道、天讼、孤辰、火星。

戌 金匮、黄道、福德、月仙、水星。●五鬼。

亥 天德、黄道、宝光、天开、福星、天乙贵人。●时建、时刑、五鬼。

干克支制 戊子日 日中平火	日奇门	开门吉 乾摄提凶 巽杜门水 天乙吉	惊门平 兑轩辕平 震伤门平 太阴吉	太　乙 中　吉	生门吉 艮招摇平 坤死门凶 咸池凶	景门凶 离天符凶 坎休门吉 青龙吉

●黄帝生日天聋地哑日　●九丑　●离窠　●戊不受田　●子不问卜

《玄女经》曰：此日不宜起屋、葬、娶。

壬子 金匮、黄道、福德、月仙、唐符。●时建、截路空。

丑 天德、黄道、宝光、武曲、天乙贵人、六合、国印。●截路空、罗睺。

寅 驿马、左辅、金星。●白虎、黑道、大杀、五不遇。

卯 玉堂、黄道、少微、天开、天贵、太阳。●天罡、时刑。

辰 三合、武曲。●天牢、黑道、锁神、寡宿、火星。

巳 入禄、五符、喜神、水星。●玄武、黑道、天狱。

午 司命、黄道、凤辇、日仙、太阴。●时破、旬中空。

未 天乙贵人、木星。●勾陈、黑道、地狱、时害。

申　　青龙、黄道、太乙、天贵、福星贵人、三合。●五鬼、计都。

酉　　明堂、黄道、贵人、明辅、贪狼。●河魁、五鬼、土星。

戌　　右弼。●天刑、黑道、孤辰、罗睺。

亥　　左辅、金星。●朱雀、黑道、天讼。

干支平和 己丑日 专日吉火	日奇门	休门吉 乾咸池凶 巽景门平 天符凶	开门吉 兑太阴吉 震杜门平 招摇平	青　　龙 中　吉	伤门 艮太阴吉 坤　正门 轩辕凶	死门凶 离太乙吉 坎生门吉 摄提凶

●离巢　　●巳不破券　　●丑不冠带

《玄女经》曰：此日不宜起造、婚姻，杀宅长。

甲子　天乙贵人、六合、水星。●天刑、黑道。

丑　　唐符、太阴。●朱雀、黑道、天讼、时建、五不遇。

寅　　金匮、黄道、福德、月仙、天官贵人、国印、喜神、木星。

卯　　天德、黄道、宝光、喜神。●计都。

辰　　●白虎、黑道、天杀、河魁、土星。

巳　　玉堂、黄道、少微、天开、三合。●寡宿、五鬼、罗睺。

午　　入禄、五符、贪狼、金星。●天牢、黑道、锁神、时害、五鬼、十恶

大败、禄陷空亡。

未　　福星贵人、右弼。●玄武、黑道、天狱、时破、旬中空。

申　　司命、黄道、凤辇、日仙、天乙贵人、左辅。●截路空、火星。

酉　　三合、水星。●勾陈、黑道、地狱、截路空。

戌　　青龙、黄道、太乙、天贵、武曲、太阴。●天罡、时刑。

亥　　明堂、黄道、贵人、明辅、驿马、水星。●孤辰。

干克支制 庚寅日 日中平木	日奇门	惊门水 乾太乙吉 巽杜门凶 咸池凶	惊门水 兑太乙吉 震伤门火 青龙吉	太　　阴 中　吉	生门吉 艮摄提凶 坤死门凶 天符凶	景门吉 离轩辕吉 坎休门吉 招摇平

○金石合　　　　　●破群　●庚不经络　●寅不祭祀

《玄女经》曰：四仲月利造作。

丙子　青龙、黄道、太乙、天贵、金狼、金星。●孤辰、五不遇。

丑　　明堂、黄道、明辅、天乙贵人、右弼。●罗睺。

寅　　●天刑、黑道、时建。

卯　　贪狼、唐符。●朱雀、黑道、天讼、五鬼。

辰　　金匮、黄道、福德、月仙、右弼、国印、木星。

巳　　天德、黄道、宝光、左辅、太阴。●天罡、时害、时建。

午　　天官、福星贵人、三合、水星。●白虎、黑道、截路空、旬中空、天
　　　杀、寡宿。

未　　玉堂、黄道、少微、天开、天乙贵人、武曲。●截路空、火星。

申　　入禄、五符、驿马、太阳。●天牢、黑道、锁神、时破。

酉　　金星。●玄武、黑道、天狱。

戌　　司命、黄道、凤辇、日仙、三合、喜神。●罗睺、五不遇。

亥　　六合。●勾陈、黑道、地狱、河魁。

干克支制辛卯日日中平木	日奇门	伤门吉乾太阴吉巽惊门水青龙吉	生门吉兑太乙吉震死门凶天符凶	咸　　池中　凶	景门吉艮天乙吉坤休门制招摇平	开门土离摄提凶坎杜门水轩辕平

○金石合　●九丑　●辛不合酱　●卯不穿井

《玄女经》曰：不宜起造。

戊子　司命、黄道、凤辇、日仙、木星。●天罡、时刑、五鬼。

丑　　武曲、太阴。●勾陈、黑道、地狱、孤辰、五鬼。

寅　　青龙、黄道、太乙、贵人、天乙贵人、左辅、水星。

卯　　明堂、黄道、贵人、明辅。●时建、火星。

辰　　唐符、武曲、太阳。●天刑、黑道、时害、截路空。

巳　　天官、福星贵人、国印、驿马、金星。●朱雀、黑道、天讼、截路空。

午　　金匮、黄道、福德、月仙、天乙贵人。●河魁、罗睺。

未　　天德、黄道、宝光、三合。●寡宿、旬中空、土星。

申　　喜神。●白虎、黑道、天杀、计都。

酉　　玉堂、黄道、少微、天开、入禄、五符、喜神、贪狼、木星。●时破、五
　　　不遇。

戌　　六合、右弼、太阴。●天牢、黑道、锁神。

亥　　三合、左辅、水星。●玄武、黑道、天讼。

支克干伐 壬辰日 日大凶水	日奇门	伤门凶 乾咸池凶 巽惊门凶 天符凶	生门吉 兑太阴吉 震死门凶 招摇平	青　龙 中　吉	景门吉 艮太阴吉 坤休门制 轩辕平	开门制 离太乙吉 坎杜门凶 摄提凶

○大明地虎不食日●白帝生●破群天上大空亡●壬不决水　辰不哭泣

《玄女经》曰:壬辰利四季,起造吉。八月、十一月造吉,余不利。

庚子　　三合。●天牢、黑道、锁神。

丑　　水星。●玄武、黑道、天狱、河魁。

寅　　司命、黄道、凤辇、日仙、驿马、太阴。●孤辰、截路空。

卯　　天乙贵人、木星。●勾陈、黑道、地狱、时害、截路空。

辰　　青龙、黄道、太乙、贵人、福星贵人。●时建、时刑、计都。

巳　　明堂、黄道、明辅、天乙贵人。●土星。

午　　天官贵人、唐符、贪狼、喜神。●天刑、黑道、旬中空、罗睺。

未　　喜神、国印、右弼、金星。●朱雀、黑道、天讼、天罡。

申　　金匮、黄道、福德、月仙、三合、左辅、太阴。●寡宿、五不遇。

酉　　天德、黄道、宝光、六合。●火星。

戌　　武曲、水星。●白虎、黑道、天杀、时破、五鬼。

亥　　玉堂、黄道、少微、天开、入禄、五符、太阴。●天鬼。

干克支制 癸巳日 日中平水	日奇门	伤门平 乾青龙吉 巽惊门平 招摇平	生门吉 兑咸池凶 震死门凶 轩辕凶	天　符 中　凶	景门吉 艮太阴吉 坤休门制 摄提凶	开门制 离天乙吉 坎杜门平 太乙吉

●九土鬼天上大空亡●朱雀入中宫●癸不词讼●巳不远行

《玄女经》曰：起造利，四仲、四季吉。

壬子　入禄、五符、贪狼。●白虎、黑道、天杀、截路空、土星。

丑　　玉堂、黄道、少微、天开、福星贵人、三合、右弼。●截路空、罗睺。

寅　　●天牢、黑道、锁神、天罡、时害。

卯　　天乙贵人、贪狼、福星贵人、太阳。●玄武、黑道、天狱、孤辰。

辰　　司命、黄道、凤辇、日仙、右弼。●火星。

巳　　天德、贵人、天乙贵人、左辅、喜神、木星。●勾陈、黑道、地狱、
　　　时建。

午　　青龙、黄道、太乙、天贵、太阴。

未　　明堂、黄道、贵人、明辅、唐符、武曲、木星。●旬中空、五不遇。

申　　六合、国印。●天刑、黑道、河魁、时刑、五鬼。

酉　　三合。●朱雀、黑道、天讼、寡宿、五鬼。

戌　　金匮、黄道、福德、月仙。●罗睺。

亥　　天德、黄道、宝光、驿马、金星。●时破。

干生支宝 甲午日 日大吉金	日奇门	死门木 乾天符凶 巽生门制 轩辕平	景门吉 兑青龙吉 震休门吉 摄提凶	招　　摇 中　平	开门吉 艮咸池凶 坤杜门平 太乙吉	伤门平 离太阴吉 坎惊门平 天乙吉

●黑帝死　●九土鬼　●甲不开仓　●午不苫盖

《玄女经》曰：此日遇四孟仲、天恩、天赦，起屋利益家长，子孙加官进禄。

甲子　金匮、黄道、福德、月仙、福星贵人、水星。●时破。

丑　　天德、黄道、宝光、天乙贵人、武曲、太阴。●时害。

寅　　福星贵人、入禄、五符、三合、喜神、左辅、木星。●白虎、黑道、天杀。

卯　　玉堂、黄道、少微、天开、喜神。●河魁、计都。

辰　　武曲。●天牢、黑道、镇神、孤辰、旬中空。

巳　　●玄武、黑道、天狱、五鬼、罗睺。

午　　司命、黄道、凤辇、日仙、金星。●时建、时刑、五鬼、五不遇。

未　　天乙贵人、六合、太阳。●勾陈、黑道、地狱。

申　　青龙、黄道、太乙、天贵、驿马。●截路空、火星。

酉　　明堂、黄道、明辅、天官贵人、唐符、贪狼、水星。●天罡、截路空。

戌　　三合、国印、右弼、太阴。●天刑、黑道、寡宿。

亥　　朱雀、黑道、天讼。

干克支制乙未日日中平金	日奇门	死门凶乾招摇凶巽生门制摄提凶	景门平兑天符凶震休门吉太乙吉	轩　　辕 中 凶	开门吉艮青龙吉坤杜门平天乙吉	伤门凶离咸池凶坎惊门土太阴吉

●大明地哑日　●大杀白虎入中宫　●乙不栽植　●未不服药

《玄女经》曰:此日孟月造屋青龙主之,天地和,合利益家长,聪明孝顺。

丙子　天乙贵人、太阳。●天刑、黑道、时害。

丑　　福星贵人、木星。●朱雀、黑道、天讼、时破、时刑。

寅　　金匮、黄道、福德、月仙。●五鬼、罗睺。

卯　　天德、黄道、宝光、八禄、五符、三合。●五鬼、土星。

辰　　●白虎、黑道、天杀、天罡、计都。

巳　　玉堂、黄道、少微、天开、驿马、木星。●孤辰、旬中空、五不遇。

午　　六合、贪狼、太阴。●天牢、黑道、锁神、截路空。

未　　右弼、水星。●玄武、黑道、天狱、时建、截路空。

申　　司命、黄道、凤辇、日仙、天官、天乙贵人、左辅。●火星。

酉　　太阳。●勾陈、黑道、地狱。

戌　　青龙、黄道、太乙、天贵、国符、武曲、喜神、金星。●河魁。

亥　　明堂、黄道、贵人、明辅、三合、国印。●寡宿、罗睺。

干克支制丙申日日中平火	日奇门	死门凶乾轩辕平巽生门制太乙吉	景门平兑招摇平震休门火天乙吉	摄　　提 中 凶	开门吉艮天符凶坤杜门平太阴吉	伤门平离青龙吉坎惊门凶咸池凶

○天聋地虎不食日 ●日月离 ●甲不作灶 ●申不安床

《玄女经》曰：丙申日天地宁和大宜造屋、安葬大吉。

戊子 青龙、黄道、太乙、天贵、福星贵人、五符、贪狼、三合、木星、天官。●寡宿、五鬼。

丑 明堂、黄道、贵人、明辅、国印、右弼、太阴。●五鬼。

寅 福星贵人、驿马、水星。●天刑、黑道、时破、时刑。

卯 贪狼。●朱雀、黑道、天讼、火星。

辰 金匮、黄道、福德、月仙、三合、右弼、太阳。●旬中空、截路空、五不遇。

巳 天德、黄道、宝光、入禄、五符、六合、金星、左辅。●河魁、旬中空、截路空、十恶大败、禄陷空亡。

午 ●白虎、黑道、天杀、孤辰。

未 玉堂、黄道、少微、天开、武曲。●土星。

申 喜神。●天牢、黑道、锁神、时建、罗睺。

酉 天乙贵人、喜神、木星。●玄武、黑道、开狱。

戌 司命、黄道、凤辇、日仙、太阴。

亥 天乙贵人、水星。●勾陈、黑道、地狱、天狱、时刑。

干克支制 丁酉日 日中平火	日奇门	景门土 乾摄提凶 巽休门吉 太乙吉	生门吉 兑轩辕平 震开门吉 太阴吉	太 乙 中 吉	惊门平 艮招摇平 坤伤门凶 咸池凶	生门吉 离天符凶 坎死门凶 青龙吉

●地哑日●地虎不食日●日月离●丁不剃头●酉不会客●又不出鸡

《玄女经》曰：天地和宁，造屋、入宅、葬埋，子孙富贵。

庚子 司命、黄道、凤辇、日仙。●河魁、火星。

丑 三合、唐符、武曲、水星。●勾陈、黑道、地狱、寡宿。

寅 青龙、黄道、太乙、天贵、国印、左辅、太阴。●截路空。

卯 明堂、黄道、贵人、明辅、木星。●时破、截路空、五不遇。

辰 六合、武曲。●天刑、黑道、计都。

巳　三合。●朱雀、黑道、天讼、旬中空、土星。

午　金匮、黄道、福德、月仙、八禄、五符、喜神。●天罡。

未　天德、黄道、宝光、喜神、金星。●孤辰。

申　太阳。●白虎、黑道、天杀。

酉　玉堂、黄道、少微、天开、福星、天乙贵人。●时建时刑火星。

戌　右弼、水星。●天牢、黑道、锁神、时害、五鬼。

亥　天官、福星、太乙、贵人、驿马、左辅、太阴。●玄武、黑道、天狱、五鬼。

干支平和戊戌日	日奇门	景门吉乾太乙平巽休门吉太阴吉	杜门凶兑摄提凶震开门吉咸池凶	太　　乙中　吉	景门凶艮轩辕凶坤伤门火青龙吉	生门吉离招摇平坎死门凶天符凶

●离窠　●戊不受田　●戊不吃犬

《玄女经》曰：此日天地衰败，孟仲季大刑，作屋凶

壬子　唐符。●天牢、黑道、锁神、截路空。

丑　天乙贵人、国印。●玄武、黑道、锁神、截路空。

寅　司命、黄道、凤辇、日仙、三合、金星。●寡宿、五不遇。

卯　天官贵人、六合、太阳。●勾陈、黑道、地狱。

辰　青龙、黄道、太乙、天贵。●时破、旬中空、土星。

巳　明堂、黄道、明辅、入禄、五符、喜神、水星。●十恶大败、禄陷空亡。

午　三合、贪狼。●天刑、黑道。

未　天乙贵人、右弼、水星。●朱雀、黑道、天讼、河魁。

申　金匮、黄道、福德、月仙、福星贵人、驿马、左辅。●孤辰、五鬼、计都。

酉　天德、黄道、宝光。●时害、五鬼、土星。

戌　武曲。●白虎、黑道、天杀、时建、罗睺。

亥　玉堂、黄道、少微、天开、金星。

干克支制 己亥日 日中平木	日奇门	景门吉 乾天乙吉 巽休门吉 咸池凶	杜门水 兑太乙吉 震开门火 青龙吉	太　　阴 中　吉		惊门土 艮摄提凶 坤伤门凶 天符凶	生门吉 离轩辕平 坎死门凶 招摇平

○地哑日　　●离窠　　●巳不破券　　●亥不行嫁　　●又不出猪

《阴阳成书》云:起屋益田蚕,富贵吉。

甲子　天乙贵人、贪狼、木星。●白虎、黑道、天杀。

丑　　玉堂、黄道、少微、天开、唐符、右弼、太阴。●五不遇。

寅　　天官贵人、六合、国印、喜神、木星。●天牢、黑道、锁神、河魁。

卯　　三合、喜神、贪狼。●玄武、黑道、天狱、寡宿。

辰　　司命、黄道、凤辇、日仙、右弼。●土星。

巳　　左辅、驿马。●勾陈、黑道、地狱、时破、旬中空、五鬼。

午　　青龙、黄道、太乙、天贵、入禄、五符、金星。●五鬼。

未　　明堂、黄道、明辅、福星贵人、三合、武曲、太阳。

申　　天乙贵人。●天刑、黑道、天罡、时害、截路空、火星。

酉　　●朱雀、黑道、天讼、孤辰、截路空。

戌　　金匮、黄道、福德、月仙、太阴。

亥　　天德、黄道、宝光、木星。●时建、时刑、五不遇。

干生支宝 庚子日 日大吉土	日奇门	休门吉 乾太阴吉 巽景门吉 青龙吉	开门吉 兑天乙吉 震杜门凶 天符凶	咸　　池 中　凶		伤门凶 艮太乙吉 坤惊门平 招摇平	死门凶 离摄提凶 坎生门吉 轩辕平

○天聋日　　　●庚不经络　　●子不问卜

《玄女经》曰:庚子日孟仲造作、动土,三神入宅杀家长,官讼。

丙子　金匮、黄道、福德、月仙、金星。●时建、五不遇。

丑　　天德、黄道、宝光、天乙贵人、六合、武曲。●罗睺。

寅　　驿马、左辅。●白虎、黑道、天杀、五鬼。

卯　　玉堂、黄道、少微、天开、唐符。●天罡、五鬼。

辰　三合、国印、武曲、木星。●天牢、黑道、锁神、旬中空、寡宿。

巳　太阴。●玄武、黑道、天狱。

午　司命、黄道、凤辇、日仙、天官、福星贵人、木星。●截路空。

未　天乙贵人。●勾陈、黑道、地狱、时害、截路空、火星。

申　青龙、黄道、太乙、天贵、入禄、五符、太阳。

酉　明堂、黄道、贵人、明辅、贪狼、金星。●河魁。

戌　喜神、右弼。●天辰、黑道、孤辰、五不遇。

亥　左辅。●朱雀、黑道、天讼、土星。

支生干义 辛丑日 日大吉土	日奇门	休门吉 乾咸池凶 巽景门平 天符凶	开门吉 兑太阴吉 震杜门平 招摇平	青　龙 中　吉	伤门火 艮太乙吉 坤惊门凶 轩辕凶	死门凶 离天乙吉 坎生门吉 摄提凶

○地哑日　●离窠九土鬼　●辛不合酱　●丑不冠带

《玄女经》曰：此日起屋同上庚子，主凶败。

戊子　六合、木星。●天刑、黑道、五鬼。

丑　太阴。●朱雀、黑道、天讼、时建、五鬼。

寅　金匮、黄道、福德、月仙、天乙贵人、水星。

卯　天德、黄道、宝光。●火星。

辰　唐符、太阳。●白虎、黑道、天杀、河魁、截路空。

巳　玉堂、黄道、少微、天开、天官、福星贵人、三合、国印、金星。●寡宿、截路空、旬中空。

午　天乙贵人、贪狼。●天牢、黑道、锁神、时害。

未　右弼。●玄武、黑道、天狱、时破、土星。

申　司命、黄道、凤辇、日仙、左辅、喜神。●计都。

酉　入禄、五符、三合、喜神、木星。●勾陈、黑道、地狱、五不遇。

戌　青龙、黄道、太乙、天贵、武曲、太阴。●天罡、时刑。

亥　明堂、黄道、贵人、明辅、驿马、水星。●孤辰。

干生支害 壬寅日 日大吉金	日奇门	休门吉 乾青龙吉 巽景门吉 招摇平	开门吉 兑咸池凶 震杜门平 轩辕平	天　符 中　凶	伤门平 艮太阴吉 坤惊门凶 摄提凶	死门凶 离天乙吉 坎生门吉 太乙吉

大明地虎不食日　●江河合　●朱雀白虎入中宫、●九土鬼、壬不决水、寅不祭祀

《玄女经》曰：此日四仲季通用，益家长、田蚕、牛马、百事大吉。

庚子　青龙、黄道、太乙、天贵、贪狼。●孤辰、火星。

丑　明堂、黄道、贵人、明辅、右弼、水星。

寅　太阴。●天刑、黑道、时建、截路空。

卯　天乙贵人、贪狼、木星。●朱雀、黑道、天讼、截路空。

辰　金匮、黄道、福星贵人、福德、月仙、右弼。●旬中空、计都。

巳　天德、黄道、宝光、天乙贵人、左辅。●天罡、时害、时刑。

午　天官贵人、贪狼、木星。●白虎、黑道、天杀、寡宿、罗睺。

未　玉堂、黄道、少微、天开、国印、喜神、武曲、金星。

申　驿马、太阳。●天牢、黑道、锁神、时破、五不遇。

酉　●玄武、黑道、天狱、火星。

戌　司命、黄道、凤辇、日仙、三合、木星。●五鬼。

亥　入禄、五符、六合、太阴。●勾陈、黑道、地狱、河魁、五鬼。

干生支宝 癸卯日 日大吉金	日奇门	生门吉 乾天符凶 巽死门凶 轩辕凶	休门吉 兑青龙吉 震景门土 摄提凶	招　摇 中　吉	杜门凶 艮咸池凶 坤开门吉 太乙吉	惊门木 离太阴吉 坎伤门木 天乙吉

●江河合　　●癸不词讼　　●卯不穿井

《玄女经》曰：癸卯日天地开通造作屋宅大吉。不利葬埋。

壬子　司命、黄道、凤辇、日仙、入禄、五符。●天罡、时刑、截路空、土星。

丑　福星贵人、武曲。●勾陈、黑道、地狱、截路空、罗睺。

寅　青龙、黄道、太乙、天贵、左辅、金星。

卯　　明堂、黄道、明辅、福星、天乙贵人、太阳。●时建。

辰　　武曲。●天刑、黑道、时害、火星。

巳　　天官、天乙贵人、驿马、喜神、水星。●朱雀、黑道、天讼、旬中空。

午　　金匮、黄道、福德、月仙、太阴。●河魁。

未　　天德、黄道、宝光、三合、唐符、木星。●五不遇。

申　　国印。●白虎、黑道、天杀、五鬼、计都。

酉　　玉堂、黄道、少微、天开、贪狼。●时破、五鬼、土星。

戌　　六合、右弼。●天牢、黑道、锁神。

亥　　三合、喜神、左辅、金星。●玄武、黑道。

干克支制 甲辰日 日中平火	日奇门	生门吉 乾招摇平 巽死门凶 摄提凶	休门吉 兑天符凶 震景门吉 太乙吉	轩　　辕 中　平	杜门吉 艮青龙吉 坤开门火 太乙吉	惊门金 离咸池凶 坎伤门火 太阴吉

　　○大明地虎不食日、赤帝生　　●大杀白虎入中宫朱雀入中宫　　●甲不开仓　　●辰不哭泣

　　《玄女经》曰:甲辰日孟仲季,造屋杀家长,凶。

甲子　福星贵人、三合、水星。●天牢、黑道、锁神。

丑　　天乙贵人、太阴。●玄武、黑道、天讼、河魁。

寅　　司命、黄道、凤辇、日仙、福星贵人、驿马、入禄、五符、喜神。●孤辰、旬中空。

卯　　喜神。●勾陈、黑道、地狱、时害、计都。

辰　　青龙、黄道、太乙、天贵。●时建、时刑、土星。

巳　　明堂、黄道、贵人、明辅。●五鬼、罗睺。

午　　贪狼、金星。●天刑、黑道、五鬼、五不遇。

未　　天乙贵人、右弼、太阳。●朱雀、黑道、天罡、天讼。

申　　金匮、黄道、福德、月仙、三合、左辅。●寡宿、截路空、火星。

酉　　天德、黄道、宝光、天官贵人、六合、唐符、水星。●截路空。

戌　　国印、武曲、太阴。●白虎、黑道、天杀、时破。

亥　　玉堂、黄道、少微、天开、水星。

干生支宝 乙巳日 日大吉火	日奇门	生门吉 乾轩辕平 巽死门凶 天乙吉	休门吉 兑招摇平 震景门平 太乙吉	摄　　提 中　凶	杜门凶 艮天符凶 坤开门吉 太阴吉	惊门平 离青龙吉 坎伤门凶 咸池凶

○大明日　●乙不栽植　●巳不远行

《玄女经》曰:四季六合主之造作益人财吉。

丙子　天乙贵人、贪狼、太阳。●白虎、黑道、天杀。

丑　　玉堂、黄道、少微、天开、福星贵人、三合、右弼、金星。

寅　　●天牢、黑道、锁神、天罡、时害、罗睺、五鬼。

卯　　入禄、五符、贪狼。●玄武、黑道、天狱、孤辰、旬中空、五鬼、土星。

辰　　司命、黄道、凤辇、日仙、喜神、右弼。●计都。

巳　　左辅。●勾陈、黑道、地狱、时建、五不遇。

午　　青龙、黄道、天乙、天贵、太阴。●截路空。

未　　明堂、黄道、贵人、明辅、武曲、水星。●截路空。

申　　天官、天乙贵人、六合。●天刑、黑道、河魁、时刑、火星。

酉　　三合、太阳。●朱雀、黑道、天讼、寡宿。

戌　　金匮、黄道、福德、月仙、唐符、喜神、金星。

亥　　天德、黄道、宝光、驿马、国印。●时破、罗睺。

干支同和 丙午日 专日吉水	日奇门	惊门凶 乾摄提凶 巽伤门凶 太乙吉	死门凶 兑轩辕凶 震生门制 太阴吉	太　　乙 中　吉	休门制 艮招摇平 坤景门凶 咸池凶	杜门土 离天符凶 坎开门火 青龙吉

○大明地虎不食日　●丙不作灶　●午不苫盖

《玄女经》曰:六合主之,作屋宅入外财,大吉。

戊子　金匮、黄道、福德、月仙、天官、福星贵人、唐符。●时破、五鬼。

丑　　天德、黄道、宝光、国印、武曲、太阴。●时害、五鬼。

寅　福星贵人、三合、左辅、水星。●白虎、黑道、天杀、旬中空。

卯　玉堂、黄道、少微、天开。●河魁、火星。

辰　武曲、太阳。●天牢、黑道、锁神、孤辰、截路空、五不遇。

巳　入禄、五符、金星。●玄武、黑道、天狱、截路空。

午　司命、黄道、凤辇、日仙。●时建、时刑、罗睺。

未　六合。●勾陈、黑道、地狱、土星。

申　青龙、黄道、太乙、天贵、驿马、喜神。●计都。

酉　明堂、黄道、明辅、天乙贵人、贪狼、喜神。●天罡。

戌　三合、右弼、太阴。●天刑、黑道、寡宿。

亥　天乙贵人、左辅、水星。●朱雀、黑道、天讼。

干生支宝 丁未日 日上吉水	日奇门	惊门水 乾太乙吉 巽阳门土 太阴吉	死门凶 兑摄提凶 震生门制 咸池凶	太　　乙 中　吉	休门制 艮轩辕平 坤景门火 青龙吉	生门平 离招摇平 坎开门吉 天符凶

●天上太空亡　●丁不剃头　●未不服药

《玄女经》曰：此名天梁日，起造屋富贵大吉，宜出行。婚姻吉。

庚子　●天刑、黑道、时害、火星。

丑　庚符、水星。●朱雀、黑道、天讼、时破、时刑。

寅　金匮、黄道、福德、月仙、国印、太阴。●截路空。

卯　天德、黄道、宝光、三合、土星。●旬中空、截路空、五不遇。

辰　●白虎、黑道、天杀、天罡、计都。

巳　玉堂、黄道、少微、天开、驿马。●孤辰、土星。

午　入禄、五符、六合、喜神、贪狼。●天牢、黑道、锁神、罗睺。

未　喜神、右弼、金星。●玄武、黑道、天狱、时建。

申　司命、黄道、凤辇、日仙、左辅、太阳。

酉　天乙贵人、福星贵人。●勾陈、黑道、地狱、火星。

戌　青龙、黄道、太乙、天贵、武曲、水星。●河魁、五鬼。

亥　明堂、黄道、明辅、天官、福星、天乙贵人、三合、太阳、寡宿、五鬼。

干生支宝 戊申日 日上吉土	日奇门	惊门火 乾天乙吉 巽伤门金 咸池凶	死门凶 兑太乙吉 震生门制 青龙吉	太　阴 中　吉	休门制 艮摄提凶 坤景门平 天符凶	杜门平 离轩辕平 坎开门吉 招摇平

●人民离、天上大空亡、离窠　●戊不受田　●申不安床

《玄女经》曰：此日起造大利，进财益口。

壬子　青龙、黄道、太乙、天贵、三合、唐符、贪狼。●寡宿、截路空、土星。

丑　　明堂、黄道、明辅、天乙贵人、国印、右弼。●截路空、罗睺。

寅　　驿马、金星。●天刑、黑道、时破、时刑、旬中空、五不遇。

卯　　天官贵人、贪狼、太阳。●朱雀、黑道、天讼。

辰　　金匮、黄道、福德、月仙、三合、右弼。●火星。

巳　　天德、黄道、宝光、入禄、五符、六合、喜神、左辅、水星、河魁。

午　　太阴。●白虎、黑道、天杀、孤。

未　　玉堂、黄道、少微、天开、天乙贵人、武曲、木星。

申　　福星贵人。●天牢、黑道、锁神、时建、五不遇、五鬼。

酉　　玄武、黑道、天狱、五鬼、土星。

戌　　司命、黄道、凤辇、日仙。●罗睺。

亥　　金星。●勾陈、黑道、地狱、天罡、时害。

干生支宝 巳酉日 日上吉土	日奇门	杜门土 乾咸池凶 巽开门吉 天符凶	伤门凶 兑太阴吉 震惊门火 天符凶	咸　池 中　凶	伤门凶 艮太乙吉 坤生门吉 轩辕平	休门水 离太乙吉 坎景门水 摄提凶

●大明地虎不食日　●九丑、九土鬼、人民离　●巳不破券　●酉不会客又不出鸡

《玄女经》曰：己酉日宜造葬，益家长、田蚕，大利

甲子　司命、黄道、凤辇、日仙、天乙贵人、水星。●河魁

丑　　三合、唐符、武曲、太阴。●勾陈、黑道、地狱、寡宿、五不遇。

寅　　青龙、黄道、太乙、天贵、天官贵人、国印、喜神、左辅、木星。

卯　明堂、黄道、贵人、明辅、喜神。●时破、旬中空、计都。

辰　六合、武曲。●天刑、黑道、土星。

巳　三合。●朱雀、黑道、天讼、五鬼、罗睺。

午　金匮、黄道、福德、月仙、入禄、五符、金星。●天罡、五鬼。

未　天德、黄道、宝光、福星贵人、太阳。●孤辰。

申　太乙、贵人。●白虎、黑道、天杀、截路空、火星。

酉　玉堂、黄道、少微、天开、贪狼、水星。●时建、时刑、截路空。

戌　右弼、太阴。●天牢、黑道、锁神、时害。

亥　驿马、左辅、木星。●玄武、黑道、天狱、五不遇。

支生干义庚戌日日上吉金	日奇门	杜门金乾咸池凶巽开门吉天符凶	伤门土兑太阴吉震惊门木招摇平	青龙中　吉	死门凶艮天乙吉坤生门吉轩辕平	休门水离太乙吉坎景门木摄提凶

●大明日　●九土鬼白帝死　●庚不经络　●戌不吃犬

《玄女经》曰:庚戌日,孟仲季起造皆凶。

丙子　金星。●天牢、黑道、锁神、五不遇。

丑　天乙贵人。●玄武、黑道、天狱、天罡、罗睺。

寅　司命、黄道、凤辇、日仙、三合。●寡宿、旬中空、五鬼、土星。

卯　六合、唐符。●勾陈、黑道、地狱、五鬼、计都。

辰　青龙、黄道、太乙、天贵、国印、木星。●时破。

巳　明堂、黄道、贵人、明辅、太阴。

午　天官、福星贵人、三合、贪狼、木星。●天刑、黑道。

未　天乙贵人、右弼。●朱雀、黑道、天讼、河魁、时刑、截路空、火星。

申　金匮、黄道、福德、月仙、入禄、五符、驿马、左辅、太阳。●孤辰、截路空。

酉　天德、黄道、宝光、金星。●时害。

戌　右弼、太阴。●白虎、黑道、天杀、时建、五不遇。

亥　驿马、左辅、木星。●土星。

干生支宝 辛亥日 日上吉金	日奇门	杜门火 乾青龙吉 巽开门吉 招摇凶	伤门凶 兑咸池凶 震惊门平 轩辕平	天 符 中 吉	死门凶 艮太阴吉 坤生门吉 摄提凶	休门吉 离太乙吉 坎景门制 太乙吉

○大明地哑日 ●朱雀入中宫 ●离窠 ●辛不合酱 ●亥不行嫁

●又不出猪

《玄女经》曰:辛亥日四仲季六合主之,起造富贵二千石。

戊子 贪狼、木星。●白虎、黑道、天杀、五鬼。

丑 玉堂、黄道、少微、太阴。●五鬼。

寅 天乙贵人、六合、水星。●天牢、黑道、锁神、河魁。

卯 三合、贪狼。●玄武、黑道、天狱、寡宿、旬中空、火星。

辰 司命、黄道、凤辇、日仙、唐符、右弼、太阳。●截路空。

巳 天官、福星贵人、驿马、国印、左辅、金星。●勾陈、黑道、天狱、时破、截路空。

午 青龙、黑道、太乙、天贵、天乙贵人。●罗睺。

未 明堂、黄道、明辅、三合、武曲。●土星。

申 喜神。●天刑、黑道。

酉 入禄、五符、喜神、木星。●朱雀、黑道、天讼、孤辰、五不遇。

戌 金匮、黄道、福德、月仙、太阴。

亥 天德、黄道、宝光、水星。●时建、时刑。

干支同和 壬子日 专日吉木	日奇门	开门吉 乾天符凶 巽杜门平 轩辕平	惊门火 兑青龙吉 震伤门平 摄提凶	招 摇 中 凶	生门吉 艮咸池凶 坤死门凶 太乙吉	景门吉 离太阴吉 坎休门吉 天乙吉

●天龙日黑帝生 ●九丑 ●壬不决水 ●子不问卜

《玄女经》曰:四孟月地天开和屋大吉。

庚子 金匮、黄道、福德、月仙、木星。●时建。

丑 天德、黄道、宝光、六合、武曲、水星。

寅　　驿马、左辅、太阴。●白虎、黑道、天杀、旬中空、截路空。

卯　　玉堂、黄道、少微、天开、太乙、贵人、木星。●天罡、时刑、截路空。

辰　　福星贵人、三合、武曲。●天牢、黑道、锁神、寡宿、计都。

巳　　天乙贵人。●玄武、黑道、天狱、土星。

午　　司命、黄道、凤辇、日仙、天富、贵人、喜神。●时破、罗睺。

未　　国印、喜神、金星。●勾陈、黑道、地狱、时害。

申　　青龙、黄道、太乙、天贵、三合、太阳。●五不遇。

酉　　明堂、黄道、贵人、明辅、贪狼。●河魁、火星。

戌　　右弼、金星。●天刑、黑道、孤辰、五鬼。

亥　　入禄、五符、左辅、太阴。●朱雀、黑道、天讼五鬼。

支克干伐 癸丑日 日大凶木	日奇门	开门平 乾招摇平 巽杜门凶 摄提凶	惊门凶 兑天符凶 震伤门凶 太乙吉	轩　　辕 中　平	生门吉 艮太阴吉 坤死门凶 天乙吉	景门土 离咸池凶 坎休门土 太阴吉

●地哑日　　●大杀白虎入中宫　　●癸不词讼　　●丑不冠带

《玄女经》曰：癸丑日四孟月造屋大吉，四仲月不利。

壬子　　入禄、五符。●天刑、黑道、截路空、土星。

丑　　福星贵人。●朱雀、黑道、天讼、时建、截路空、罗睺。

寅　　金匮、黄道、福德、月仙、金星。

卯　　天德、黄道、宝光、福星、天乙贵人。●旬中空亡。

辰　　●白虎、黄道、天杀、河魁、火星。

巳　　玉堂、黄道、少微、天开、天官、天乙贵人、喜神、三合、水星。●
　　　寡宿。

午　　贪狼、木星。●天牢、黑道、锁神、时害。

未　　唐符、右弼、木星。●玄武、黑道、天狱、时破、五不遇。

申　　司命、黄道、凤辇、月仙、左辅、国印。●五神、计都。

酉　　三合。●勾陈。

戌　　青龙、黄道、太乙、天贵、武曲。●天罡、罗睺。

亥　　明堂、黄道、贵人、明辅、驿马、金星。●孤辰。

干支同和甲寅日日中吉水	日奇门	开门吉乾轩辕平巽杜门平太乙吉	惊门平兑招摇平震伤门凶太乙吉	摄　　提中　凶	生门吉艮天符凶坤死门凶太阴吉	景门平离青龙吉坎休门吉咸池凶

○日月合天地合　　●破群　　●甲不开仓　　●寅不祭祀

《玄女经》曰:甲寅日利四季,天地开通,造葬大吉

甲子　青龙、黄道、太乙、天贵、福星贵人、贪狼。●旬中空、孤辰。

丑　　明堂、黄道、明辅、天乙贵人、右弼、太阴。

寅　　福星贵人、入禄、五符、喜神、木星。●天刑、黑道、时建。

卯　　喜神、贪狼。●朱雀、黑道、天讼、计都。

辰　　金匮、黄道、福德、月仙、右弼。●土星。

巳　　天德、黄道、宝光、左辅。●天罡、时害、时刑、五鬼、罗睺。

午　　三合。●白虎、黑道、天杀、寡宿、五鬼、五不遇。

未　　玉堂、黄道、少微、天开、开乙、贵人、武曲、太阳。

申　　驿马。●天牢、黑道、锁神、时破、截路空、火星。

酉　　天官贵人、唐符、水星。●玄武、黑道、天狱、截路空。

戌　　司命、黄道、凤辇、日仙、三合、国印。

亥　　六合、水星。●勾陈、黑道、地狱、河魁。

干支同和乙卯日日大吉水	日奇门	伤门凶乾摄提凶巽惊门平太乙吉	生门吉兑轩辕平震死门凶太阴吉	天　　乙中　吉	景门平艮招摇平坤休门制咸池凶	开门吉离天符凶坎杜门平青龙吉

○日月合、天地合　　　　　　●乙不栽种　　●卯不穿井

《玄女经》曰:乙卯日利四季,天地开通,造屋、婚姻、益人口。

丙子　司命、黄道、凤辇、日仙、天乙贵人、太阳。●天罡、时刑。

丑　　福星贵人、武曲金星。●勾陈、黑道、地狱、孤辰、旬中空。

寅　　青龙、黄道、天贵、太乙、左辅。●五鬼、罗睺。

卯　　明堂、黄道、天贵、太乙、左辅。●时建、五鬼、土星。

辰　　喜神、武曲。●天刑、黑道、时害、计都。

巳　　驿马、木星。●朱雀、黑道、天讼、五不遇。

午　　金匮、黄道、贵人、明辅、入禄、五符。●河魁、截路空。

未　　天德、黄道、宝光、三合、水星。●寡宿、截路空。

申　　天官、天乙贵人。●白虎、黑道、天杀、火星。

酉　　玉堂、黄道、少微、天开、贪狼、太阳。●时破。

戌　　唐符、六合、右弼、喜神、金星。●天牢、黑道、锁神。

亥　　国印、三合、左辅。●玄武、黑道、天狱、罗睺。

干生支宝丙辰日日上吉土	日奇门	伤门平乾太乙吉巽惊门平太阴吉	生门吉兑摄提凶震死门凶显池凶	天　　乙中　　吉	景门平艮轩辕平坤休门土天符吉	开门制离招摇平坎杜门土天符凶

●大明地虎不食　●天聋日　　　　●丙不作灶　　●辰不哭泣

《玄女经》曰：丙辰日四时不利起造，秋冬利造屋。

戊子　天福、福星贵人、唐符、三合、水星。●天牢、黑道、锁神、五鬼、旬中空。

丑　　国印、太阴。●玄武、黑道、天狱、河魁、五鬼。

寅　　司命、黄道、风辇、日仙、福星贵人、驿马、水星。●孤辰。

卯　　●勾陈、黑道、地狱、时害、火星。

辰　　青龙、黄道、太乙、天贵、太阳。●时建、时刑、截路空、五不遇。

巳　　明堂、黄道、贵人、明辅、入禄、五符、金星。●截路空。

午　　贪狼。●天刑、黑道、罗睺。

未　　右弼。●朱雀、黑道、天讼、天罡、土星。

申　　金匮、黄道、福德、月仙、三合、喜神、左辅。●寡宿、计都。

酉　　天德、黄道、宝光、太乙、贵人、六合、喜神、木星。

戌　　武曲、太阴。●白虎、黑道、天杀、时破。

亥　　玉堂、黄道、少微、天开、天乙贵人、水星。

干支同和 丁巳日 日上吉土	日奇门	伤门火 乾天乙吉 巽惊门凶 咸池凶	生门吉 兑太乙吉 震死门凶 青龙凶	太　　阴 中　吉	景门平 艮摄提凶 坤休门制 天符凶	开门吉 离轩辕平 坎杜门凶 招摇凶

●九头鬼、赤帝死、孔子死　●丁不剃头　●巳不远行

《玄女经》曰：此日四时不利，起造凶。

庚子　贪狼。●白虎、黑道、天杀、火星。

丑　　玉堂、黄道、少微、天开、唐符、三合、右弼、水星。

寅　　国印、太阴。●天牢、黑道、锁神、天罡、时害、截路空。

卯　　贪狼、木星。●玄武、黑道、天狱、孤辰、截路空、五不遇。

辰　　司命、黄道、凤辇、日仙、右弼。●计都。

巳　　左辅。●勾陈、黑道、地狱、时建、土星。

午　　青龙、黄道、太乙、天贵、入禄、五符、喜神。●罗睺

未　　明堂、黄道、贵人、明辅、武曲、喜神、金星。

申　　六合、太阳。●天刑、黑道、河魁、时刑。

酉　　天乙贵人、三合、福星。●朱雀、黑道、天讼、寡宿、火星。

戌　　金匮、黄道、福德、月仙、水星。●五鬼。

亥　　天德、黄道、宝光、福星、天官、天乙贵人、驿马、太阴。●时破、
　　　五鬼。

支生干义 戊午日 日上吉火	日奇门	死门凶 乾太阴吉 巽生门制 青龙吉	景门吉 兑天乙吉 震休门吉 天符凶	咸　　池 中　凶	开门吉 艮太乙吉 坤杜门凶 招摇凶	伤门凶 离摄提凶 坎惊门平 轩辕平

●九丑、九土鬼、黄帝死、离窠●戊不受田●午不苫盖

《玄女经》云：此日不宜起造，凶。

壬子　金匮、黄道、福德、月仙、唐符。●时破、旬中空、截路空、土星。

丑　　天德、黄道、宝光、国印、天乙贵人、武曲。●时害、截路空、罗睺

寅　　三合、左辅。●白虎、黑道、天狱、五不遇。

卯　　玉堂、黄道、少微、天开、天官贵人、太阳。●河魁。

辰　　武曲。●天牢、黑道、锁神、孤辰、火星。

巳　　入禄、五符、喜神、水星。●玄武、黑道、天狱。

午　　司命、黄道、凤辇、日仙、太阴。●时建、时刑。

未　　天乙贵人、六合、木星。●勾陈、黑道、地狱。

申　　青龙、黄道、太乙天贵、福星贵人、驿马。●五鬼、计都。

酉　　明堂、黄道、贵人、明辅、贪狼。●天罡、五鬼、土星、计都。

戌　　三合、右弼。●天刑、黑道、寡宿、计都。

亥　　左辅、金星。●朱雀、黑道、天讼。

干支同和 己未日 日上吉火	日奇门	死门凶 乾咸池凶 巽生门制 天符凶	景门土 兑太阴吉 震休门吉 招摇平	青　　龙 中　吉	开门吉 艮天乙吉 坤杜门凶 轩辕凶	伤门凶 离太乙吉 坎惊门凶 摄提凶

○大明地虎不食日　　　　　●巳不破巷　　●未不服药

《玄女经》曰：此日起造大富贵，安葬益子孙，吉。

甲子　天乙贵人、水星。●天刑、黑道、时害。

丑　　唐符、太阴。●朱雀、黑道、天讼、时破、旬中空、五不遇。

寅　　金匮、黄道、月仙、天德、天官贵人、国印、喜神、木星。

卯　　天德、黄道、宝光、三合、喜神。●计都。

辰　　●白虎、黑道、天杀、天罡、土星。

巳　　玉堂、黄道、少微、天开、驿马。●孤辰、五鬼、罗睺。

午　　入禄、五符、六合、贪狼、金星。●天牢、黑道、锁神、五鬼。

未　　福星贵人、右弼、太阳。●玄武、黑道、天狱、时建。

申　　司命、黄道、凤辇、日仙、天乙贵人、左辅。●截路空、土星。

酉　　木星。●勾陈、黑道、地狱、截路空。

戌　　青龙、黄道、太乙、天柜、武曲、太阴。●河魁。

亥　　明堂、黄道、贵人、明辅、三合、木星。●寡宿、五不遇。

干支同和庚申日日上吉木	日奇门	死门凶乾青龙吉巽生门制招摇平	景门平兑咸池凶震休门吉轩辕平	天　符 中 凶	开门吉艮太阴吉坤杜门凶摄提凶	伤门平离天乙吉坎惊门平太乙吉

大明地虎不食日、破群、金石●离窠●朱雀入中宫●开眼●庚不经络●申不安床

《玄女经》曰：庚申日和宁，大宜起造、安葬，富贵。

丙子　青龙、黄道、太乙、天贵、三合、贪狼、金星。●寡宿、旬中空、五不遇。

丑　　明堂、黄道、明辅、天乙贵人。●罗睺。

寅　　驿马。●天刑、黑道、时破、时刑、五鬼。

卯　　唐符、贪狼。●朱雀、黑道、天讼、五鬼、计都。

辰　　金匮、黄道、福德、月仙、国印、三合、右弼、水星。

巳　　天德、黄道、宝光、六合、左辅、太阴。●河魁

午　　天官、福星贵人、木星。●白虎、黑道、天杀、孤辰、截路空。

未　　玉堂、黄道、少微、天开、天乙贵人、武曲。●截路空、火星。

申　　入禄、五符、太阳。●天牢、黑道、锁神、时建。

酉　　金星。●玄武、黑道、天狱。

戌　　司命、黄道、凤辇、日仙、喜神。●罗睺、五不遇。

亥　　水星。●勾陈、黑道、地狱、天罡、时害。

干支同和辛酉日日上吉水	日奇门	景门平乾天符凶巽休门吉轩辕平	杜门吉兑青龙吉震开门吉摄提凶	招　摇 中 凶	惊门吉艮咸池凶坤伤门平太乙吉	生门吉离太阴吉坎死门凶天乙吉

大明地虎不食地哑日、九丑、金石离　●辛不合酱●酉不会客●又不出鸡

《玄女经》曰：辛酉日和宁，皆利造、葬，吉。

戊子　司命、黄道、凤辇、日仙。●河魁、五鬼。

丑　　三合、武曲、太阴。●勾陈、黑道、地狱、寡宿、旬中空、五鬼。

寅　　青龙、黄道、太乙、天贵、天乙贵人、左辅、木星。

卯　　明堂、黄道、贵人、明辅。●时破、火星。

辰　　唐符、六合、武曲、太阳。●天刑、黑道、截路空

巳　　天官、福星贵人、国印、三合、金星。●朱雀、黑道、天讼、截路空。

午　　金匮、黄道、福德、月仙、天乙贵人。●天罡、罗睺。

未　　天德、黄道、宝光。●孤辰、土星。

申　　喜神。●白虎、黑道、天杀、计都。

酉　　玉堂、黄道、少微、天开、入禄、五符、喜神、贪狼。●时建、时刑、五不遇。

戌　　右弼、太阴。●天牢、黑道、锁神、时害。

亥　　时马、左辅、木星。●玄武、黑道、天狱。

支克干伐 壬戌日 日大凶木	日奇门	景门平 乾招摇平 巽休门吉 惊提凶	杜门吉 兑天符凶 震开门吉 太乙吉	轩　　辕 中　凶	惊门火 艮青龙吉 坤伤门火 天乙吉	生门吉 离咸池凶 坎死门凶 太阴吉

青帝死●大杀白虎入中宫●天上大空亡●壬不决水●戌不吃犬

《玄女经》曰：宜造屋，吉。出行，安葬，婚姻，凶。

庚子　●天牢、黑道、锁神、旬中空、火星。

丑　　水星。●玄武、黑道、天罡、天狱。

寅　　司命、黄道、凤辇、日仙、三合、太阴。●寡宿、截路空。

卯　　天乙贵人、六合、木星。●勾陈、黑道、天狱、截路空。

辰　　青龙、黄道、太乙、天贵、福星贵人。●时破、计都。

巳　　明堂、黄道、明辅、天乙贵人。●土星。

午　　天官贵人、唐符、三合、贪狼、喜神。●天刑、黑道、罗睺。

未　　国印、喜神、右弼、金星。●朱雀、黑道、天刑、河魁、时刑。

申　　金匮、黄道、福德、月仙、驿马、左辅、太阳。●孤辰、五不遇。

酉　　天德、黄道、宝光。●时害、火星。

戌　　武曲、水星。●白虎、黑道、天杀、时建。

亥　　玉堂、黄道、少微、天开、入禄、五符、太阴。●五鬼。

干支同和 癸亥日 日上吉水	日奇门	景门平 乾轩辕平 巽休门吉 太乙吉	杜门平 兑招摇平 震开门吉 天乙吉	摄　　提 中　　凶	惊门凶 艮天符凶 坤伤门平 太阴吉	生门吉 离青龙吉 坎死门凶 咸池凶

●天上大空亡　●离窠　●癸不词讼　●亥不行嫁　●又不出猪

《玄女经》曰:六甲穷日,不利兴工,起造主大贫。

壬子　入禄、五符、贪狼。

丑　　玉堂、黄道、少微、天开、福星贵人、右弼。●旬中空、截路空、罗睺。

寅　　六合。●天牢、黑道、锁神、河魁。

卯　　天乙贵人、三合、贪狼、福星、太阳。●玄武、黑道、天狱、寡宿。

辰　　司命、黄道、凤辇、日仙、百弼。●火星。

巳　　天官、天乙贵人、驿马、左辅、喜神、水星。●勾陈、黑道、地狱、时破。

午　　青龙、黄道、太乙、天贵、太阴。

未　　明堂、黄道、贵人、明辅、唐符、三合、武曲。●火星、五不遇。

申　　国印。●天刑、黑道、天罡、时害、五鬼。

酉　　●朱雀、黑道、天讼、孤辰、五鬼。

戌　　金匮、黄道、福德、月仙。●罗睺。

亥　　天德、黄道、宝光、金星。●时建、时刑。

制阴府太岁法

凡阴府休囚用枭神也,七煞可以制伏。枭即偏印,杀即偏官。假如甲木阴府用壬水庚金制之,盖甲本属木,用庚金固可制之,又甲木化气属土,而壬水化木亦可制。甲木见庚为七煞,见壬为枭神。其余仿此。若阴府生旺,八字扶合,大凶。

制三煞、灸退法

制三煞法

此煞以五虎遁寻三杀纳音所属,宜以八字纳音制之,或作主匠人生命,纳音亦可制。若三杀泊宫休囚,制神生旺合局尤美。凡年犯以年遁,月犯以月遁,日时犯以日时遁。他煞皆仿此。

假如甲子年作巳方遁得巳杀属己巳木,甲子年纳音金制之也。午未方杀遁得庚午、辛未土,用戊辰、己巳月合纳音之木亦可制也。余仿此。

其怨杀、仇杀、报杀、禁杀、暗刃、飞廉、小耗、大耗、流射、天命、地辅、帝车、白虎杀、丧门、阴中煞、天地官符、灸退、羊刃、牛皇七杀、破碎杀皆仿此制。

制灸退法

假如甲子年,灸退在卯,以五虎遁得卯杀属丁卯火,宜用水年月日时制之。余仿此。灸退乃马前一位,宜用三合、六合年月日时扶马。马有科进而不退,如灸退在卯,宜用亥卯未及戌年月日时扶合,大吉。又用堆禄年月合,亦吉。

灸退泊宫,受制休囚吉,生旺凶。

制官符、火星法

制官符法

假如甲子年,天官符在亥,以五虎遁得属乙亥火,宜用水年月日时并水局以制之。余仿此。又云官符属火,用一白星可制。走马六壬亦可制。

地官符制法同前。官符制法,休囚吉,生旺凶。其游山官符、阴中官符、坐山官符、家山官符、田官符,皆仿此制法。

制火星法

凡火星例多,有起于干者,有起于支者,有起于三合者,有起于干支相连者,有起于年月日时。若干犯用干制,支犯用支制,干支相连犯干支相连制之。又须火星休囚,制神生旺则吉。又云:一白星及帝星中之水轮,亦可制火。如火星属金,又须用火制,火星局木又忌用水局,能明是理,罔有不臧。

凡无头火、打头火、天火、地火、年独火、月独火、飞天独火、丙丁独火、年烈火、月烈火、升玄燥火、巡山月游,凡火道、火血之类,皆仿此制。

制金神、白虎法

制金神法

假如甲己年,遁得午未之干属庚辛,为天金神,宜用寅卯制之。盖取寅卯之干遁得丙丁故也。又如丙辛年,遁得午未之纳音属金,为地金神,宜用申酉制之,盖取申酉之纳音遁得属火故也。他仿此。

魘制白虎法

若所用之日大杀雷霆白虎占中宫,忌于中宫用事,动作鼓乐,宜杀牲取血,滴于中宫,则吉。俗谓白虎见血则止也。

又云:用鼓乐从门外击而进之,则白虎自避无妨。又云:先一日令人先已铺设占却中宫,则次日虽犯白虎亦无害也。其行嫁白虎所占之处,斩牲滴血亦可,禳之,吉。

制赤口、将军箭法

制赤口法

用朱书设□字九个

□□□

□□□

□□□

揭翻面向下,安于议事处,则无口舌。又出行依法安于门路上,出门时脚踏三下,则口舌入地矣。又竖造日犯,用钱一文,朱涂字揭面向下,字埋于左边中栋柱下,则竖造决无口舌。凡作法密地,不可令人见。

制将军箭法

夫李广箭即山家羊刃、飞刀杀也。

如甲山,卯为羊刃,酉为飞刀,忌用卯年月日时。庚山忌用,酉年月日时。如卯酉二字双全者,其为祸尤甚,乃二刃交征故也。不可不慎!至于山家血刃,值山血刃、山家火血、刀砧,如同到山者主伤血财,其害不浅。如单犯者得贵人、太阳、解神、喝散、三奇、尊帝临之,则能变凶化吉。

解木匠魇魅法

木匠魇魅法:人家造屋已完,用铜盘盛水,柳枝蘸洒,令本家男女咒曰:木郎木郎,一去何方。为者自受,作者自当。太上老君,急急如律令 敕。

若如此遍屋洒咒则木匠魇魅不能为害,择吉日禳之,吉。

制太岁法

夫太岁者,乃木星之精,岁之君也。占方遇吉星则贡福,遇凶星则起祸,故名曰:功曹扶上马。作者遁方所属,以月日纳音制之,加以三德、贵人、禄、马、太阳诸吉治之,则反招财禄,名利轩昂。

杨公云:太岁可坐不可向。向之谓岁破也。

如甲子年,太岁甲子纳音属金,若作子山方,当以纳音火加之,及火星丙丁奇,九紫丙丁日,作之,主一年财发兴旺。如丙寅丁卯太岁属火,则以水年月及水星水轮一白制之。余仿此。

制伏空亡、罗睺法

制伏空亡法

夫空亡者,有头白空亡,有浮天空亡也,和入山空亡同位。其造葬、立向、拆屋、改坟、安门并忌之,犯着主官灾、横事、疾病、退败。宜用三德、火星、谷将、月财及日时刑冲之,与本命禄马贵人作之。书云:不冲不发,不刑不退。余仿此。

制伏罗睺法

夫罗睺者,有巡山罗睺,有坐山罗睺,穿山大罗睺。其巡山罗巡一名无头火星,一年占一筹。《百忌》云:宅墓忌下此向,犯者主见官灾、横事,虽有吉星,不能压制。又云:罗睺海属穴,况一名无头火星,五行之内,焉有无生无制者乎?当用水德星、一白水星、三合会水局、轸星、壁星、箕星制之,屡用制压,返获吉矣。

制伏翎毛禁向法

夫翎毛禁向,犯之主失人财退散。宜取窍马、天河、尊帝二星、三奇、三德修之,不能为害,返为吉矣。

制伏入山刀砧法

入山刀砧,单忌修方,犯之主损六畜。宜合通天窍、走马六壬、天月二德、三奇,修之为吉。

制伏五子打劫、血刃法

五子打劫云:

> 捉鱼捕猎应多吉,起造迎婚切莫逢。修方立向君须忌,
> 牛马猪羊化作尘。周年二载妇人死,更遭官讼入牢门。
> 时师不信但将试,立向修方仔细寻。求得三奇禄马到,
> 天河尊帝驾来临。月财生气并地旺,百事方可有收成。

制伏血刃法

隐伏血刃、千斤血刃,修作百事,主损血财。又升玄顺逆,血刃占干为逆,占支为顺,犯之亦主血财损耗,作栏棚等最忌。

又孙钟仙顺逆血刃,犯之主损人口、六畜。诀云:片修作宜八节三奇、日家九紫,修之无害。其诸家血刃不同,有隐伏血刃、千斤血刃、升玄血刃,惟逆名最凶,顺者次之,而顺者食外,逆者食内,大忌牧养、造坊栏棚等,若犯之宜取五富星、五库、三奇、太阳、三德月、青龙、生气,同到为吉。余仿此制。

制伏都天太岁法

都天太岁，一名戊己杀，即年五虎元遁，遇见戊己二字为之。其此方向，不可动作修造。若合真太阳，加取诸吉三奇为吉。

制伏岁破、岁刑法

岁破，一名大耗。集云：太岁所冲天上之天罡也，不可安葬、移徙、远行、嫁娶，主杀宅长。修方、造仓库、立向，损六畜。岁刑，集云：此五行盛旺之气，兴工主争斗、血光。《百忌》云：妨子孙、公事及不可出兵，宜取窍马、三奇兼白星、天河、尊帝、太阳、岁禄马、贵人、三德同到，则不为害。

制伏小耗法

夫小耗星，一名死气，一名净栏煞。止忌修方并造仓库。《百忌》云：犯之主损六畜。凡人家财耗散者，可修大小耗星，宜用年月日时刑冲之，亦要宅长命禄马、年头方、差方禄马为主制之，则能资旺财谷。

制伏天命杀法

夫天命杀，一名年游赤毒，修造、动土犯最凶。制法宜用三奇、三德、月家诸吉，本岁命禄马、贵人、天寿星临方修作，则吉。若人家犯之，多夭折少亡。依此法修之，世代有寿矣。

制伏九良星法

夫九良星者,乃一气母所生九子也,即北斗九星星官之变也。在天曰星,在地曰煞。宜取玄女劫寨,并月日禄马贵人,并太阴斗母星守之,则降伏为福也。

制伏流财法

此疵犯之,主退财。谚云:要大发来修流财。又曰:制伏急流财,要取年命禄马、贵人、三德、青龙、月财制之,返招财喜。

制伏天禁朱雀法

此疵一名山家官符,一名九天朱雀。若造葬犯之,主见官非,及不可同天地官符到方,尤重,宜用窍马、天河转运、尊帝二星、捉煞帝星、太阳、压煞帝星、天月二德、岁命禄马贵人、雷霆制之为吉。

制伏坐山官符法

此疵一名穿山大罗睺,造葬犯之,主生疾病。宜用窍马、三奇、天月德、帝星制之,则吉。

制伏山家血刃、值山血刃法

山家血刃,一名阴府太岁,二星犯之,主见血元损六畜。宜用窍马、天月二德、三奇、天河转运、月财同到方用之,返吉。

制伏崩腾大祸病符法

崩腾忌行丧,此杀惟天河尊帝二星,天星太阳能制之,吉。大祸万历云:犯之主灾咎。大祸有二:此是伏兵大祸也;又有次大祸。若与驿马同位,不为害忌,与诸煞同位凶。夫病符者,即太岁、支神,后一位与帝辂同犯之,主瘟疫损人。有犯连年长病,可选天道、天医、天德、解神、天赦、生气、三奇、生门、太阳、金水奇曜紫气,诸家星岁命贵人同到,能救连年长病之厄。

制伏大月建、小月建法

夫大月建,一名暗建杀,一名逆小儿煞。三历并云:阴中太岁,大忌修方,造作动土犯之,主先害宅长,次害子孙,立见衰败。小月建,一名顺小儿煞,此煞在阳宅滴水檐外,忌修方兴工动土,犯之主杀十五世。以下之小儿,凡所制法,要用窍马、天河、尊帝、捉煞、压煞、大阳、三白、九紫制之。其煞譬如小儿,不知天地尊卑,故不可犯。更宜用危、毕心、张、母仓育之,则母到子喜则吉。

制伏丘公暗刃煞法

其暗刃煞忌修造,若修前厅杀宅长,修后厅杀宅母,修门杀次男,修厨杀新妇。置栖栈损杀六畜,修仓库见祸患鼎新,不忌。血刃,饥则食肉,渴则饮血,不占方道,惟忌修理中宫。若犯主损血财。制法用八节三奇或月日家九紫、太阳、三奇、尊帝星、捉煞、压煞星制之,修理则吉。

制禳红嘴朱雀法

若使用之日,有犯红嘴朱雀者,用朱书字"李广将军箭到此",七日梧于可事之处,则吉。又法:用朱书符,先一日置于中宫吉。

内朱雀	下台神符吉周
帝敕	中宫朱雀雷见
太吉之	上台百无禁忌唐

内先书朱雀,用六诀,再照体奇门太岁下讳书于内,涂之。咒曰:三台生我来,三台养我来,三台护我来。咒毕,置于用事之处,则吉。或有用北帝计涂之朱雀字内,以贪巨禄文廉武破,涂雷字内,吉。

时上八门出行诗断

欲求利市往生方, 打猎须知死路强。若要远行开户吉,
休门最好见君王。杜门有难宜回避,捕捉逢惊最得方。
索债要从伤路去, 思量酒食景门香。

时上九星出行诗断

太乙逢时必称情，青龙财喜满门庭。太阴得遇谋为利，
天乙提携得贵人。天符咸池招口舌，招摇摄提不堪亲。
轩辕半吉宜安静，吉凶星辰仔细寻。

时凶各忌总诗

孤辰寡宿莫归婚，时害天刑损子孙。
五不遇兮并截路，山行斋醮莫申文。

造葬时凶总忌诗

天牢天杀及天刑，时破尤嫌朱雀神。
日吉不须拘忌此，日衰遇此自生嗔。

四大吉时定局

自正月雨水后某日时刻，日躔娵訾之次，至二月春分后二日凶，宜用甲丙庚壬时。

自二月春分后某日时刻，日躔降娄之次，至三月谷雨后二日内，宜用艮巽乾坤时。

自三月谷雨后某日时刻，日躔大梁之次，至四月小满后五日内，宜用癸乙丁辛时。

自四月小满后某日时刻，日躔实沈之次，至五月夏至后五日内，宜用甲丙

庚壬时。

自五月夏至后某日时刻,日躔鹑首之次,至六月大暑后五日内,宜用艮巽坤乾时。

自六月大暑后某日时刻,日躔鹑火之次,至七月处暑后五日内,宜用癸乙丁辛时。

自七月处暑后某日时刻,日躔鹑尾之次,至八月秋分后八日内,宜用艮巽坤乾时。

自八月秋分后某日时刻,日躔寿星之次,至九月霜降后九日内,宜用艮巽坤乾时。

自九月霜降后某日时刻,日躔大火之次,至十月小雪后八日内,宜用癸乙丁辛时。

自十月小雪后某日时刻,日躔析木之次,至十一月冬至后四日内,宜用甲丙庚壬时。

自十一月冬至后某日时刻,日躔玄枵之次,至今年雨水后一日内,宜用癸乙丁辛时。

自十二月大寒后某日时刻,日躔玄枵之次,至今年雨水后一日内,宜癸乙丁辛时。

此名四大吉时,六神藏四杀没,依此克定时睺,须用定真时睺,不得差误。乃是助国养民之术,千金不传之法。用时者宜仔细推测,万无一失。

上四杀没时,可将逐年《授时历》,看审订太阳过宫,方可选用。如去年十二月大寒节后某日某时某刻,日躔玄枵之次,太阳尚在子,以神后为天月将,宜用癸乙丁辛时。世俗但知登明为正月将,却不知登明是亥,犹待雨水节用某日某时刻日躔娵訾之次,太阳方遇亥,以登明为天月将,方可用甲丙庚壬时。其余仿此。

阴阳贵人登天门时捷诀

用本日贵人加乾亥上,数见本月将到处,便是贵人时方。

且如《授时历》,康熙庚寅年正月二十一日雨水至二十八甲午日酉时初二刻,娵訾之次,则太阳大盘方过亥宫,以登明为天月将。

假如甲日用阴贵人登天门时,以阴贵人丑加于乾亥之宫,正月登明亥将,以丑贵人乾亥宫数至亥将在酉,乃是正月亥将到酉,即用酉时,不日酉则庚时乃为贵人登天门时也。

又如甲日阳贵人登天门时,其法以阳贵人加乾亥宫,顺数月时亥到卯,即用卯时,不日卯则甲时为阳贵人登天门时也。其余仿此。冬至后用阳贵,夏至后用阴贵,此谓有力,诸事吉。反此,虽贵转力。

日躔辰次十二月将

玄枵(子)	娵訾(亥)	降娄(戌)
大梁(酉)	实沈(申)	鹑首(未)
鹑火(午)	鹑尾(巳)	寿星(辰)
大火(卯)	析木(寅)	星纪(丑)
天罡(辰)	太乙(巳)	胜光(午)
小吉(未)	传送(申)	从魁(酉)
河魁(戌)	登明(亥)	神后(子)
大吉(丑)	功曹(寅)	太冲(卯)

十干:甲戊庚乙己丙丁壬癸辛。阳吉:未丑申子酉亥卯巳寅。阴吉:丑未子申亥酉巳卯午。

今具正月亥将甲日阴贵时图为例

贵人登天门时局

自十二月大寒后某日时刻,日躔玄枵之次,至今年雨水后某日内用。

日干:甲乙丙丁戊己庚辛壬癸。

阳:乙甲艮壬辛乾庚坤丙。

阴:辛乾壬艮乙甲巽丙坤。

自正月雨水后某日时刻,日躔娵訾之次,至二月春分后某日内用。

日干:甲乙丙丁戊庚己辛壬癸。

阳:甲艮乾庚辛坤丁巽。

阴:庚辛乾癸甲艮乙巽丁。

自二月春分后某日时刻,日躔降娄之次,至三月谷雨后某日内用。

日干:甲乙丙丁戊己辛壬癸。

阳:艮癸壬辛坤庚丁丙乙。

阴:坤庚辛壬艮癸甲乙丁。

自三月谷雨后某日时刻,日躔大梁之次,至四月小满后某日内用。

日干:甲乙丙丁戊庚己辛壬癸。

阳:癸壬乾庚丁坤丙巽申。

阴:丁坤庚乾癸壬艮申巽。

自四月小满后某日时刻,日躔实沈之次,至五月夏至后某日内用。

日干:甲乙丙丁戊庚己辛壬癸。

阳:壬乾辛坤丙丁巽乙艮。

阴:丙丁坤辛壬乾癸艮乙。

自五月夏至后某日时刻,日躔鹑首之次,至六月大暑后某日内用。

日干:甲乙丙丁戊庚己辛壬癸。

阳:乾辛庚丁巽丙乙甲癸。

阴:巽丙丁庚乾辛壬癸甲

自六月大暑后某日时刻,日躔鹑火之次,至七月处暑后某日内用。

日干:甲乙丙丁庚戊己辛壬癸。

阳:辛庚坤丙乙巽甲艮壬。

阴:乙巽丙坤辛庚乾壬甲。

自七月处暑后某日时刻,日躔鹑尾之次,至八月秋分后某日内用。

日干:甲乙丙丁戊己庚辛壬癸。

阳:庚坤丁巽甲乙艮癸乾。

阴:甲乙巽丁庚坤辛乾巽。

自八月秋分后某日时刻,日躔寿星之次,至九月霜降后某日内用。

日干:甲乙丙丁庚戊己辛壬癸。

阳:坤丁丙乙艮甲癸壬辛。

阴:艮甲乙丙坤丁庚辛壬。

自九月霜降后某日时刻,日躔大火之次,至十月小雪后某日内用。

日干:甲乙丙丁戊庚己辛壬癸。

阳:丁丙巽甲癸艮壬乾庚。

阴:癸艮申巽丁丙坤庚乾。

自十月小雪后某日时刻,日躔析木之次,至十一月冬至后某日内用。

日干:甲乙丙丁戊己庚辛壬癸。

阳:丙巽乙艮壬癸乾辛坤。

阴:壬癸艮乙丙巽丁坤辛。

自十一月冬至后某日时刻,日躔星纪之次,至十二月大寒后某日内用。

日干:甲乙丙丁戊己庚辛壬癸。

阳:巽乙甲癸乾壬辛庚丁。

阴:乾壬癸甲巽乙丙丁庚。

上阴阳贵人时,取日干贵人在乾,为登天门,则螣蛇火在壬为堕水,朱雀火,在癸为破头,六合木在艮为得地,勾陈土在甲为人狱,青龙木在乙为乘生,天空土在巽为被裁,白虎金在丙为烧身,太常土在丁为依母,玄武水在坤为折足,太阴金在庚为宁家,天后火在辛为从驾。夫如是,凶神受制,吉神得利。凡起造、埋葬、上官、入宅、嫁娶、出行,择定此时出入修营,乃贵人登天门,无不吉利。皆不忌旬中、截路、孤辰、寡宿、大败等时,又不用硬本贵人禄马等时,并无准的。

郭景纯谓贵人在天盘,则随太阳转运。九天玄女以贵人为主宰登天门,万神潜伏。

备急择时(司台的本)　吉曜时法

诀云:如欲急用事,不待择日,但遁吉时,万事皆吉。今削去一切凶星所值凶时,只以吉时立定成局。庶易择用,万无一失。

横推日干	子午	丑未	寅申	卯酉	辰戌	巳亥
福德时	子	寅	辰	午	申	戌
宝光	丑	卯	巳	未	酉	亥
少微	卯	巳	未	酉	亥	丑
凤辇	午	申	戌	子	寅	辰
太乙	申	戌	子	寅	辰	午
贵人	酉	亥	丑	卯	巳	未

湖南海印大师选时法:诀云,若人会得此法,知时吉凶者,出军、远行、商

贾、发船、嫁娶、起造、移徙、进人口、安坟、定穴,所作诸事,但值吉星,即不避太岁将军以下一百二十位诸般神杀,并恶月日,一切凶神恶煞,并不避忌。故年利不如月利,月利不如日利,日利不如时利也。若能合此吉时,用之大利。

横推日干	子午	丑未	寅申	卯酉	辰戌	巳亥
月仙时	子	寅	辰	午	申	戌
天德〇	丑	卯	巳	未	酉	亥
天杀●	寅	辰	午	申	戌	子
天开〇	卯	巳	未	酉	亥	丑

(续表)

横推日干	子午	丑未	寅申	卯酉	辰戌	巳亥
锁神●	辰	午	申	戌	子	寅
天狱●	巳	未	酉	亥	丑	卯
日仙〇	午	申	戌	子	寅	辰
地狱●	未	酉	亥	丑	卯	巳
天贵〇	申	戌	子	寅	辰	午
明辅〇	酉	亥	丑	卯	巳	未
天刑●	戌	子	寅	辰	午	申
天讼●	亥	丑	卯	巳	未	酉

注:吉凶星宜忌克应。

月仙星,僧道、阴人、同事吉,宜行嫁,不利发兵,大凶。往彼方逢小女作戏。

天德星,所作一切大吉,求望大成。往彼方逢慈心人,有喜事。

天杀星,只宜行兵、出战、祭祀、出猎吉,此外百事不利。往彼方逢惠行人,有喜事。

天开星,只利安葬,不利泥灶,除此外,百事大吉,求望大成,出行有横财。

锁神星,阴人用事合天道,彼方逢人孝子。

天狱星,君子用事合天道百事吉,小人用事大凶。忌词讼、博戏。

日仙星,从寅至申时,用事大吉,从酉至丑时,用事不利。往彼方逢少年。

地狱星,所从一切事有始无终,先喜后凶。不利往彼方,逢口舌事。起造、安葬,犯此绝嗣,出行一去无归。

天贵星,贵人作一切事大吉,百姓作用平平。往彼方逢贵人,所作大吉,求官定得。

明辅星,所作一切之事大吉,利见大人,用事成。克往彼方,逢善人吉。

天刑星,若是官员、军旅用事吉,百姓用事平平。往彼方,路逢恶人不利,用行词讼。

天讼星,公人、军人用事吉,百姓平平。忌讼事、起造。往彼方,路逢公人,讼争事也。

上二家择时之法,其例与黄道时同。

五音姓属

角音属木

赵(天水)、周(汝南)、朱(沛国)、孔(鲁国)、曹(谯国)、金(彭城)、华(武陵)、俞(河间)、廉(河东)、乐(南阳)、和(汝南)、萧(河南)、董(陕西)、虞(陈留)、裴(渤海)、艾(天弘)、弘(太原)、国(下邽)、秋(天水)、高(渤海)、鹄(京兆)、印(冯翊)、怀(河内)、徒(东莞)、索(武城)、乔(梁国)、洪(燉煌)、霍(博陵)、陆(河南)、家(京兆)、焦(中山)、车(京兆)、侯(王谷)、宓(平昌)、雍(京兆)、濮(鲁国)、晁(京兆)、荆(广陵)、密(太原)、革(济阴)、曲(陈留)、药(汝南)、衙(江夏)、申(济郡)、虢(新平)、岳(冯翊)、敬(平阴)、戢(东平)、虑(会稽)、刘(彭城)、邹(范阴)。钟离(会稽)、澹台(太山)。

徵音属火

钱（彭城）、李（陇西）、郑（荥阳）、陈（颍川）、秦（天水）、尤（吴兴）、施（真兴）、姜（天水）、窦（扶风）、云（琅琊）、史（京兆）、唐（晋阳）、薛（河东）、滕（南阳）、罗（豫章）、毕（河南）、郝（太原）、时（陇西）、皮（天水）、齐（汝南）、尹（天水）、祁（太原）、米（京兆）、戴（谯国）、纪（高阳）、舒（京兆）、蓝（汝南）、季（渤海）、娄（谯国）、刁（弘农）、钟（颍川）、蔡（洛阳）、田（雁门）、支（鄱阳）、昝（太原）、管（平原）、经（龙阳）、干（颍川）、边（陇西）、郗（武陵）、别（京兆）、庄（天水）、瞿（松阳）、连（上党）、官（中山）、易（太原）、慎（天水）、廖（武城）、真（下邳，又云:上谷）、祭（河南）、员（天水）、智（鲁国）、晋（平阳）、绅（河内）、曾（天水）、辛（河西）、訾（勃海）、聂（河东）、宰（西河）、芮（平原）、甄（虫山）、吉（马翊）、石（武城）、邓（南阳）、贾（济阳）、宣（治平）、丁（济南）、翟（南阳）、莘（天水）、陈（吴兴）、荀（河内）、池（西平）、卓（西河）、赖（颍川）、咸（汝南）、黎（京兆）、厉（范阳）、乐（河西）、巩（山阳）、师（太原）、东（平原）。

尉迟（太原）、西门（晋阳）、独孤（高平）、司徒（赵郡）、司空（顿丘）、司马（河内）、纥于（位那）、屈男（西陆）、故弟（京兆）、北门（京兆）、斛斯（武陵）、信都（济阴）、诸葛（琅琊）、呼延（太原）、乞伏（陇西）、屈突（河内）、申屠（京兆）、东门（济阴）。

羽音属水

吴（渤海）、楮（河南）、卫（河东）、许（高阳）、吕（东平）、喻（江夏）、苏（武功）、鲁（扶风）、韦（京兆）、马（扶风）、芮（东阳）、袁（汝南）、费（江夏）、于（河南）、卞（济阴）、伍（安定）、余（下邳）、卜（河南）、顾（武贞）、孟（平昌）、穆（河南）、毛（河西）、禹（陕西）、贝（清河）、梅（汝南）、盛（广陵）、夏（会稽）、胡（安定）、凌（河南）、霍（太原）、缪（兰陵）、扈（京兆）、燕（范阳）、茹（河南）、鱼（马翊）、古（新庚）、齐（郡）、越（香阳）、戌（江陵）、祖（范阳）、武（太原）、符（琅琊）、詹（河东）、龙（武陵）、葵（京兆）、蒲（河内）、胥（琅琊）、宗（京兆）、巴（上党）、龚（武陵）、翁（临官）、羿（济阳）、储（河东）、汲（清河）、富（济阴）、饶（平阳）、涂（豫章）、须（渤海）、楚（新平）、来（河内）、施（南安）、牟（平昌）。

慕容（火饶）、乙弗（高平）、叱干（辽西）、宇文（赵郡）、端木（鲁国）、淳于

（河内）、於邱（广陵）、朱耶（范阳）、斛律（居门）、宗正（彭城）、濮固（同安）、皇甫（京兆）、南宫（河南）、单于（京兆）、突卢（南安）、士孙（河南）、颛孙（同阳）、羽弗（荥阳）、叱罗（豫章）、伊祖（成国）、沙咤叱。

宫音属土

孙（乐安）、冯（始平）、沈（吴兴）、严（天水）、魏（钜鹿）、陶（济南）、水（吴兴）、范（高平）、彭（陇西）、凤（平阳）、任（乐平）、邓（京兆）、鲍（上党）、岑（南阳）、倪（千桑）、殷（汝南）、明（吴兴）、计（京兆）、谈（广平）、宋（京兆）、熊（豫章）、屈（淮海）、阁（陇西）、童（雁门）、林（西河）、邱（河南）、应（济阳）、冀（渤海）、农（雄门）、晏（济郡）、阎（太原）、充（燉煌）、容（燉煌）、暨（勃海）、耿（济阳）、寇（上谷）、广（海阳）、阙（下邳）、隆（南阳）、仰（汝阳）、仲（中山）、宫（太原）、甘（勃海）、景（晋阳）、幸（雁门）、司（顿丘）、韶（太原）、苏（内黄）、薄（雁门）、蔺（中山）、屠（陈留）、蒙（安定）、阴（始平）、樊（太原）、双（天水）、贡（广平）、郁（黎阳）、曲（吴兴）、封（勃海）、糜（汝南）、松（东莞）、隗（余杭）、逢（长乐）、桂（天水）、牛（河西）、勾（平阳）、敖（睢阳）、融（南庚）、简（范阳）、空（孔邱）、沙（汝南）、乜（南阳）、鞠（汝南）、丰（桂阳）、红（南昌）、游（高平）、权（天水）、相（陇西）、公（括阳）、鹿（河南）、洒（江陵）、钦（太原）、粟（黎阳）、赛（山阳）、奄（内黄）。

问弓（太原）、公孙（高阳）、豆卢（范阳）、长方（平江）、间印（天水）、水丘（吴兴）、第五（凉西）、公怡（鲁国）、南门（河南）、仲弓（高阳）、大兄（陇西）、折中（京兆）、太叔（东平）。

商音属金

王（太原）、蒋（乐安）、韩（南阳）、何（平江）、张（清河）、戚（东海）、谢（陈留）、柏（魏郡）、章（河南）、潘（荥阳）、葛（顿丘）、奚（谯国）、郎（中山）、昌（汝南）、花（东平）、方（河南）、柳（河东）、雷（马翊）、贺（广平）、汤（中山）、邬（颍川）、常（平原）、传（清河）、康（京兆）、元（河南）、平（河内）、黄（江夏）、姚（吴兴）、邵（博陵）、湛（豫章）、汪（平阳）、狄（天水）、衡（雁门）、伏（太原）、成（上谷）、茅（东海）、庞（治平）、项（辽西）、祝（太原）、梁（安定）、杜（京兆）、阮（陈留）、席（安定）、麻（上谷）、贾（武成）、樊（上党）、万（扶风）、柯（济阴）、余（雁门)、江(淮阳)、颜(鲁国)、徐(东海)、骆(内黄)、卢(范阳)、莫(钜鹿)、房(清河)、解(平阳)、寿(京兆)、通(西河)、尚(上党)、温(太原)、柴(平阳)、习(东阳)、艾(雁门)、欧(阳)、平(京城)、伊(陈留)、暴(魏郡)、叶(南能)、白(武昌)、鄂(武昌)、籍(广平)、能(太原)、苍(武陵)、党(冯翊)、杭(余杭)、程(安定)、稽(谯国)、邢(河门)、滑(下邳)、裴(河东)、荣(上谷)、羊(太山)、惠(扶风)、郁(平阳)、巫(平阳)、牧(弘农)、山(河内)、全(京兆)、都(山阳)、班(扶风)、申(魏郡)、谷(齐阳)、桑(黎阳)、阚(天水)、巢(彭城)、关(陇西)、蒯(襄阳)、查(汝南)、盖(齐君)、益(冯翊)、勤(汝南)、留(南阳)、铎(鄱阳)、杭(中山)、介(河内)、庆(河内)、长(河南)、南(汝南)、衰(魏郡)、况(后江)、拔(琅琊)、过(高平)、靖(临清)、附(南阳)、谯(京兆)、丹(汝南)、商(京兆)、卿(内黄)、杨(弘农)、安(武臧)、臧(东海)、危(晋阳)、哀(河阳)、郭(太原)、一(云汾阳)、俞(会稽)、斛(平阳)、匡(晋阳)、向(河内)。

上官(天水)、东平(河东)、令狐(太原)、鲜于(太原)、相里(西平)、去斤(京兆)、赫连(勃海)、濮阳(博陵)、拓拔(颖川)、托拔(黎阳)、贺兰(河东)、青阳(荣阳)、夏侯(谯国)、拔也(乐安)、万俟(兰陵)、贺拔(下邳)、司寇(平昌)、端木(兰陵)、轩辕(口阳)、舍利(勃海)、公羊(颖川)、长孙(济阴)、千秋(彭城)、吐方(河东)、章丘(河南)、夙勤(河内)、东乡(清河)、介绵(咸阳)、立贩(河内)、贺鲁(河内)。

定寅时歌诀例法

正九五更二点彻，二八五更四点歇。三七平光是寅时，
四六日出寅无别。五月日高三丈地，十月十二四更二。
仲冬才到四更初，此是寅时君须记。

六壬时掌诀

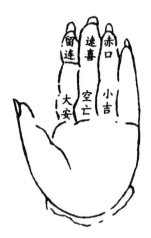

其法,从月上起初一日,日上起时,假如三月初五日辰时,乃就速喜上起初一,顺行一日一位,数至初五日大安,就起子时,顺行,一时行一位,便在小吉上推占。

大安人不动,时属木,青龙主事,正、七月起。大安万事昌,求财在坤方。失物去不远,宅舍保安康。行人身未动,病者不为殃。将军还旧愿,仔细与推详。

留连卒未归,时属水,玄武主事,二、八月起。留连事难成,求谋日未明。官事只可缓,去者未回程。失物巽上觅,急讨方称心。更须防口舌,人口且平平。

速喜人便至,时属火,朱雀主事,正、九月起。速喜喜来临,求财离上寻。失物申午未,逢人路上寻。官司有福德,病者无祸侵。田宅六畜吉,行人有信音。

赤口官事凶,时属金,白虎主事,四、十月起。赤口主口舌,官灾亦用防。失物急去讨,行人有惊慌。鸡犬多妖怪,病者出坤方。更须防咒咀,切忌染瘟瘴。

小吉人来喜,时属木,六合主事,五、十一月起。小吉最吉昌,路上好商量。阴人来报喜,失物在坤方。行人立便至,交关甚是强。凡事皆和合,病者告穹苍。

空亡音信稀,时属土,勾陈主事,六、十二月起。空亡事不长,阴人少乖张。求财无利息,行人有灾殃。失物在土里,官事有损亡。病人逢暗鬼,解愿保安康。

旬中空亡

甲子旬空:戌亥。甲戌旬空:申酉。甲申旬空:午未。甲午旬空:辰巳。甲辰旬空:寅卯。甲寅旬空:子丑。

截路空亡

甲己日:申酉、乙庚日、午未。
丙辛日:辰巳。丁壬日:寅卯。戊癸日:子丑。

十恶大败禄空陷亡

壬申日亥,庚辰日申,辛巳日酉,丁亥日午,己丑日午,戊戌日巳,癸亥日子,甲辰日寅,乙巳日卯,丙午日巳。

五不遇:甲乙日:午巳。丙丁日:辰卯。戊己日:寅丑。辛庚日:子酉。壬癸日:申未。

五鬼:甲己日:巳午。乙庚日:寅卯。丙辛日:子丑。丁壬日:戌亥。戊癸日:申酉。

时家吉神定局

日　　吉	甲	乙	丙	丁	戊	己	庚	辛	壬	癸
天官贵人 上官出行求财见贵百事大吉	酉	寅	申	午	子	巳	亥	午	卯	巳
福星贵人 同上	子寅	未	丑	午	子寅	巳	亥酉	辰	申	丑卯
阳贵人 同上	未	申	子	丑	酉	寅	亥	卯	丑	巳
阴贵人 同上	丑	子	申	未	亥	午	酉	巳	未	卯
五符 即入禄凡上官出行求财见贵吉	寅	午	卯	申	巳	酉	午	亥	巳	子
唐符 出行收捕百事吉	酉	丑	戌	卯	子	辰	丑	午	子	未
国印 同五符唐符用事大吉	戌	寅	亥	辰	丑	巳	寅	未	丑	申
喜神 和合百事吉	寅	卯	亥	戌	申	酉	午	未	巳	辰

日　　吉	子	丑	寅	卯	辰	巳	午	未	申	酉	戌	亥
明堂黄道 百事吉	酉	亥	丑	卯	巳	未	酉	亥	丑	卯	巳	未
金匮黄道 百事吉	子	寅	辰	午	申	戌	子	寅	辰	午	申	戌
天德黄道 百事吉	丑	卯	巳	未	酉	亥	丑	卯	巳	未	酉	亥
玉堂黄道 百事吉不宜作灶	卯	巳	未	酉	亥	丑	卯	巳	未	酉	亥	丑
司命黄道 日间用事吉	午	申	戌	子	寅	辰	午	申	戌	子	寅	辰
青龙黄道 吉神并大吉	申	戌	子	寅	辰	午	申	戌	子	寅	辰	午
三合时 嫁娶百事大吉	甲辰	巳酉	午戌	亥未	申子	酉丑	寅戌	亥卯	子辰	乙丑	寅午	卯未
六合时 同上	丑	子	亥	戌	酉	申	未	午	巳	辰	卯	寅
驿马时 出行求财见贵	寅	亥	申	巳	寅	亥	申	巳	寅	亥	申	巳

时家凶神定局

日　　凶	子	丑	寅	卯	辰	巳	午	未	申	酉	戌	亥
河魁百事凶与吉并不拘	酉	辰	亥	午	丑	申	卯	戌	巳	子	未	寅
天罡同上	卯	戌	巳	子	未	寅	酉	辰	亥	午	丑	申
时建诸事忌用	子	丑	寅	卯	辰	巳	午	未	申	酉	戌	亥
时破百事凶	午	未	申	酉	戌	亥	子	丑	寅	卯	辰	巳
时刑上官嫁娶百事凶	卯	戌	巳	子	辰	申	午	丑	寅	酉	未	亥
时害诸事凶	未	午	巳	辰	卯	寅	丑	子	亥	戌	酉	申
孤辰忌婚姻嫁娶凶	戌	亥	子	丑	寅	卯	辰	巳	午	未	申	酉
寡宿同上	辰	巳	午	未	申	酉	戌	亥	子	丑	寅	卯

（新镌历法便览象吉备要通书卷之十五终）